土木工程专业研究生系列教材

工程结构可靠性理论及应用

张俊芝　高延红　章玉容　王建东　编著

中国建筑工业出版社

图书在版编目（CIP）数据

工程结构可靠性理论及应用/张俊芝等编著．—北京：中国建筑工业出版社，2019.11
土木工程专业研究生系列教材
ISBN 978-7-112-24293-1

Ⅰ.①工… Ⅱ.①张… Ⅲ.①工程结构-结构可靠性-研究生-教材 Ⅳ.①TU311.2

中国版本图书馆 CIP 数据核字（2019）第 213282 号

本书是土木工程专业及相关专业的研究生教材，主要内容为工程结构随机可靠性理论的基本概念、原理、计算方法和设计规范的基础等。本书共分八章，分别为绪论、概率与统计基础、结构随机可靠度理论的基本概念、结构静力可靠度的基本计算方法、工程结构上的作用及其效应分析、工程结构及构件的抗力分析、工程结构的极限状态设计和既有工程结构可靠性评估。

本书可作为高等院校的土木工程、水利工程、交通工程、海洋工程等相关专业的硕士研究生和博士研究生的教材或参考书，也可供从事工程结构可靠性研究、工程结构设计及施工的科技人员参考。

* * *

责任编辑：李笑然 李 璇
责任校对：赵 菲

土木工程专业研究生系列教材
工程结构可靠性理论及应用
张俊芝 高延红 章玉容 王建东 编著
*
中国建筑工业出版社出版、发行（北京海淀三里河路 9 号）
各地新华书店、建筑书店经销
霸州市顺浩图文科技发展有限公司制版
北京君升印刷有限公司印刷
*
开本：787×1092 毫米 1/16 印张：14¼ 字数：345 千字
2019 年 11 月第一版 2019 年 11 月第一次印刷
定价：**45.00** 元
ISBN 978-7-112-24293-1
（34792）

前　　言

工程结构是社会经济发展的重要物质基础，在人类社会文明的进程中发挥着极其重要的作用。工程结构等基础设施是社会与经济的可持续发展的基础，其安全可靠性关系到人们的生命财产和社会稳定。因此，工程结构的可靠性、经济合理性及可持续利用等是土木工程领域研究的重要内容。

类似于有机生物体的生命历程，工程结构也有一个从幼年期、壮年期到老年期的生命阶段，而诸多的不确定性影响工程结构在设计、施工建造过程和使用期等生命阶段的可靠性。这些不确定性可概括地划分为随机性、模糊性或未确知性，其中的随机性是目前在工程结构可靠性研究中能较为科学地研究的最主要的不确定性。因此，工程结构可靠性理论及其应用，目前仍然以随机可靠性研究为主。本书介绍的也仅限于工程结构随机可靠性理论及应用的范畴。

工程结构随机可靠性分析方法从 20 世纪 40 年代开始发展至今，业已形成了比较完整的理论体系，并已经应用于工程结构的设计。以概率论为基础的工程结构随机可靠性理论进行工程结构的安全性能分析，能比较合理地反映工程结构整个生命历程中随机性因素对其安全性的影响。工程结构的形式多样，而影响其安全性的随机因素各异，基于随机可靠性理论的工程结构设计方法是在不断总结和积累历史经验、统计结构设计变量随机特性的基础上对传统设计理论的发展。随着设计变量的随机特性统计与分析的不断深入、积累及应用，工程结构随机可靠性设计方法也将不断改进、发展和完善。

结构设计理论和方法，是制定工程结构设计规范和标准的基础。自 80 年代以来，我国在工程结构可靠性领域取得了诸多的理论和应用成果，积累了结构的荷载和抗力相关参数的统计资料，推动了可靠性理论在工程结构设计中的应用；基于工程结构随机可靠性理论，编制和修订了以随机可靠性理论为基础的工程结构可靠度设计统一标准，各行业或部门的工程结构可靠度设计统一标准，以及各工程结构领域的设计、施工和鉴定的规范、标准和规程等，形成了较为完整的工程结构设计理论，基本涵盖了对工程结构的安全性、适用性、耐久性和整体稳定性的要求，提高了我国工程结构的可靠性。

本书首先介绍工程结构及其体系可靠性、发展及应用概况，我国工程结构设计的规范与标准等。在第 2 章中，对工程结构随机可靠性理论应用到的概率与统计基础进行了简要介绍。在第 3 章中，介绍结构的功能要求与功能函数、结构的极限状态与极限状态方程、结构可靠性及其度量、结构可靠指标等工程结构随机可靠度理论的基本概念。在第 4 章中，主要介绍我国工程结构设计规范中采用的中心点法、改进的一次二阶矩法和 JC 法等结构静力可靠度的基本计算方法。在第 5 章中，介绍了作用的概率模型及统计分析方法以及结构设计规范中采用的作用代表值等分析方法。第 6 章中，介绍了构件抗力的统计参数及概率分布、设计中采用的材料标准强度及设计取值等抗力的分析方法。第 7 章中，结合我国现行的有关工程结构设计规范，介绍了构件的目标可靠指标、分项系数表达的极限状态设计模式及结构设计规范中的设计表达式等工程结构的极限状态设计方法。第 8 章中，结合作者的研究成果介绍既有工程结构可靠性评估方法。

本书是为土木工程等相关专业的研究生了解工程结构随机可靠性分析的原理、计算方法及设计规范的教材。因此，本书未涉及工程结构的动力可靠性分析、高阶矩的计算方法、工程结构整体稳定可靠性分析和结构耐久性等问题。另外，若有概率论与统计学基础，则可只阅读本书的第 3 章至第 8 章的内容。本书是作者在多年的工程结构可靠性理论及应用的教学、研究和应用基础上编写而成。因此，其中的一些内容涉及了不同行业或部门的工程结构，并介绍了最新修编的设计规范中对工程结构可靠性的要求。

本书的第 1 章和第 7 章由张俊芝、高延红编写；第 2～5 章由张俊芝、高延红和章玉容编写；第 6 章由张俊芝、章玉容和王建东编写；第 8 章由张俊芝编写。全书由章玉容校对，张俊芝统稿。研究生赵静、周晓芸和冯修贤等完成了全书图形绘制、例题计算和复核、部分文字校对等工作。书中引用了同行的著作、研究报告和教材等研究成果，在此一并表示感谢。

限于作者的水平，本书一定存在不妥、疏漏和错误之处，敬请读者不吝赐教。

编　者

2019 年 3 月

目　录

第 1 章　绪论……………………………………………………………………… 1
1.1　工程结构及其体系可靠性 …………………………………………………… 1
1.1.1　工程结构可靠性的概念 …………………………………………………… 1
1.1.2　工程结构体系可靠性 ……………………………………………………… 3
1.2　工程结构可靠性理论的发展及应用概况 …………………………………… 4
1.2.1　工程结构可靠性理论的发展概述 ………………………………………… 4
1.2.2　工程结构可靠性理论的应用 ……………………………………………… 5
1.3　基于可靠性的工程结构设计与风险分析决策 ……………………………… 6
1.3.1　基于可靠性的工程结构设计方法 ………………………………………… 6
1.3.2　工程结构可靠性与风险分析决策 ………………………………………… 7
1.4　我国工程结构设计的规范与标准 …………………………………………… 8
1.4.1　工程结构设计理论与方法的演进 ………………………………………… 8
1.4.2　我国的工程结构设计规范标准 …………………………………………… 9
1.5　本书主要内容………………………………………………………………… 10
第 2 章　概率与统计基础 ……………………………………………………… 11
2.1　随机事件与概率……………………………………………………………… 11
2.1.1　随机事件…………………………………………………………………… 11
2.1.2　随机事件概率的性质……………………………………………………… 12
2.2　随机变量及其概率分布……………………………………………………… 14
2.2.1　随机变量的概念与类型…………………………………………………… 14
2.2.2　随机变量的分布函数和密度函数………………………………………… 14
2.2.3　随机变量的条件分布……………………………………………………… 17
2.3　随机变量的数字特征………………………………………………………… 18
2.3.1　数学期望（均值） ………………………………………………………… 18
2.3.2　方差………………………………………………………………………… 19
2.3.3　矩、协方差与相关系数…………………………………………………… 20
2.4　常用的大数定律与中心极限定理…………………………………………… 22
2.4.1　常用的大数定律…………………………………………………………… 22
2.4.2　中心极限定理……………………………………………………………… 23
2.5　特征函数……………………………………………………………………… 25
2.5.1　特征函数…………………………………………………………………… 25
2.5.2　特征函数的常用性质及应用……………………………………………… 26
2.6　随机变量的函数及其数字特征……………………………………………… 27
2.6.1　一维随机变量的函数……………………………………………………… 27

2.6.2　多维随机变量的函数…… 27
2.6.3　随机变量函数的数字特征…… 28
2.7　常用的概率分布…… 28
2.7.1　连续型随机变量…… 28
2.7.2　离散型随机变量…… 32
2.8　统计与假设检验…… 33
2.8.1　基本概念…… 33
2.8.2　经验分布与直方图…… 35
2.8.3　统计量常用分布与统计参数的点估计…… 36
2.8.4　统计参数的点估计…… 39
2.8.5　分布拟合检验…… 41
第3章　结构随机可靠度理论的基本概念 …… 45
3.1　工程结构设计的变量及其不确定性…… 45
3.1.1　工程结构设计的基本变量…… 45
3.1.2　基本变量的不确定性…… 46
3.1.3　基本变量不确定性的描述…… 47
3.1.4　基本随机变量参数统计的 Bayesian 方法 …… 48
3.2　结构的功能要求与功能函数…… 49
3.2.1　结构的功能要求…… 49
3.2.2　结构的功能函数…… 50
3.3　结构的极限状态与极限状态方程…… 51
3.3.1　结构的极限状态…… 51
3.3.2　结构的极限状态分类…… 52
3.3.3　结构的极限状态方程…… 53
3.4　结构可靠性及其度量…… 54
3.4.1　结构可靠性…… 54
3.4.2　结构可靠性的度量…… 55
3.5　结构可靠指标…… 57
3.5.1　结构可靠指标…… 57
3.5.2　结构的可靠指标与安全系数的关系…… 59
3.5.3　结构的安全等级及其可靠指标…… 59
第4章　结构静力可靠度的基本计算方法 …… 61
4.1　中心点法（均值一次二阶矩法） …… 61
4.1.1　基本原理…… 61
4.1.2　一般方法…… 61
4.2　改进的一次二阶矩法…… 63
4.2.1　两个正态分布随机变量组成的线性功能函数…… 63
4.2.2　多个正态分布随机变量且线性功能函数的情形…… 65
4.2.3　多个正态分布随机变量且非线性功能函数的情形…… 67

4.3 JC 法 …… 70
4.3.1 当量正态化条件 …… 71
4.3.2 非正态分布变量当量正态化方法 …… 71
4.3.3 JC 法的迭代计算步骤 …… 72
4.4 相关随机变量的结构可靠度 …… 78
4.4.1 正交变换法 …… 78
4.4.2 广义随机空间内的验算点法 …… 80
4.5 蒙特卡罗方法 …… 85
4.5.1 基本原理 …… 86
4.5.2 重要抽样法 …… 88
4.6 工程结构体系可靠度 …… 90
4.6.1 基本概念 …… 90
4.6.2 结构体系可靠度的基本计算方法 …… 92
4.6.3 结构体系失效概率的区间估计 …… 94
4.6.4 结构体系失效概率的点估计方法 …… 97
第 5 章 工程结构上的作用及其效应分析 …… 100
5.1 工程结构上的作用 …… 100
5.1.1 工程结构上的作用 …… 100
5.1.2 作用的分类 …… 101
5.2 作用的概率模型及统计分析方法 …… 103
5.2.1 平稳二项随机过程 …… 103
5.2.2 作用的随机过程模型 …… 105
5.2.3 作用的随机变量模型 …… 107
5.3 作用效应及其组合 …… 110
5.3.1 作用效应 …… 110
5.3.2 作用效应的组合 …… 111
5.4 常遇作用的统计分析 …… 114
5.4.1 永久作用 …… 114
5.4.2 可变作用 …… 115
5.4.3 偶然作用与地震作用 …… 120
5.5 作用代表值 …… 121
5.5.1 作用标准值 …… 121
5.5.2 作用组合值 …… 123
5.5.3 作用频遇值 …… 123
5.5.4 作用准永久值 …… 124
第 6 章 工程结构及构件的抗力分析 …… 126
6.1 结构抗力及主要影响因素 …… 126
6.1.1 工程结构及构件的抗力 …… 126
6.1.2 抗力的主要影响因素 …… 127

6.2 结构抗力的不确定性分析 …… 127
6.2.1 材料性能的不确定性 …… 128
6.2.2 构件几何特征参数的不确定性 …… 130
6.2.3 构件抗力计算模式的不确定性 …… 131
6.3 构件抗力的统计参数及概率分布 …… 133
6.3.1 构件抗力的统计参数 …… 134
6.3.2 构件抗力的概率分布 …… 137
6.4 材料的标准强度及设计取值 …… 138
6.4.1 材料强度的标准值 …… 138
6.4.2 材料强度的设计值 …… 140
第7章 工程结构的极限状态设计 …… 142
7.1 构件的目标可靠指标 …… 142
7.1.1 设计状况 …… 142
7.1.2 目标可靠指标确定方法 …… 144
7.1.3 构件的目标可靠指标 …… 148
7.1.4 规范设计表达式的可靠指标校准 …… 148
7.2 基于结构可靠度的设计方法 …… 152
7.2.1 基于结构可靠度设计的概念 …… 152
7.2.2 基于结构可靠度设计的基本思路 …… 153
7.3 分项系数表达的极限状态设计模式 …… 155
7.3.1 基于分项系数的极限状态设计模式 …… 155
7.3.2 确定分项系数与作用效应组合系数的方法 …… 156
7.4 结构设计规范中的设计表达式 …… 161
7.4.1 承载能力极限状态的表达式 …… 161
7.4.2 正常使用极限状态的表达式 …… 163
7.4.3 《建筑结构可靠性设计统一标准》GB 50068—2018 中的表达式 …… 164
第8章 既有工程结构可靠性评估 …… 167
8.1 既有工程结构可靠性分析的基本问题 …… 167
8.1.1 既有工程结构可靠性分析中基本变量的特点 …… 167
8.1.2 既有工程结构可靠性分析的基本特点 …… 169
8.1.3 既有工程结构可靠性分析的基本原理 …… 171
8.2 既有工程结构构件的抗力 …… 174
8.2.1 既有结构构件抗力的影响因素与分析方法 …… 174
8.2.2 既有工程结构构件抗力的随机过程 …… 178
8.2.3 考虑验证荷载的既有工程结构构件抗力估计 …… 181
8.2.4 基于实测样本值的单因素既有结构构件的抗力估计 …… 187
8.3 既有工程结构构件的作用及其效应 …… 189
8.3.1 既有工程结构构件的作用及影响因素 …… 189
8.3.2 既有工程结构的继续使用基准期 …… 191

8.3.3 既有建筑工程结构楼面活荷载分析 …………………………………………… 195
8.4 既有工程结构构件的可靠性评估 ……………………………………………… 196
8.4.1 既有构件可靠度分析的基本方法 ……………………………………………… 196
8.4.2 验证荷载条件下的既有结构可靠度 …………………………………………… 201
8.5 既有工程结构体系可靠性 ……………………………………………………… 203
8.5.1 既有结构失效模式和验证模式及相关性 ……………………………………… 203
8.5.2 考虑验证模式的既有结构体系失效概率的点估计方法 ……………………… 208
参考文献……………………………………………………………………………… 214

第1章 绪　　论

工程结构是由各种工程材料建造的工程设施中的承重结构，如民用建筑中的梁柱结构等，交通与航运工程中的桥梁、隧道和码头结构，水利工程中的大坝、水闸与渡槽结构等。与其他的人工建造物相比，工程结构的建造周期和使用周期较长，且建造的费用高，其安全可靠与否，不仅影响其使用功能，还常关系到人们的生命安危。因此，保证工程结构在规定时间内能承受设计的各种作用和环境因素的影响，使其满足设计的功能，并保持其工作性能的能力是对工程结构的基本要求。

工程结构可靠性是指在规定的时间内，在规定的条件下，其完成设计的预定功能的能力。工程结构可靠性水平，是一个国家经济与资源状况、社会财富积累程度、设计和施工水平、材料质量标准及人类文明程度等因素的综合反映。工程结构在设计和建造过程中，存在着许多影响其性能的不确定性因素，且在其使用过程中还受到自然环境和使用环境等不确定性因素的影响，工程结构在使用时期完成其功能的能力将随着时间而逐渐下降。因此，工程结构保持其工作性能的能力设计，也即其可靠性设计，实际上是一个风险决策过程，需要在建造和使用成本与未来可能破坏后产生的后果之间进行权衡。在工程结构设计时，这种权衡和决策则表现为用合理的建造工艺和使用成本，保证工程结构具有与社会发展水平相适应的适当的可靠性。

在使用期间，工程结构要求满足工作性能的能力，包括满足结构的安全性、适用性和耐久性及整体稳定性的能力。因此，工程结构的可靠性与其安全性之间有区别，但其安全性是结构可靠性中最重要的内容。在工程结构的各类设计规范中反映了工程结构要满足的各种工作性能要求。本书讨论工程结构可靠性分析的基本理论与方法，主要内容为工程结构的安全性。

1.1　工程结构及其体系可靠性

1.1.1　工程结构可靠性的概念

一般地，开始进行工程结构的设计时，首先是选择合理的结构布置、合适的结构形式与方案；之后根据选择的结构形式，具体设计各种构件的截面等，即进行结构计算；最后根据计算的结果确定结构截面和采用的材料等。其中，进行结构或构件计算时，需要满足相应设计规范中对该类结构或构件工作性能的能力要求。我国对各类工程结构的工作能力的总体要求，体现在《工程结构可靠性设计统一标准》GB 50153—2008 中，也即对工程结构可靠性的要求。

《工程结构可靠性设计统一标准》GB 50153—2008 中定义的工程结构可靠性，即结构在规定的时间内，在规定的条件下，完成预定功能的能力。度量结构可靠性的指标即为可靠度，而度量结构安全性的指标为安全度。显然，工程结构可靠度的外延比安全度要大。

由于工程结构在设计、施工建造过程和使用期间存在着许多不确定性因素，这些不确定性都将影响结构完成预定功能的能力。由于人们对这些不确定性的认识水平，之前在进行结构或构件计算时，采用的是确定性的分析方法；在人们已充分认识到实际工程结构的不确定性因素对结构性能的影响之后，利用适当的数学方法分析这些不确定性因素对结构性能的影响，并与工程结构完成预定功能的能力联系起来，从而形成了工程结构可靠性理论。因为人们对影响事物不确定性因素中的随机性认识较早，随机性分析的数学方法更加完善，且随机性是影响工程结构未来性能不确定性的主要因素，因此，在研究和发展考虑不确定因素对工程结构性能影响的设计方法时，概率分析与概率设计的思想首先被引入，从而形成了目前被广泛应用于工程设计的工程结构随机可靠度理论，即本书讨论的考虑随机性因素影响的工程结构可靠性原理、分析理论和方法。

目前，在我国《工程结构可靠性设计统一标准》GB 50153—2008 定义的工程结构可靠性，对其中的“规定的时间内”，一般可理解为工程结构设计的“设计基准期”。该时间概念的基准期，并非工程结构的“使用期”，而是在结构随机可靠度分析时进行随机性影响因素的统计与分析时采用的时段。与一般生物体的生命历程类似，工程结构也有一个从幼年期——工程结构施工建造期、壮年期——工程结构使用期，到老年期——工程结构老化期等几个阶段。在施工建造期（幼年期）和老化期（老年期），工程结构的破坏风险率较高，而在正常维护和使用的条件下，在其使用期的破坏风险率变化不大。

除非有针对性地加固或维修，工程结构的可靠性在这个生命历程中的表现如图 1-1 所示。

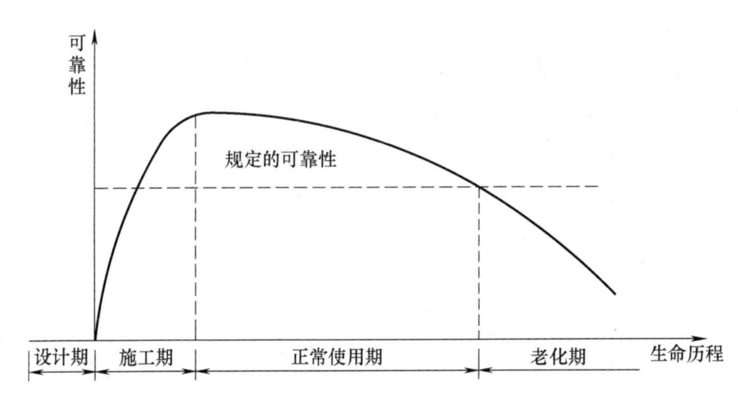

图 1-1　工程结构生命历程中的可靠性演变

图 1-1 中，在施工期，随着结构受力体系的逐渐形成，其可靠性随之增加；在使用期，即使是在正常维护的条件下，由于结构材料性能的退化和使用环境中各种不利因素的影响，结构完成预定功能的能力降低，其可靠性逐渐下降；在老化期，破坏风险率将迅速增加，最后致使其可靠性低于设计要求的可靠性，在理论上则标志着工程结构寿命终结。一般地，设计规范规定的工程结构可靠性是指其在正常使用期的可靠性，也即本书讨论的重点内容；而施工期和老化期的工程结构可靠性分析，需要针对其影响因素进行专门的研究。

1.1.2 工程结构体系可靠性

工程结构是由不同的构件组成的具有某种特定功能的整体，也即由不同或相同材料建造、有不同作用的构件组成结构体系（结构系统）。目前，单个构件或构件的某个截面的可靠性计算方法日趋完善，并且已经以各类规范的方式进入实用阶段。随着结构可靠性理论研究的深入，发现单个构件的可靠性计算结果并不能满足基于可靠性的实际工程结构系统或体系的设计需要。因此，人们开始研究由众多构件组成的结构体系（结构系统）的可靠性分析理论。

工程结构体系可靠性理论是工程结构可靠性理论中最重要和最复杂的内容之一。目前，我国各行业工程结构设计规范中提出的可靠性要求，仅仅是针对某类构件的可靠性要求，而并不是针对工程结构体系（结构系统）的可靠性要求。按照目前各类工程结构可靠性设计统一标准计算得到的是一种失效模式、一个构件或一个截面的某种受力状态下的可靠性；而实际工程结构往往是由一定数量的结构构件（或结构单元）所组成，并具有多个失效模式，严格来说，应以整个结构系统的可靠性水平为准进行工程结构的设计。但是，实际工程结构系统的状态是复杂的，其构件的几何构造与受力方式及其所处的状态等均可能不相同。对于由不同构件组成的一个高度冗余结构系统，一个或若干个构件（或截面）的破坏并不意味着结构整体体系的破坏。

由于数学与力学分析方面的困难，结构体系可靠性的分析理论发展缓慢，目前的研究水平还未达到实用的水平。即使是对单一构件或截面的可靠性分析，也需要大量的数据统计作为基础。因此，在我国的《工程结构可靠性设计统一标准》GB 50153—2008 总则的条文说明中提出，“概率极限设计方法需要以大量的统计数据为基础，当不具备这一条件时，工程结构设计可根据大量的工程经验或通过必要的试验研究进行，也可继续按传统模式采用容许应力或单一安全系数等经验方法进行”。在结构可靠指标计算方法的条文中，由简单到复杂，给出三种情况的可靠度（可靠指标）计算方法后说明，“从数学上讲，对于一般的工程问题，一次可靠度方法具有足够的计算精度，但计算所得到的可靠指标或失效概率只是一个运算值”；“总的来讲，可靠度设计方法的优点不在于如何去计算可靠指标，而是在这个结构设计中根据变量的随机特性引入概率的概念，随着对事物本质认识的加深，使概率的应用进一步深化”。

但是，当有条件时，也建议采用结构体系可靠性分析方法。如我国的《铁路工程结构可靠度设计统一标准》GB 50216—94“极限状态设计原则和方法”中规定，“当需要对整体结构进行结构系统可靠性分析时，可在结构单元可靠性分析的基础上，根据结构系统的特点、各失效模式的失效概率，以及各失效模式之间的相关系数进行分析计算。必要时可通过结构选型和构件可靠度的调整，使整个结构具有合理的可靠度水平”。

一般地，结构体系（系统）可分为串联结构体系、并联结构体系和混联结构体系。结构体系可靠性分析应分三步进行，首先是寻找结构体系的主要失效模式；其次是分析结构体系中主要失效模式之间的相关性；最后，计算这些相关的主要失效模式组成的结构体系可靠性。目前，结构体系可靠性的研究现状和水平还不适应实际工程结构设计的要求，结构体系可靠性仍然是工程结构可靠性研究的一个重要研究方向。

1.2 工程结构可靠性理论的发展及应用概况

1.2.1 工程结构可靠性理论的发展概述

结构可靠性研究始于20世纪30年代，当时主要是围绕飞机失效进行研究。50年代开始，美国国防部专门建立了可靠度研究机构AGREE，即电子设备可靠性咨询组，而在结构设计中的应用则始于40年代。在理论研究方面，1947年A. M. Freudenthal发表题为“The Safety of Structures”的论文，开始比较集中地讨论可靠度问题。而结构动力可靠性理论研究则始于20世纪40年代，以美国S. O. Rice首次建立在给定时间内交差次数及其期望的数学表达式为标志；之后，Bolotin、Melchers等众多学者进一步研究了随机时变结构的动力可靠性计算问题。

在结构静力可靠度计算理论研究与应用发展过程中，在苏联尔然尼钦提出的一次二阶矩理论的基本概念基础上，C. A. Cornell于1969年提出了与结构失效概率相联系的可靠指标作为衡量结构安全度的一种统一数量指标，并建立了结构安全度的二阶矩模式；1971年加拿大的林德（N. L. Lind）将可靠指标表达成设计人员习惯采用的分项系数形式。美国的洪华生（A. H. S. Ang）对各种结构不定性作了分析，提出了广义可靠度概率法，使结构可靠度理论开始进入实用阶段；1976年，国际“结构安全度联合委员会”（JCSS）采用拉克维茨（Rackwitz）和菲斯莱（Fiessler）等人提出的通过“当量正态化”法以考虑随机变量实际分布的二阶矩模式，提出验算点法和改进的验算点法，简称为R-F或JC法。至此，二阶矩模式的可靠度表达与设计方法开始进入实用阶段。结构动力可靠性理论的发展，则主要集中在各种非线性体系的动力可靠性计算方法及实际应用上，显著的成果是将动力可靠性理论应用在地震工程中。

结构体系失效概率求解相当困难，因为涉及寻找主要失效模式及分析失效模式之间的相关性等问题。随着计算技术的发展，更深入地进行了结构体系可靠度理论研究，一些近似的分析求解方法相继发展。在结构动力可靠性理论方面，1951年西格特（A. J. F. Siegert）等人在Rice理论的基础上，提出了当结构反应为连续马氏过程的首次超越概率的计算方法，导出了首次超越概率的Laplace变换；之后，由于计算技术的发展和快速傅氏变换的出现，使得许多难题得以通过数值解的方式解决，随机振动理论及动力可靠性理论的研究得以飞跃发展；20世纪下半叶，结构动力可靠性理论的发展主要集中在各种非线性体系的动力可靠性计算方法及实际应用上。

在国际上，关于工程结构可靠性研究工作的进展主要体现在形成了国际标准ISO 2394“结构可靠性总原则”，1982年创刊的专门报道工程结构可靠性方面研究的Structural Safety期刊；在国际重大学术性会议方面，也定期集中反映了最新研究成果，如从1969年开始举行的国际会议“国际结构安全性与可靠性会议（International Conference on Structural Safety and Reliability，ICOSSAR）”，目前每四年举行一次；从1971年开始每四年举行一次的国际会议“国际土木工程中统计学与概率论的应用学术会议（International Conference on Applications of Statistics and Probability in Civil Engineering，ICASP）”等。

相对而言，我国对工程结构可靠度的研究工作开展比较晚。20世纪60年代曾广泛开展结构安全度的研究和讨论，70年代开始把半经验半概率的方法（水准Ⅰ法）用于6种结构的设计规范，并对其中的有关理论进行了研究，形成了一批研究成果。在工程结构静力可靠度研究方面，提出可靠度的近似计算方法，建立安全经济设计和可靠度设计概念，使可靠度理论与工程实际设计相结合，提出了具体分析方法，并建立了广义可靠度理论及结合工程实际的动态可靠性与维修理论等。在结构动力可靠性理论及应用方面，提出了地震运动的非平稳随机过程和结构动力可靠性理论及有关计算理论。其中，对随机结构时变动力可靠度分析方法的研究，已被推广到考虑非线性非平稳及模糊性和模糊随机性阶段。我国土木工程学会桥梁和结构工程学会成立了结构可靠度委员会，从1987年在北京开始举行的第1届学术会议开始，之后间隔几年举行一次学术会议，1989年在重庆、1992年在南京、1995年在西安、2002年在武汉、2010年在宁波、2012年在哈尔滨、2014年在大连、2016年在长沙和2018年在重庆，分别召开了结构可靠性全国第2届～第10届学术讨论会，交流了我国在这一领域的最新研究成果，反映了工程结构可靠性在我国研究的深入持久发展的趋势。

1.2.2 工程结构可靠性理论的应用

从20世纪20年代开始，人们就试图将概率统计理论应用于工程结构中的不确定性因素定量研究，分析工程结构的安全性，期望建立一种统一的设计方法。但因为初期的可靠性分析开始就以严密的概率统计理论为基础，因此在解决实际工程结构问题时遇到了无法克服的困难。

1971年，协调六个国际土木工程协会活动的联络委员会创建了国际结构安全度联合委员会（JCSS），目的是增进工程技术人员对结构安全性方面知识的了解。1986年，国际标准化组织（ISO）编制了一本关于结构可靠性设计方法的国际标准《结构可靠性总原则》ISO 2394。目前，《结构可靠性总原则》ISO 2394—1998在国际上有很大影响，许多国家有关规范和标准的编制及修订等都参考了该标准。

从20世纪70年代，在我国的工业与民用建筑、公路桥梁、水利水电工程及港口工程等设计规范中开始涉及“可靠度”的概念；80年代，在结构可靠度理论和设计方法方面做出了大量的研究成果。1984年，颁布了《建筑结构设计统一标准》GBJ 68—84，标志着我国建筑结构设计理论与设计规范进入了一个新的阶段，即采用以概率理论为基础的极限状态设计方法的阶段。此后，借鉴国际标准《结构可靠性总原则》ISO 2394，征求了全国有关单位的意见，共同编制了《工程结构可靠度设计统一标准》GB 50153—92。该标准采用以随机可靠性理论为基础，以分项系数表达的概率极限状态设计方法，作为我国土木、水利和港口等工程的专业结构设计规范的改革及修编的准则。目前，在工程结构可靠性理论、设计方法及应用研究方面，在结构可靠性计算一般理论、结构体系可靠性计算理论、结构动力可靠性及应用、混凝土结构耐久性及服役结构的可靠性鉴定等方面都取得了比较丰富的研究和应用成果。

1.3 基于可靠性的工程结构设计与风险分析决策

1.3.1 基于可靠性的工程结构设计方法

为适应设计人员的习惯，对于工程结构的设计，一般的方法仍然是分项系数设计方法，一些国家的设计规范中的分项系数是根据可靠度校准并参考之前长期的设计经验后分析得到的，如我国的各类工程结构设计规范。这一种方法可称为概率极限状态设计法，还不是直接基于可靠性的工程结构设计方法。不过，一些规范允许直接采用基于可靠性的设计方法。

基于可靠性的工程结构设计方法的步骤，第一，应对影响其可靠性的设计参数进行统计分析，得到设计参数的统计值和分布类型；第二，设计结构或构件的截面尺寸和材料性能等；第三，根据这些结构或构件参数，计算其相应的可靠性，判断是否符合工程结构规范要求的可靠性；第四，调整设计参数，直到满足设计规范的可靠性，从而得到结构或构件各类设计参数的设计值。如此的计算结果，设计得到的是满足可靠性要求的结构或构件。但是，这种直接基于可靠性的设计方法，就目前的设计和研究水平而言比较困难，一个是因为一般不能获得全部设计基本变量的统计参数，另外一个是设计过程比较复杂，一般的设计人员很难适应和应用。如 1989 年，Ditevsen 和 Madsen 曾受国际结构安全度联合委员会（JCSS）资助编制了直接应用可靠性进行工程结构设计的模式规范，但因为应用困难而未推广。但 JCSS 一直致力于编制概率模式规范，目的是研究直接按照可靠性原理进行工程结构设计的方法。

我国在一些规范和标准中也规定，在具备条件时可以直接采用可靠性（可靠指标）进行工程结构设计。如《工程结构可靠性设计统一标准》GB 50153—2008 的附录 E4“基于可靠指标设计”中的方法之一是，根据所设计结构或结构构件的目标可靠指标 β_t，所设计结构或结构构件的可靠指标 β 应满足

$$\beta \geqslant \beta_t \tag{1-1}$$

但《工程结构可靠性设计统一标准》GB 50153—2008 的条文说明中同时规定，“当按可靠指标设计方法的结果与传统方法设计的结果有明显差异时，应分析产生差异的原因。只有当证明了可靠指标方法设计的结果合理后方可采用。”在其条文说明中认为，“直接用可靠指标设计方法对结构或结构构件进行设计，理论上是科学的，但目前尚没有这方面的经验，需要慎重。”

我国的《港口工程结构可靠性设计统一标准》GB 50158—2010 中也有类似的规定，并在条文说明中规定“为了推动可靠性设计理论的发展，鼓励设计中收集各种数据，使结构的设计更为合理，本标准给出了直接用可靠指标进行设计的方法，本条则给出了直接用可靠指标进行设计应具备的条件。”《港口工程结构可靠性设计统一标准》GB 50158—2010 中给出的结构采用可靠指标设计的条件是：“1 具有结构极限状态。2 基本变量具有可靠的统计数据并服从某一概率分布。3 具有一定的工程设计经验。”行业规范《重力式码头设计与施工规范》JTS 167—2—2009 在条文说明附录 D“抗滑、抗倾稳定性按可靠指标设计”中，则具体规定了采用可靠指标设计重力式码头结构时，“变量的统计参数和

概率分布宜根据具体工程统计确定。没有统计参数时，可参照表 D. 0. 1 确定。”其中，给出了功能函数的具体形式，结构安全等级为一、二级的港口工程结构的抗滑可靠指标和抗倾稳定性可靠指标，以及具体的验算方法等。

基于可靠性的工程结构设计方法，能比较合理地反映结构设计和使用中的不确定性因素对结构性能的影响。

1.3.2 工程结构可靠性与风险分析决策

风险的概念源自 19 世纪的经济学，但目前已广泛应用于自然灾害、土木工程和环境科学等领域。不同的学科或研究领域，对风险的定义也不完全相同。一般认为，风险是由于影响事件的不确定性因素产生的某种程度损失的概率及其后果；工程风险（或工程结构风险）是工程（或工程结构）潜在破坏发生的概率及其后果的度量。从可靠性中的安全性角度，在仅考虑影响破坏事件发生因素的随机性时，工程结构的潜在破坏发生事件 A 是其安全事件的逆事件 $\overline{A}$，反之亦然。

若以 P_{f_i} 表示工程结构发生某种潜在破坏（发生事件 A_i）的概率，以 C_i 表示该种破坏发生后的后果，则该工程结构的风险值 R_V 为

$$R_V = \sum_{i=1}^{n} P_{f_i} C_i \tag{1-2}$$

如果以 P_{S_i} 表示工程结构某种状态下（发生事件 A_i 的逆事件 $\overline{A}_i$）的可靠性，根据概率论，则存在 $P_{S_i}+P_{f_i}=1$。由此可知，工程结构的风险分析与其可靠性之间关系密切，风险分析时必须计算或估计某种潜在破坏的概率。

工程风险率可以是多种致险因素造成的，也可能是由于某一个特定因素造成的，如工程结构受地震等外部因素作用，或工程结构本身受到的环境因素作用等。对于工程结构风险而言，其分析不仅要估计工程结构系统（体系）发生事故的概率，还应分析其发生的原因和造成的后果，其核心是如何在不确定性的条件下进行合理的决策。工程结构的建设及运行期间往往面临自然灾害破坏风险和社会风险，自然灾害风险因素包括台风、洪水、地震、海啸和地质灾害等影响因素，而社会风险因素包括战争、人为失误、技术失误或判断错误及原材料的性能缺陷和误差等。风险分析的基本内容包括风险识别、风险估计、风险评价、风险处理和风险决策等方面。因此，工程风险分析比工程结构可靠性分析的内容更加宽泛。

工程结构的风险率与其可靠性是工程结构安全性分析的正反两个方面，在仅考虑影响因素随机性的意义上，风险率与可靠性是互补关系。工程结构风险分析是研究工程结构及其系统在一定条件下完成其预定功能所承担的风险，而其可靠性分析是研究工程结构及其系统在一定条件下完成其预定功能的能力。因此，工程结构可靠性与其风险分析的基础类似，都需要研究影响工程结构风险率（或可靠性）因素的不确定性，通过计算得到定量的风险率或可靠概率。因此，设计要求的工程结构可靠性则隐含了其风险率，各类设计规范和标准中设置的工程结构可靠性水平，实际上是对该类工程结构风险决策的结果。

1.4 我国工程结构设计的规范与标准

1.4.1 工程结构设计理论与方法的演进

工程结构的设计方法是随着有关数学与力学的发展而不断改进的。近代和现代的工程结构设计理论，经历了容许应力法、破损阶段法、极限状态设计法和概率极限状态设计法四个阶段。

在经历主要依靠传统经验的长期实践后，随着线弹性理论的发展，出现了近代工程结构设计的容许应力法。容许应力法基于弹性理论，较为准确地描述了新型结构材料在达到屈服应力时的性能，也即破坏开始时的性能。容许应力法规定，在使用期间的外荷载作用下，结构构件各截面上的最大应力不允许超过材料的容许应力。该方法是在弹性理论基础上，能详细计算出弯曲应力和剪切应力等分布的前提下的结构设计方法，但没有考虑材料的非线性性能，忽视了结构或构件实际承载能力与按照弹性方法计算结果之间的差异。另外，限于人们当时的认识，对外荷载及材料的允许应力取值的科学依据也不足。不过，在工程结构设计初期，其仍不失为合理的设计方法。

破损阶段法是考虑结构在材料破坏阶段的工作状态进行结构设计的方法，有时也称为荷载系数设计法。破损阶段法是使考虑塑性应力分布后的结构构件截面承载力不小于外荷载产生的内力，以构件破坏后的受力状况为依据，并考虑材料的塑性性能，引入了安全系数。破损阶段法设计的原则是，结构构件截面达到破损阶段时，计算的构件截面承载力 R 应不低于外界荷载（或设计的标准荷载）作用引起的内力 S 乘以有经验判断设置的安全系数 K：

$$R \geqslant KS \tag{1-3}$$

破损阶段法开始出现构件有总安全度的概念，与容许应力法相比有一定的进步。但其中的安全系数 K 仍然是凭经验确定的；以结构构件进入最终破损阶段的实际工作状态为依据，只考虑了承载力问题，而没有考虑工程结构在正常使用阶段的变形或裂缝等情况。

极限状态设计法则是明确地将工程结构或构件的极限状态划分为承载能力极限状态和正常使用极限状态。其中，承载力极限状态的要求是，结构构件可能的最小承载力不小于可能的最大外荷载产生的截面内力；正常使用极限状态的要求则是对构件的变形和裂缝等进行限制。在考虑外荷载、材料性能和截面尺寸等变异性基础上，以单一或多个系数的形式组成设计表达式，表达了各类结构设计规范和标准对工程结构的安全性、适用性和耐久性等要求。因为引入了概率统计的方法分析材料性能及荷载等设计参数的随机性，考虑到的问题也更加全面，与破损阶段法及容许应力法相比，极限状态设计法更加合理。

概率极限状态设计法，是以概率统计理论为基础，将作用效应及影响结构构件抗力的主要因素均视为随机变量，根据统计分析和计算来确定结构构件的可靠性是否满足设计要求。概率极限状态设计法设计的工程结构或构件，具有明确的以概率度量的可靠性，以设置的可靠性水平（设计规范中为可靠指标）为标准，使得结构体系中各构件之间或不同材料组成的构件之间有较为一致的可靠性水平。

若根据对设计参数的处理方法，容许应力法和破损阶段法为确定性设计方法，极限状态设计法可以称为半概率设计方法，有时也称为水准Ⅰ方法。而概率极限状态设计法，考虑到计算上的方便和设计应用的习惯，目前采用的是“基于分项系数表达的以概率理论为基础的极限状态设计方法”，以可靠指标度量结构可靠性，用分项系数的设计表达式进行设计。这种以一次二阶矩法（First-Order Second-Moment Method，FORM）为计算基础的概率极限状态设计法，有时也称为水准Ⅱ方法。而上述的基于可靠性的工程结构设计方法，则是全概率方法，《工程结构可靠性设计统一标准》GB 50153—2008 中称为水准Ⅲ方法。目前，基于可靠性的工程结构设计方法尽管还不能完全实现，但是这种直接基于可靠性的工程结构设计方法是工程结构可靠性理论及其应用的重要研究方向。

1.4.2 我国的工程结构设计规范标准

在总结长期的工程实践经验之后，基于 1992 年颁布的《工程结构可靠度设计统一标准》GB 50153—92，我国原建设部会同有关部门共同修订了《建筑结构设计统一标准》GBJ 68—84、《建筑结构可靠度设计统一标准》GB 50068—2001；2018 年，修订执行了《建筑结构可靠性设计统一标准》GB 50068—2018；同时，修订了建筑工程设计的《混凝土结构设计规范》GB 50010—2002 等规范，在结构可靠度、设计计算和配筋构造等方面有一系列的更新与补充。

目前，按照行业（部门），我国形成了三个层次的工程结构标准和规范。第一层次的标准为基于随机可靠性理论，以一次二阶矩法为计算基础的概率极限状态设计法（水准Ⅱ方法）的《工程结构可靠度设计统一标准》GB 50153—92，以其指导各行业（或部门）编制统一标准。第二层次的国家标准为五大行业的可靠性设计的统一标准，包括《建筑结构可靠性设计统一标准》GB 50068—2018、《港口工程结构可靠性设计统一标准》GB 50158—2010、《水利水电工程结构可靠性设计统一标准》GB 50199—2013、《公路工程结构可靠度设计统一标准》GB/T 50283—1999 和《铁路工程结构可靠度设计统一标准》GB 50216—94。其中，中国铁道科学研究院编制了企业标准《铁路工程结构可靠性设计统一标准（试行）》Q/CR 9007—2014。

在各行业的国家标准基础上，按本行业的工程结构特点进行了第三层次的各类结构设计规范的再修订和修编。如建筑工程结构设计的《建筑结构荷载规范》GB 50009—2012、《混凝土结构设计规范》GB 50010—2010、《砌体结构设计规范》GB 50003—2011 以及《混凝土结构耐久性设计规范》GB/T 50476—2008 等；港口工程结构设计的《港口工程混凝土结构设计规范》JTJ 267—98、《重力式码头设计与施工规范》JTS 167—2—2009 和《港口工程桩基规范》JTS 167—4—2012 等；水利水电工程结构设计的《水工混凝土结构设计规范》SL 191—2008（水利工程）、《水工混凝土结构设计规范》DL/T 5057—2009（水电工程）等；公路工程结构设计的《公路钢筋混凝土及预应力混凝土桥涵设计规范》JTG 3362—2018 等。

在进行这些标准及规范的编制前后，进行了长时间的大量的实际工程调查、数据实测与收集等，吸取了长期的工程设计和实践的经验及最新的研究成果。这些标准与规范的采用，使我国工程结构设计达到较先进的水平；相应地，我国的工程结构可靠性理论的研究水平也处于世界前列。

1.5 本书主要内容

工程结构设计理论和方法研究成果，是制定工程结构设计规范和标准的基础。基于随机可靠性理论的各行业或部门的统一标准及其各专业结构设计的规范，涵盖了对工程结构可靠性中的安全性、适用性、耐久性和整体稳定性的要求。

为方便引用和理解工程结构随机可靠性原理，本书首先介绍随机可靠性理论的数学基础，即概率与统计基础。在此基础上，主要介绍工程结构可靠性的基本概念、结构可靠性的基本理论和计算方法，着重介绍一次二阶矩计算方法；结合有关设计规范和标准，介绍工程结构构件的作用及其效应的统计、构件的抗力分析方法；工程结构极限状态设计方法，属于水准Ⅱ方法的分项系数表达的极限状态设计模式；最后介绍了既有工程结构可靠性评估的方法。

若为了解工程结构随机可靠性分析的原理、计算方法及设计规范的基础，则可阅读本书的第 3 章至第 7 章的内容。第 2 章属于结构可靠性理论的数学基础，第 8 章属于工程结构可靠性理论在既有工程结构中的应用内容。本书未涉及工程结构的动力可靠性计算方法，也未介绍属于理论探讨的二次二阶矩等计算方法、结构整体稳定可靠性分析和结构耐久性研究成果等。如若需要，可以参考其他相关论著。

第2章　概率与统计基础

本章为工程结构可靠度理论的数学基础知识。一般地，工程结构可靠度是指考虑影响变量的随机性，以概率论与数理统计理论为基础的结构随机可靠度。因此，本章的内容为工程结构可靠度分析的理论基础。

本章主要介绍了随机事件与概率，随机变量及其概率分布与数字特征，常用的大数定律与中心极限定理，特征函数，随机变量的函数及其数字特征，结构可靠度分析中常用的概率分布，以及统计与假设检验方法等。

2.1　随机事件与概率

随机性现象是指在相同的条件下，观测这种现象时会产生不同的结果，即这种现象表现为因果关系的不确定性；但在相同条件下的大量重复性观测中，会揭示各自结果出现的规律性，这种规律性就是统计规律。

例如，由于包括原材料、制备、浇筑和养护等多方面的原因，即使是在相同的条件下制备与测试的混凝土强度也会产生差异，这种差异表现的就是随机性。但是，由于事件发生的条件不充分而出现的随机性，并不是说事件发生的结果是完全不可控制，而是可以将其控制在一定范围内。如，混凝土强度可以利用相同条件下的重复性测试得到其实测值，统计并分析这些实测值的随机性，则可得出不小于某个保证率的混凝土强度标准值。

2.1.1　随机事件

人们可以预先做出结果推断的现象，也就是在一定条件下必然出现的现象，称为必然事件；反之，如果在一定条件下必然不出现的现象，则称为不可能事件。而在一定的条件下可能发生，也可能不发生的现象，称为随机事件，可以简称为事件。因此，介于必然事件与不可能事件之间的事件，就是随机事件。

为了从数量上比较事件发生可能性的大小，对每个事件给予一个数值，这个数字就是事件的概率。即，描述一个随机事件发生的可能性大小的具体量值，称为该事件发生的概率。

试验——指随机现象的观测。这种观测包括三个要素，即（1）在相同条件下可以重复进行；（2）一次试验的可能结果不止一个；（3）一次试验结果无法预先知道，但有可能事先知道试验的所有可能结果。

样本空间——指试验的所有可能结果的集合，记为 Ω，其元素称为样本点。在实际应用中，样本空间通常是有代表基本事件的数组成的数集合。

概率——某个事件出现的可能性测度。为比较各个事件在试验中出现的可能性大小，用 $P(A)$ 表示事件 A 出现的可能性大小，称为事件 A 的概率。

具有以下性质试验的事件，其概率可以直接计算出来：（1）试验的可能结果只有有限多个；（2）所有基本事件都是等可能的。如对于一个古典型试验，若试验结果有 n 个基本事件组成，而事件 A 由其中的 m 个基本事件组成，则定义事件 A 的概率 $P(A)$ 为

$$P(A)=m/n \tag{2-1}$$

很显然，$P(A)$ 介于 0 与 1 之间，此即为概率的基本性质之一。

例如，投掷骰子就是一个古典型试验。骰子为 6 个面组成，则该试验的样本空间由 6 个基本事件（即 1 至 6 的数）组成，出现奇数（1、3、5）的事件由三个基本事件组成，其概率为 0.5。

但在工程设计中的随机事件，很多不能归结为上述古典概率问题，并不能直接以公式（2-1）计算其概率，而是通过大量重复试验，由事件出现的频率来代替其概率。若在 n 次试验中，某事件 A 出现 m 次，则：

$$P^*(A)=m/n \tag{2-2}$$

式中，$P^*(A)$ 为事件 A 在 n 次试验中出现的频率；m 为事件 A 在这 n 次试验中出现的频数。

实践与理论业已证明，当增加试验次数后，事件 A 出现的频率将在随机波动之后趋于其出现的概率。

2.1.2 随机事件概率的性质

1. 概率的基本性质

若 A 表示事件，S 表示必然事件，$\varnothing$ 表示不可能事件，则事件有以下基本性质。

（1）事件 A 的概率介于 0 与 1 之间，即

$$0 \leqslant P(A) \leqslant 1 \tag{2-3}$$

（2）不可能事件 $\varnothing$ 的概率为零，即

$$P(\varnothing)=0 \tag{2-4}$$

（3）必然事件 S 的概率为 1，即

$$P(S)=1 \tag{2-5}$$

（4）有限可加性。若有两两互斥的有限多个事件 A_1，A_2，…，A_n，即两事件不可能同时发生，但其中之一不一定必然发生，则有

$$P(\bigcup_{i=1}^{n} A_i)=\sum_{i=1}^{n} P(A_i) \tag{2-6}$$

式中，$P(\cdot)$ 为事件发生的概率；$\cup$ 为事件之和。

（5）若 A_i（$i=1, 2, \cdots, n$）不是互不相容的事件，则

$$P(\bigcup_{i=1}^{n} A_i)=\sum_{i=1}^{n} P(A_i)-\sum_{1 \leqslant i \leqslant j \leqslant n} P(A_i A_j)+\sum_{1 \leqslant i \leqslant j \leqslant k \leqslant n} P(A_i A_j A_k) \cdots +(-1)^{n-1} P(A_1 A_2 \cdots A_n) \tag{2-7}$$

式中，$P(A_i A_j)$ 为事件 A_i 和 A_j 同时发生的概率。

对于两个事件 A_1 和 A_2，根据式（2-7），有

$$P(A_1 \cup A_2)=P(A_1)+P(A_2)-P(A_1 A_2) \tag{2-8}$$

（6）对于任何事件 A 与其逆事件 $\overline{A}$（A 不发生的事件），根据式（2-6），有

$$P(A \cup \overline{A}) = P(A) + P(\overline{A}) \tag{2-9}$$

因为 $A \cup \overline{A} = S$，根据式（2-5），有 $P(A \cup \overline{A}) = P(A) + P(\overline{A}) = 1$。则

$$P(A) = 1 - P(\overline{A}) \tag{2-10}$$

2. 条件概率

所谓的事件 A_1 和 A_2 之积，是指 A_1 与 A_2 同时实现，表示为概率 $P(A_1A_2)$。

若 A_1 和 A_2 表示相互关联的两个事件，即事件 A_1 和 A_2 中任何一个事件发生与否将影响另外一个事件发生的概率，且 $P(A_2)>0$，则在事件 A_2（或 A_1）已发生的条件下，A_1（或 A_2）发生的概率称为事件 A_1（或 A_2）的条件概率，即

$$P(A_1 | A_2) = \frac{P(A_1A_2)}{P(A_2)} \tag{2-11}$$

式中，$P(A_1A_2)$ 为事件 A_1 和 A_2 同时发生的概率，也可记为 $P(A_1 \cap A_2)$。

与条件概率有关的几个重要公式如下所示：

（1）概率的乘法法则

若 $P(A_2)>0$，由式（2-11），有

$$P(A_1A_2) = P(A_2)P(A_1 | A_2) \tag{2-12}$$

（2）全概率公式

若事件 A_1，A_2，…，A_n 两两互斥，且 $\sum_{i=1}^{n} A_i = \Omega$，$P(A_i)>0$，$i=1$，2，…，$n$，则对任一事件 B，有

$$P(B) = \sum_{i=1}^{n} P(A_i)P(B|A_i) \tag{2-13}$$

（3）Bayes 公式

在全概率的条件下，若 $P(B)>0$，则有

$$P(A_i | B) = \frac{P(A_i)P(B|A_i)}{\sum_{i=1}^{n} P(A_i)P(B|A_i)} \quad (i = 1,2,\cdots,n) \tag{2-14}$$

3. 事件的独立性

对于两个事件 A 和 B，若有

$$P(AB) = P(A)P(B) \tag{2-15}$$

则称 A 和 B 相互独立，简称独立。

根据式（2-11），相互关联的 A_1 和 A_2 两个事件同时发生的概率为

$$P(A_1A_2) = P(A_1 | A_2)P(A_2) = P(A_2 | A_1)P(A_1) \tag{2-16}$$

相互关联的 n 个事件 A_i（$i=1$，2，…，n），其所有事件之积，也就是全部事件发生的概率为

$$P(A_1A_2\cdots A_n) = P(A_1)P(A_2 | A_1)P(A_3 | A_1A_2)\cdots P(A_n | A_1A_2\cdots A_{n-1}) \tag{2-17}$$

若 n 个事件 A_i（$i=1$，2，…，n）相互统计独立，则有

$$P(A_1A_2\cdots A_n) = P(A_1)P(A_2)P(A_3)\cdots P(A_n) \tag{2-18}$$

2.2　随机变量及其概率分布

2.2.1　随机变量的概念与类型

1. 随机变量的概念

与随机事件紧密联系的一个重要概念是随机变量，是随机事件概念的发展。

设样本空间为 Ω，Γ 是由 Ω 的一些子集为元素所组成的集合，则（Ω，Γ，P）是一个概率空间，而 $X=X(\omega)$ 是定义在基本空间 Ω 上的单值实函数。若对任一实数 x，基本事件 ω 的集合 $\{\omega: X(\omega)<x\}$ 都是一个随机事件，即 $\{\omega: X(\omega)<x\}\in\Gamma$，则称 $X=X(\omega)$ 为一个随机变量或随机变数。

随机变量通俗的定义是，在一定条件下，如果每次的试验结果都可以用一个不能预先确定的实数 X 表示，且任何实数 x，事件 $X\leqslant x$ 都有确定的概率，则称 X 为随机变量。因此，随机变量是定义在样本空间上的单值实函数，并依据一定的概率规律取值。例如，某预制件制备厂，每天出现一件废品的概率为 0.2，不出现废品的概率为 0.8，出两件及其以上废品的概率为 0，则 10 天内出现废品总数 X 应该是位于 0～10 之间，但出现废品的总数并不能预先知道，因此，X 是一个随机变量。

随机变量的产生推动了概率理论的研究与应用。在工程结构可靠度理论中，通常以随机变量描述工程结构或构件的参数及其各种性能。

2. 随机变量的类型

随机变量 X 的所有取值为可预先列举的有限多个值或可列无限多个，则称该随机变量为离散型随机变量。反之，若随机变量的取值为充满某一区间的任何数值，则称其为非离散型随机变量或连续型随机变量。

例如，某地区的年最大风速是一个随机变量，每年都有（至少有）一个最大值，但其具体是一个多大的数值，事前无法预知，因此年最大风速是一个随机变量 X。该随机变量可以位于某个实数范围内，或位于某个区间内取任意的数值，因此 X 是一个非离散型随机变量，也就是连续型随机变量。工程结构可靠性分析中，河流的年最高水位、某地区的年最大风速、年降雨量（或降雪深度）及各种材料的强度等，都是连续型随机变量。

除上述两种基本的随机变量之外，实际上还有一种随机变量是上述两种基本类型的组合，可以称为混合型随机变量。

2.2.2　随机变量的分布函数和密度函数

对离散型随机变量 X 而言，研究的重点不仅要找到它可能的取值，还需要研究其以什么概率取这些值，即确定随机变量的可能取值与该可能值所对应的概率之间的关系。

而对于连续型随机变量，因为其可能的取值充满某个区间，是不可列的。因此，应该研究的不是连续型随机变量取某个具体值 x，而是 $X<x$（或 $X\leqslant x$、$X\geqslant x$）的概率。

1. 随机变量的分布函数

将 x 视为变量，则 $X<x$ 的概率是 x 的函数，称为随机变量 X 的分布函数，记为 $F(x)$，即

$$F(x)=P(X<x) \quad (2\text{-}19)$$

分布函数是描述随机变量分布律的最一般形式，能全面反映随机变量取值的统计规律，对离散型和连续型随机变量都适用。

由上述分布函数定义可知，分布函数有以下性质

（1）单调不减。对于两个实数 x_1 和 x_2，若 $x_1<x_2$，则 $F(x_1)<F(x_2)$。

（2）非负性。对于任何实数 x，有 $F(x)\geqslant 0$。

（3）归一性。分布函数的所有值都包括在 0～1 之间。记 $F(-\infty)=\lim\limits_{x\to-\infty}F(x)$，$F(+\infty)=\lim\limits_{x\to+\infty}F(x)$，那么，$F(-\infty)=0$，$F(+\infty)=1$。即 $0\leqslant F(x)\leqslant 1$，其中 $-\infty<x<+\infty$。

（4）左连续性。对于 $-\infty<x<+\infty$，有 $\lim\limits_{x\to x_0}F(x)=F(x_0)$。

上述性质，可以以图 2-1 表示。

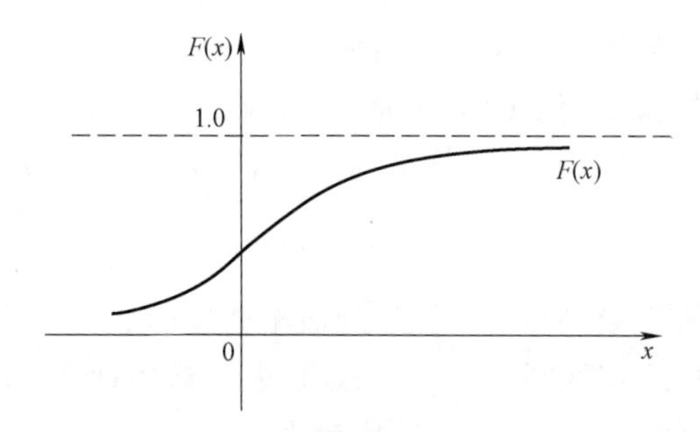

图 2-1　随机变量的分布函数

有了随机变量 X 的分布函数 $F(x)$ 之后，容易求得 X 落在任何区间的概率。如，为了计算随机变量 X 在区间（x，$x+\Delta x$）上的概率 $P(x\leqslant X\leqslant x+\Delta x)$，可以先计算事件 $X<x+\Delta x$ 的概率，而事件 $X<x+\Delta x$ 为事件 $X<x$ 与事件 $x\leqslant X\leqslant x+\Delta x$ 之和，因此 $F(X<x+\Delta x)=P(X<x)+P(x\leqslant X\leqslant x+\Delta x)$，从而有

$$P(x\leqslant X\leqslant x+\Delta x)=F(x+\Delta x)-F(x),\quad -\infty<x\leqslant x+\Delta x<+\infty \quad (2\text{-}20)$$

2. 离散型随机变量的分布列

上述离散型随机变量 X 的可能取值与该可能值所对应的概率之间关系，称为离散型随机变量 X 的分布规律，这种分布规律通常用分布列表示。

设离散型随机变量 X 的所有可能取得的值为 x_1，x_2，…，x_i，…，X 取各个 x_i 相应的概率为 p_i，即 $P(X=x_i)=p_i$（$i=1$，2，…，n），或列成表，见表 2-1。

离散型随机变量的分布列表　　表 2-1

X	x_1	x_2	$\cdots x_i$	…
p_i	p_1	p_2	$\cdots p_i$	…

$P(X=x_i)=p_i$ 或这种分布列表，称为离散型随机变量 X 的分布列、分布律或概率函数。由概率的定义可知，分布列有以下性质：

（1）$p_i\geqslant 0$，$i=1$，2，…

（2）$\sum\limits_{i=1} p_i=1$

离散型随机变量的分布函数 $F(x)$ 可以用 p_i 表示为

$$F(x)=P(X<x)=\sum_{x_i<x}P(X=x_i) \tag{2-21}$$

3. 连续型随机变量的分布密度

首先从分析式（2-20）中 $P(x \leqslant X \leqslant x+\Delta x)$ 在其区间（x，$x+\Delta x$）的平均值出发，说明连续型随机变量 X 的分布密度意义。$P(x \leqslant X \leqslant x+\Delta x)$ 与其区间长度 Δx 之比为

$$\frac{p(x \leqslant X \leqslant x+\Delta x)}{\Delta x}=\frac{F(x+\Delta x)-F(x)}{\Delta x} \tag{2-22}$$

该比值称为随机变量 X 在区间（x，$x+\Delta x$）上的平均概率密度。如果求 X 在 x 点处的概率密度，可令 $\Delta x \to 0$，并取极限，有

$$\lim_{\Delta x \to 0}\frac{F(x+\Delta x)-F(x)}{\Delta x}=F'(x)=f(x) \tag{2-23}$$

该极限为分布函数 $F(x)$ 在 x 处的导数，描述的是随机变量 X 在 x 处的概率分布密度特征，被称为随机变量 X 的分布密度或概率密度（函数）。

连续型随机变量 X 的概率密度的定义为，若存在一个非负可积函数 $f(x)$，随机变量 X 的分布函数 $F(x)$ 能表示为 $f(x)$ 在区间（$-\infty$，x）上的积分，即

$$F(x)=\int_{-\infty}^{x}f(t)\mathrm{d}t \tag{2-24}$$

则称 X 为连续型随机变量，$f(x)$ 为 X 的概率密度函数（简称密度）或概率密度。

类似于上述随机变量 X 在区间（x，$x+\Delta x$）上的概率计算，若已知随机变量 X 的分布密度 $f(x)$，则 X 在区间（x_1，x_2）上的概率为

$$P(x_1<X<x_2)=\int_{x_1}^{x_2}f(x)\mathrm{d}x \tag{2-25}$$

式中，$f(x)$ 是概率元，为 X 在微元 $\mathrm{d}x$ 内的概率。

如图 2-2（a）所示，在几何意义上 $f(x)\mathrm{d}x$ 是面积元，因此式（2-25）是区间（x_1，x_2）为界限的概率分布密度函数下的面积。式（2-24）和式（2-25）的几何意义，如图 2-2（b）所示。

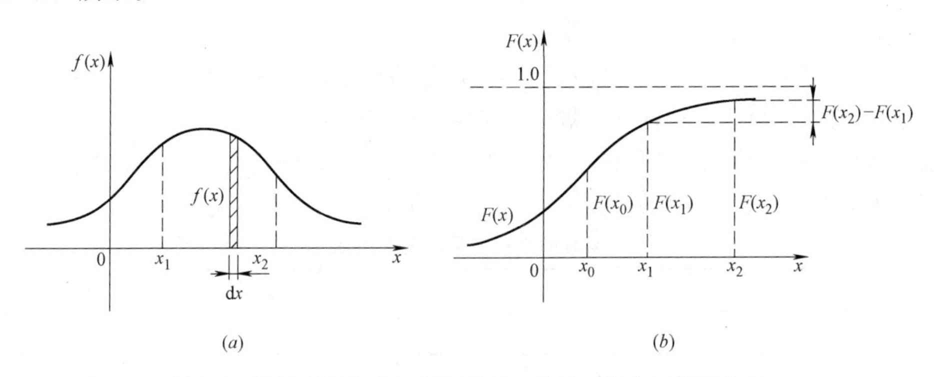

图 2-2　连续型随机变量的密度函数及其与分布函数的关系

随机变量 X 的概率密度函数具有以下基本性质：

（1）非负性。$f(x) \geqslant 0$，$f(x)$ 曲线位于 x 轴上方。因为 $f(x)$ 是其分布函数 $F(x)$ 的导数，而 $F(x)$ 是单调不减的，故其导数非负。

（2）从 $-\infty$ 到 $+\infty$ 对概率密度函数的积分为 1。即

$$F(x)=\int_{-\infty}^{+\infty}f(t)\mathrm{d}t=1 \tag{2-26}$$

上述性质的几何意义是曲线 $f(x)$ 位于 x 轴上方的分布曲线下的总面积为 1，这是因为 $F(+\infty)=1$，故

$$F(+\infty)=P(-\infty\leqslant X\leqslant+\infty)=\int_{-\infty}^{+\infty}f(t)\mathrm{d}t=1 \tag{2-27}$$

(3) 若 $f(x)$ 在点 x 处连续，则有 $\mathrm{d}F(x)/\mathrm{d}x=f(x)$。

上述性质的几何意义如图 2-2 (b) 所示。

对于随机变量 X，若已知该变量取值的区间为 $a\leqslant X\leqslant b$ ($b\geqslant a$)，则根据式 (2-11) 的条件概率公式，有

$$F_Y(y)=P(X<y|a\leqslant X\leqslant b)=\frac{P(X<y,a\leqslant X\leqslant b)}{P(a\leqslant X\leqslant b)}=\frac{F_X(y)-F_X(a)}{F_X(b)-F_X(a)}\quad(a\leqslant Y\leqslant b) \tag{2-28}$$

概率密度函数为

$$f_Y(y)=\frac{f_X(y)}{F_X(b)-F_X(a)}\ (a\leqslant Y\leqslant b) \tag{2-29}$$

则称 $F_Y(y)$ 为随机变量 X 的截尾概率分布函数。当 $a=-\infty$时称为右截尾，$b=+\infty$时为左截尾，a 和 b 为有限值时为双截尾。

在既有工程结构可靠度计算时，需要分析既有结构或构件的抗力，而该结构或构件在之前服役期间已抵抗过运行历史发生的荷载效应。换言之，既有结构或构件的抗力取值应该大于历史上发生过的荷载效应，使得抗力这个随机变量的分布成为截尾分布。

2.2.3 随机变量的条件分布

根据上述条件概率的定义，对于二维随机矢量 $X=\{x_1,x_2\}$，在 X_2给定的情况下，X_1的条件分布函数为

$$F_{X_1X_2}(x_1|x_2)=P(X_1\leqslant x_1|X_2=x_2) \tag{2-30}$$

类似于式 (2-11)，$F_{X_1X_2}$ ($x_1|x_2$) 可以表示为

$$F_{X_1X_2}(x_1|x_2)=\frac{\int_{-\infty}^{x_1}f_{X_1X_2}(u,x_2)\mathrm{d}u}{f_{x_2}(x_2)} \tag{2-31}$$

在 X_2给定的情况下，X_1的条件分布密度定义为

$$f_{X_1X_2}(x_1|x_2)=\frac{\mathrm{d}F_{X_1X_2}(x_1|x_2)}{\mathrm{d}x_1}=\frac{f_{X_1X_2}(x_1|x_2)}{f_{X_2}(x_2)} \tag{2-32}$$

由上式可得

$$f_{X_1X_2}(x_1|x_2)=f_{X_1X_2}(x_1|x_2)f_{X_2}(x_2) \tag{2-33}$$

若

$$f_{X_1X_2}(x_1|x_2)=f_{X_1}(x_1) \tag{2-34}$$

则称 X_1关于 X_2是独立的。而 X_2关于 X_1是独立的条件是 $f_{X_1X_2}(x_2|x_1)=f_{X_2}(x_2)$。

在工程结构可靠度分析中，将出现多个基本随机变量，这些基本变量有些相互之间统计独立，有些则是相关的。因此，需要分析这些变量概率密度函数之间的关系。

对于两个独立的随机变量，有

$$f_{X_1X_2}(x_1 \mid x_2)=f_{X_1}(x_1)f_{X_2}(x_2) \tag{2-35}$$

同理，根据条件概率公式，对于三维随机矢量 $X=\{x_1, x_2, x_3\}$，有

$$f_{X_1X_2X_3}(x_1,x_2,x_3)=f_{X_1X_2X_3}(x_1 \mid x_2,x_3)f_{X_2X_3}(x_2 \mid x_3)f_{X_3}(x_3) \tag{2-36}$$

对于 n 维随机矢量 $X=\{x_1, x_2, \cdots, x_n\}$，有

$$f_{X_1X_2\cdots X_n}(x_1,x_2,\cdots,x_n)=f_{X_1X_2\cdots X_n}(x_1 \mid x_2,\cdots,x_n)f_{X_2\cdots X_n}(x_2 \mid x_3,\cdots,x_n)\cdots f_{X_{n-1}X_n}(x_{n-1} \mid x_n)f_{X_n}(x_n) \tag{3-37}$$

若 $X_1, X_2, \cdots, X_n$相互独立，则

$$f_{X_1X_2\cdots X_n}(x_1,x_2,\cdots,x_n)=f_{X_1}(x_1)f_{X_2}(x_2)\cdots f_{X_n}(x_n) \tag{2-38}$$

$X=\{x_1, x_2, \cdots, x_n\}$ 的 n 维联合概率分布函数可以表示为

$$F_{X_1X_2\cdots X_n}(x_1,x_2,\cdots,x_n)=\int_{-\infty}^{x_1}\int_{-\infty}^{x_2}\cdots\int_{-\infty}^{x_n}f(t_1,t_2,\cdots,t_n)\mathrm{d}t_1\mathrm{d}t_2\cdots\mathrm{d}t_n \tag{2-39}$$

式中，$f(x_1, x_2, \cdots, x_n)$ 是非负可积函数，则称 $X=\{x_1,x_2,\cdots,x_n\}$ 为 n 维连续型随机变量，$f(x_1,x_2,\cdots,x_n)$ 称为 n 维联合分布密度或 n 维联合概率函数。

上述式（2-37）和（2-38）分别为 n 维随机矢量的 $X=\{x_1,x_2,\cdots,x_n\}$ 联合分布密度、相互独立的 n 维随机矢量 $X=\{x_1,x_2,\cdots,x_n\}$ 的联合概率分布密度。

2.3 随机变量的数字特征

分布律完整地描述了随机变量，确定了其一切概率性质。但对实际工程问题，要求出基本随机变量的分布律是困难的，而实际工程结构中的变量往往只要知道其某个或某些方面的特性即可。为此，研究实际工程问题中基本随机变量的数字特征显得尤为重要。其中，最主要的特性是反映随机变量的集中位置与集中程度的数字特征。

2.3.1 数学期望（均值）

随机变量的数学期望（均值）代表其取值的平均水平，是随机变量的最重要的两个数字特征之一。

设连续型随机变量 X 的密度函数为 $f(x)$，若 $\int_{-\infty}^{+\infty}|x|f(x)\mathrm{d}x$ 收敛，则 X 的数学期望定义为

$$E(X)=\int_{-\infty}^{+\infty}xf(x)\mathrm{d}x \tag{2-40}$$

对离散型随机变量 X，设其分布列为 $P(X=x_i)=p_i(i=1,2,\cdots)$，若级数 $\sum_{i=1}^{\infty}|x_i|p_i$ 收敛，则 X 的数学期望为

$$E(X)=\sum_{i=1}^{\infty}x_ip_i \tag{2-41}$$

分布函数为 $F(x)$ 的随机变量 X，若

$$\int_{-\infty}^{+\infty}|x|\mathrm{d}F(x)<+\infty \tag{2-42}$$

则不论 X 是离散型还是连续型，它的数学期望可统一表述为

$$E(X)=\int_{-\infty}^{+\infty} x\mathrm{d}F(x) \tag{2-43}$$

其中，当 X 为离散型随机变量时，其分布函数 $F(x)$ 为阶梯函数，积分为求和的形式；当 X 为连续型随机变量时，其为式（2-40）形式的积分。

设 $E(X)$ 及 $E(X_1)$，$E(X_2)$，…，$E(X_n)$ 均存在，数学期望有以下常用性质：

（1）若 C 为常数，则 $E(C)=C$

（2）若 k 为常数，则 $E(kX)=kE(X)$

（3）k_1，k_2，…，k_n，b 均为常数，则

$$E\left(\sum_{i=1}^{n} kX_i+b\right)=\sum_{i=1}^{n} kE(X_i)+b \tag{2-44}$$

（4）若 X_1，X_2，…，X_n相互独立，k_1，k_2，…，k_n均为常数，则

$$E\left(\prod_{i=1}^{n} k_iX_i\right)=\prod_{i=1}^{n} k_iE_i(X_i) \tag{2-45}$$

2.3.2 方差

方差是刻画随机变量取值离散程度的两个重要数字特征之一。设 X 为一个随机变量，若 $E(X-EX)^2$存在，则称它是 X 的方差，记为 $D(X)$ 或 $Var(X)$，即

$$D(X)=E[X-E(X)]^2 \tag{2-46}$$

对于离散型随机变量 X，则其方差为

$$D(X)=\sum_{i=1}^{\infty}[(x-E(X)]^2 p_i \tag{2-47}$$

式中，$p_i=P(X=x_i)(i=1,2,\cdots)$ 为随机变量 X 的分布列。

对于连续型随机变量 X，方差为

$$D(X)=\int_{-\infty}^{+\infty}[x-E(X)]^2 f(x)\mathrm{d}x \tag{2-48}$$

式中，$f(x)$ 为 X 的密度函数。

计算方差时常用的公式为

$$D(X)=E(X^2)-[E(X)]^2 \tag{2-49}$$

设 $D(X)$ 及 $D(X_1)$，$D(X_2)$，…，$D(X_n)$ 均存在，方差有以下常用性质：

（1）若 C 为常数，则 $D(C)=0$

（2）若 k 为常数，则 $D(kX)=k^2D(X)$

（3）若 X_1，X_2，…，X_n相互独立，k_1，k_2，…，k_n，b 均为常数，则

$$D\left(\sum_{i=1}^{n} kX_i+b\right)=\sum_{i=1}^{n} k^2D(X_i) \tag{2-50}$$

（4）对于随机变量 X，$P(X=C)=1$（C 为常数）的充分必要条件是 $D(X)=0$。

由于方差具有随机变量二次方的量纲，为使用方便，常取方差的平方根作为描述随机变量离散性的数字特征，称该数字特征为均方差或标准（离）差，记为 $\sigma(X)$ 或 σ_X，即

$$\sigma_X=\sqrt{D(X)} \tag{2-51}$$

但是，随机变量均方差的大小除与其离散性有关之外，还与其数学期望有关。因此，

不能仅用均方差来比较随机变量的离散程度，而应该采用均方差与其数学期望的比值来反映。该比值称为随机变量 X 的离散系数或变异系数，一般可记为 δ_X，即

$$\delta_X=\frac{\sigma_X}{\mu_X} \tag{2-52}$$

式中，μ_X 为随机变量 X 的均值。

变异系数比均方差更纯粹地反映了随机变量的离散程度。如，两个随机变量 X_1 和 X_2 的标准差都为 4，若它们的数学期望分别为 10 和 20，显然 X_1 比 X_2 的离散程度要大。

2.3.3 矩、协方差与相关系数

1. 矩

随机变量 X 的 k 阶原点矩定义为其 k 次幂的数学期望。设 $k>0$，若 $E(X^k)$ 存在，则称它为随机变量 X 的 k 阶原点矩。

若 $E\{[X-E(X)]^k\}$ 存在，则称它为 X 的 k 阶中心矩。

对于连续型随机变量 X，其 k 阶原点矩为

$$\alpha_k = E(X^k) = \int_{-\infty}^{+\infty} x^k f_X(x)\mathrm{d}x \tag{2-53}$$

k 阶中心矩定义为

$$\mu_k = E\{[X-E(X)]^k\} = \int_{-\infty}^{+\infty} [x-E(X)]^k f_X(x)\mathrm{d}x \tag{2-54}$$

对于离散型随机变量 X，设其分布列为 $P(X=x_i)=p_i(i=1,2,\cdots)$，则其 k 阶原点矩为

$$\alpha_k = E(X^k) = \sum_{j=1} p_j x_j^k \tag{2-55}$$

而其 k 阶中心矩定义为

$$\mu_k = E\{[X-E(X)]^k\} = \sum_{j=1} p_j [x_j-E(X)]^k \tag{2-56}$$

显然，随机变量 X 的一阶中心矩为零，而二阶中心矩为其方差；一阶原点矩为其数学期望。

对于连续型随机变量 X，定义 C_S 为其偏态系数

$$C_S = \frac{E(X-\mu_X)^3}{\sigma_X^3} = \frac{1}{\sigma_X^3}\int_{-\infty}^{+\infty}(x-\mu_X)^3 f(x)\mathrm{d}x \tag{2-57}$$

偏态系数描述的是随机变量 X 的概率密度函数的对称程度，如图 2-3 所示。

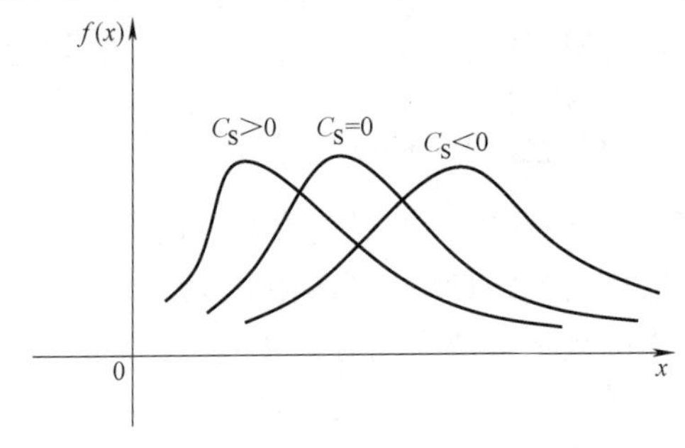

图 2-3　随机变量的分布曲线偏态曲线

图 2-3 中，当 $C_S=0$ 为无偏；$C_S>0$ 时，分布曲线称为正偏态；反之，$C_S<0$ 为负偏态。

定义 C_e 为连续型随机变量 X 的峰态系数

$$C_e=\frac{E(X-\mu_X)^4}{\sigma_X^4}-3=\frac{1}{\sigma_X^4}\int_{-\infty}^{+\infty}(x-\mu_X)^4 f(x)\mathrm{d}x-3 \tag{2-58}$$

峰态系数描述的是随机变量 X 的概率密度函数的上凸状态，如图 2-4 所示。

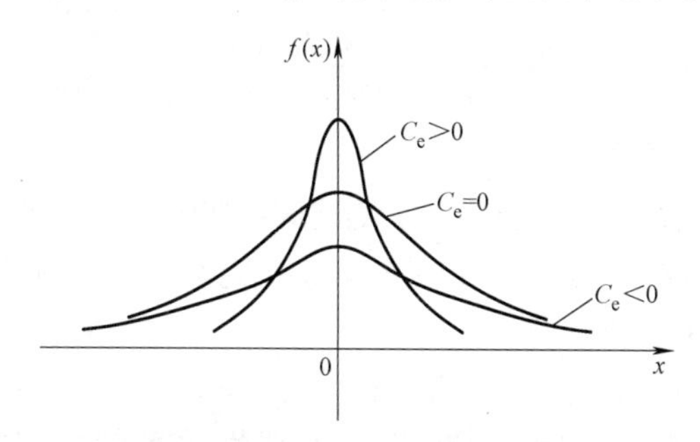

图 2-4　随机变量的分布曲线峰态系数

图 2-4 中，当 $C_e=0$ 为正态；$C_e>0$ 时，分布曲线上凸较陡峭；$C_e<0$，则曲线较为平坦。

2. 协方差

对于二维随机矢量 $\mathbf{X}=(X_1, X_2)$，其联合原点矩 α_{nm} 的定义为

$$\alpha_{nm}=E(X_1^n X_2^m)=\int_{-\infty}^{+\infty}\int_{-\infty}^{+\infty}x_1^n x_2^m f_{X_1X_2}(x_1,x_2)\mathrm{d}x_1\mathrm{d}x_2 \tag{2-59}$$

其联合中心矩 μ_{nm} 的定义为

$$\begin{aligned}\mu_{nm}&=E\{[X_1-E(X_1)]^n[X_2-E(X_2)]^m\}\\&=\int_{-\infty}^{+\infty}\int_{-\infty}^{+\infty}[x_1-E(X_1)]^n[x_2-E(X_2)]^m f_{X_1X_2}(x_1,x_2)\mathrm{d}x_1\mathrm{d}x_2\end{aligned} \tag{2-60}$$

α_{11} 称为 X_1 和 X_2 的相关矩，μ_{11} 称为 X_1 和 X_2 的协方差；α_{10} 与 α_{20}、α_{01} 与 α_{02} 就是 X_1 和 X_2 的均值与方差。显然，它们之间存在的关系为

$$\mu_{20}=\alpha_{20}-\alpha_{10}^2,\mu_{02}=\alpha_{02}-\alpha_{01}^2,\mu_{11}=\alpha_{11}-\alpha_{10}\alpha_{01} \tag{2-61}$$

因此，根据式 (2-60)，若 $E\{[X_1-E(X_1)][X_2-E(X_2)]\}$ 存在，X_1 和 X_2 的协方差定义为

$$\mathrm{Cov}(X_1,X_2)=\mu_{11}=E\{[X_1-E(X_1)][X_2-E(X_2)]\} \tag{2-62}$$

由协方差的定义，有

$$\mathrm{Cov}(X,X)=D(X) \tag{2-63a}$$

$$\mathrm{Cov}(X_1,X_2)=E(X_1X_2)-E(X_1)E(X_2) \tag{2-63b}$$

$$D(X_1\pm X_2)=D(X_1)+D(X_2)\pm 2\mathrm{Cov}(X_1,X_2) \tag{2-63c}$$

协方差有以下性质：

(1) $\mathrm{Cov}(X_1,X_2)=\mathrm{Cov}(X_2,X_1)$

(2) 对于任何常数 a 与 b，有 $\mathrm{Cov}(aX_1,bX_2)=ab\mathrm{Cov}(X_1,X_2)$

(3) $\mathrm{Cov}(X_1+X_2,X_3)=\mathrm{Cov}(X_1,X_3)+\mathrm{Cov}(X_2+X_3)$

一般地有

$$\mathrm{Cov}\left(\sum_{i=1}^{m} a_i X_i, \sum_{j=1}^{n} b_j X_j\right) = \sum_{i=1}^{m}\sum_{j=1}^{n} a_i b_j \mathrm{Cov}(X_i, X_j) \tag{2-64}$$

其中，a_1，a_2，…，a_m及b_1，b_2，…，b_n为任意常数。

(4) 若 X_1和 X_2相互独立，则 $\mathrm{Cov}(X_1, X_2)=0$，反之不一定成立。

3. 相关系数

设随机变量 X_1和 X_2的方差为 $D(X_1)$、$D(X_2)$ 均存在且均大于零，则称

$$\rho(X_1, X_2) = \frac{\mu_{11}}{\sqrt{\mu_{20}\mu_{02}}} = \frac{\mathrm{Cov}(X_1, X_2)}{\sqrt{D(X_1)D(X_2)}} = \frac{\mathrm{Cov}(X_1, X_2)}{\sigma_{X_1}\sigma_{X_2}} \tag{2-65}$$

为随机变量 X_1和 X_2的相关系数。

相关系数 $\rho(X_1, X_2)$ 表示随机变量 X_1与 X_2之间存在的线性关联程度。若 $\rho(X_1, X_2)=0$，即 $\mathrm{Cov}(X_1, X_2)=0$，则称 X_1与 X_2不相关；$\rho(X_1, X_2)\neq 0$，则称 X_1与 X_2相关。

相关系数有以下常用性质：

(1) $|\rho(X_1, X_2)| \leqslant 1$。

(2) 若$|\rho(X_1, X_2)|$较大，则 X_1与 X_2之间线性关系较紧密；若$|\rho(X_1, X_2)|$较小，则 X_1与 X_2之间线性关系较不紧密。特别地，$|\rho(X_1, X_2)|=1$ 的充分必要条件是 $P(X_2=kX_1+b)=1$（k 和 b 为常数），且有$|\rho(X_1, X_2)|=1$（当 $k>0$）及$|\rho(X_1, X_2)|=-1$（当 $k<0$）。

(3) 若 X_1与 X_2相互独立，则 $\rho(X_1, X_2)=0$，但反之不一定成立；若 X_1与 X_2相关，即 $\rho(X_1, X_2)\neq 0$，则 X_1与 X_2不独立。

2.4 常用的大数定律与中心极限定理

2.4.1 常用的大数定律

大数定律，又称大数定理，是描述当试验次数很大时随机事件所呈现的概率性质的一种定律。例如，在重复投掷一枚硬币的随机试验中，观测投掷了 n 次硬币中出现正面的次数。不同的 n 次试验，出现正面的频率（出现正面次数与 n 之比）可能不同，但当试验的次数 n 越来越大时，出现正面的频率将大体上逐渐接近于二分之一。因此，概率论中讨论随机变量系列的算术平均值向常数收敛的定律，是概率论和数理统计的基本定律之一，又称弱大数理论。

大数定律是以确切的数学形式表达了大量重复出现的随机现象的统计规律性，即频率的稳定性和平均结果的稳定性，并讨论了它们成立的条件。在结构可靠度分析中，研究影响结构作用或抗力因素的随机性等问题时，常用到三个大数定律。

(1) 伯努利（Bernoulli）大数定律

n 重独立试验中，事件 A 出现的频率 v_n/n，依概率收敛于事件 A 在每次试验中出现的概率 p $(0<p<1)$，即对任意 $\varepsilon>0$，有

$$\lim_{n\to\infty} P\left\{\left|\frac{v_n}{n} - p\right| < \varepsilon\right\} = 1 \tag{2-66}$$

Bernoulli 大数定律以严格的数学形式表达了频率的稳定性，即当 n 很大时，事件 A

发生的频率以很大的概率和概率 $P(A)=p$ 非常接近。因此，在实际工程应用时，当试验的次数很大时，可以事件发生的频率作为该事件的概率。

(2) 切比雪夫（Чебышёв）大数定律

设 $\{X_n\}$ 为相互独立的随机变量系列，若 $D(A_n)\leqslant c$（c 为常数，$n=1, 2, \cdots$），从而数学期望有限，则对任意 $\varepsilon>0$，有

$$\lim_{n\to\infty} P\left\{\left|\frac{1}{n}\sum_{k=1}^{n} X_k-\frac{1}{n}\sum_{k=1}^{n} E(X_k)\right|<\varepsilon\right\}=1 \tag{2-67}$$

(3) 辛钦（Хинчин）大数定律

设 $\{X_n\}$ 是相互独立、同分布的随机变量系列，且有有限的数学期望 $E(X_n)=\mu(n=1,2,\cdots)$，则对任意 $\varepsilon>0$，有

$$\lim_{n\to\infty} P\left\{\left|\frac{1}{n}\sum_{k=1}^{n} X_k-\mu\right|<\varepsilon\right\}=1 \tag{2-68}$$

即

$$\frac{1}{n}\sum_{k=1}^{n} X_k \xrightarrow{P} \mu \tag{2-69}$$

式（2-69）表达的大数定律的意义是，对于一个随机变量 X 在进行 n 次重复独立观测时（第 i 次观测得到一个与 X 同分布的随机变量 X_i），得算术平均值 $\frac{1}{n}\sum_{k=1}^{n} X_k$ 。当 n 很大时，$\frac{1}{n}\sum_{k=1}^{n} X_k$ 以很大的概率和一个常数非常接近，而该常数就是其数学期望。Bernoulli 大数定律是 Хинчин 大数定律的特殊情况。

2.4.2 中心极限定理

在一定条件下推断随机变量之和的极限分布是正态分布的定理，统称为中心极限定理。如在工程结构可靠度分析，分析多种不同分布可变作用组合后的分布时，就用到中心极限定理。

设独立随机变量系列 $\{X_n\}$ 有有限数学期望 $E(X_n)=\mu$ 和方差 $D(X_n)>0(n=1,2,\cdots)$，令

$$Y_n=\frac{\sum_{k=1}^{n} X_k-\sum_{k=1}^{n} E(X_k)}{\sqrt{\sum_{k=1}^{n} D(X_k)}} \tag{2-70}$$

式中，Y_n称为 $\{X_n\}$ 的前 n 项和的规范化，中心极限定理则要寻找 $\{X_n\}$ 满足什么条件时，Y_n的渐进分布，也就是 n 充分大时 Y_n的近似分布是标准正态分布，即

$$\lim_{n\to\infty} P(Y_n<x)=\int_{-\infty}^{x}\frac{1}{\sqrt{2\pi}}\mathrm{e}^{-\frac{t^2}{2}}\mathrm{d}t \tag{2-71}$$

常用的中心极限定理有：

(1) 棣莫佛-拉普拉斯（De Moivre-Laplace）中心极限定理

De Moivre-Laplace 中心极限定理，即二项分布以正态分布为其极限分布定律。设

$\{X_n\}$ 是相互独立、同分布的随机变量系列，且 $X_n \sim B(1,p)$（$0<p<1$，$n=1$，2，…；即 0-1 分布，$n=1$ 情况下的二项分布，即只先进行一次事件试验，该事件发生的概率为 p，不发生的概率为 $1-p$），则对任意实数 x，有

$$\lim_{n\to\infty} P\left\{\frac{\sum_{k=1}^{n} X_k - np}{\sqrt{np(1-p)}} < x\right\} = \int_{-\infty}^{x} \frac{1}{\sqrt{2\pi}} e^{-\frac{t^2}{2}} dt \tag{2-72}$$

De Moivre-Laplace 中心极限定理表明，当 n 充分大时，$\{X_n\}$ 近似服从正态分布。

（2）林德伯格-列维（Lindburg-Levy）中心极限定理

设 $\{X_n\}$ 是相互独立、同分布的随机变量系列，且有有限的数学期望 $E(X_n)=\mu$ 和方差 $D(X_n)=\sigma^2>0(n=1,2,\cdots)$，则对任意实数 x，有

$$\lim_{n\to\infty} P\left\{\frac{\sum_{k=1}^{n} X_k - n\mu}{\sigma\sqrt{n}} < x\right\} = \int_{-\infty}^{x} \frac{1}{\sqrt{2\pi}} e^{-\frac{t^2}{2}} dt \tag{2-73}$$

或

$$\frac{\sum_{k=1}^{n} X_k - E\left(\sum_{k=1}^{n} X_k\right)}{\sqrt{D\left(\sum_{k=1}^{n} X_k\right)}} \xrightarrow{L} N(0,1) \quad (n\to\infty) \tag{2-74}$$

此即为 Lindburg-Levy 中心极限定理。该定理表明，当 n 充分大时，$\frac{1}{n}\sum_{k=1}^{n} X_k$ 近似服从正态分布 $N\left(\mu, \frac{\sigma^2}{n}\right)$，即独立同分布随机变量序列的中心极限定理。上述 De Moivre-Laplace 中心极限定理是 Lindburg-Levy 中心极限定理的特例。

（3）林德伯格（Lindburg）中心极限定理

设 $\{X_n\}$ 是相互独立、同分布的随机变量系列，且有有限的方差 $D(X_n)=\sigma^2>0$（$n=1$，$2,\cdots$），则对任意实数 τ，有

$$\lim_{n\to\infty} \frac{1}{B_n}\sum_{k=1}^{n}\int_{|x-E(X_k)|>\tau B_n} |x-E(X_k)|^2 dF_k(x) = 0 \tag{2-75}$$

式中，$B_n = \sqrt{\sum_{k=1}^{n} D(X_k)}$，$F_k$（$X_n$）是 X_n 的分布函数，则对任意实数 x，有

$$\lim_{n\to\infty} P\left\{\frac{\sum_{k=1}^{n} X_k - \sum_{k=1}^{n} E(X_k)}{B_n} < x\right\} = \int_{-\infty}^{x} \frac{1}{\sqrt{2\pi}} e^{-\frac{t^2}{2}} dt \tag{2-76}$$

Lindburg 中心极限定理的直观含义是，若一个随机变量 $Y = \sum_{k=1}^{n} X_k$ 由大量独立的随机因素叠加形成，而每个因素在总和中的作用都不是很大，则随机变量 Y 通常服从或近似服从正态分布。

（4）李雅普诺夫（Ляпуно́в）中心极限定理

设 $\{X_n\}$ 是相互独立的随机变量系列，如果对于某个 $\varepsilon>0$，有

$$0<E|X_k-E(X_k)|^{2+\varepsilon}<\infty \quad (k=1,2,\cdots) \tag{2-77}$$

且满足条件

$$\lim_{n\to\infty}\frac{1}{B_n^{2+\varepsilon}}\sum_{k=1}^{n}E|X_k-E(X_k)|^{2+\varepsilon}=0 \tag{2-78}$$

其中，$B_n=\sqrt{\sum_{k=1}^{n}D(X_k)}$，则对于任意实数 x，有

$$\lim_{n\to\infty}P\left\{\frac{\sum_{k=1}^{n}X_k-\sum_{k=1}^{n}E(X_k)}{B_n}<x\right\}=\int_{-\infty}^{x}\frac{1}{\sqrt{2\pi}}e^{-\frac{t^2}{2}}dt \tag{2-79}$$

式（2-79）与（2-76）相同，但该定理条件比上述 Lindburg 中心极限定理的普遍且容易检验，前者是后者的推论。

2.5 特征函数

2.5.1 特征函数

特征函数是研究随机变量的一个重要工具，而且随机变量的分布函数与其特征函数之间相互唯一确定，以特征函数确定随机变量的矩及密度函数较为方便。

设 X_1 与 X_2 是定义在同一个概率空间上的两个实数随机变量，称 $Y=X_1+iX_2$ 为一个复随机变量，其中 $i^2=-1$。

复随机变量 Y 本质上是二维随机变量（X_1，X_2），具有二维随机变量的一些性质。当复随机变量 $Y=X_1+iX_2$ 的实部 X_1 与虚部 X_2 都有有限的数学期望，定义

$$E(Y)=E(X_1)+iE(X_2) \tag{2-80}$$

为复随机变量 Y 的数学期望。若 $E(X_1)$ 或 $E(X_2)$ 至少有一个不存在，就认为 $E(Y)$ 不存在。

若 X 为一个实随机变量，其分布函数为 $F_X(x)$，u 为实数，则称

$$\Phi_X(u)=E(e^{iux})=\int_{-\infty}^{+\infty}e^{iux}dF_X(x) \tag{2-81}$$

为随机变量 X 或分布函数 $F_X(x)$ 的特征函数。

对于任意实数 u，由于 $|e^{iux}|=|\cos ux+i\sin ux|=1$，于是有

$$E(e^{iux})\leqslant\int_{-\infty}^{+\infty}|e^{iux}|dF_X(x)=\int_{-\infty}^{+\infty}dF_X(x)=1 \tag{2-82}$$

因此，$E(e^{iux})$ 总是存在，即对任一随机变量，其特征函数总存在。

若 X 为一个密度函数为 $f_X(x)$ 的连续型随机变量，式（2-81）可写为

$$\Phi_X(u)=E(e^{iux})=\int_{-\infty}^{+\infty}e^{iux}f_X(x)dx \tag{2-83}$$

上式表明，特征函数 $\Phi_X(u)$ 是函数 $f_X(x)$ 的逆 Fourier 变换（少一个因子 $1/\sqrt{2\pi}$）。因此，可以根据特征函数 $\Phi_X(u)$ 推求密度函数为 $f_X(x)$。

若 X 为一个分布列为 $P(X=x_k)=p_k$（$k=1$，2，…）的离散型随机变量，式（2-81）

可写为

$$\Phi_X(u) = E(e^{iux}) = \sum_k e^{iux_k} P(X = x_k) = \sum_k e^{iux_k} p_k \tag{2-84}$$

2.5.2 特征函数的常用性质及应用

特征函数 $\Phi_X(u)$ 有以下性质，应用这些性质可方便地推求随机变量的密度函数。

(1) 有界性。设 X 为一个密度函数 $f_X(x)$ 的连续型随机变量，则 $|\Phi_X(u)| \leqslant \Phi_X(0)=1$。

(2) 设 $Y=kX+b$，X 是一个实数连续型随机变量，其中 k 和 b 为常数，则

$$\Phi_Y(u)=\Phi_{kX+b}(u)=e^{iub}\Phi_X(ku) \tag{2-85}$$

(3) 若随机变量 X_1 与 X_2 相互独立，则

$$\Phi_{X_1+X_2}(u)=\Phi_{X_1}(u)\cdot\Phi_{X_2}(u) \tag{2-86}$$

若随机变量 X_1，X_2，…，X_n 相互独立，则

$$\Phi_{\sum\limits_{k=1}^{n}X_k}(u) = \prod_{k=1}^{n}\Phi_{X_k}(u) \tag{2-87}$$

结合性质 (2)，上述性质还可以推广为，若 $Y = \sum\limits_{k=1}^{n}(a_k X_k + b)$，$X_k$ $(k=1, 2, \cdots)$ 为相互独立随机变量，则有

$$\Phi_Y(u) = e^{iub}\prod_{k=1}^{n}\Phi_{X_k}(a_i u) \tag{2-88}$$

(4) 若随机变量 X 的 n 阶原点矩存在，则其特征函数的 n 阶导数存在，且

$$E(X^k)=(-1)^k\Phi_X^{(k)}(0)\quad(k=1,2,\cdots,n) \tag{2-89}$$

(5) 特征函数与分布函数相互唯一确定。根据公式 (2-83)，若随机变量 X 为 $\Phi_X(u)$，且 $\int_{-\infty}^{+\infty}|\Phi(u)|\mathrm{d}u<+\infty$ 时，则

$$f(x) = \frac{1}{2\pi}\int_{-\infty}^{+\infty} e^{iux}\Phi(u)\mathrm{d}u \tag{2-90}$$

另外，若将特征函数展开为麦克劳林 (Maclaurin) 级数形式

$$\Phi_X(u)=\Phi_X(0)+\Phi_X'(0)u+\Phi_X''(0)\frac{u^2}{2!}+\cdots \tag{2-91}$$

由特征函数的定义和式 (2-83) 可得

$$\Phi_X(0) = \int_{-\infty}^{+} f_X(x)\mathrm{d}x = 1 \tag{2-92a}$$

$$\Phi'_X(0) = i\int_{-\infty}^{+\infty} x f_X(x)\mathrm{d}x = i\alpha_1 \tag{2-92b}$$

$$\Phi''_X(0) = i^2\int_{-\infty}^{+\infty} x^2 f_X(x)\mathrm{d}x = i^2\alpha_2 \tag{2-92c}$$

$$\Phi_X^{(n)}(0) = i^n\int_{-\infty}^{+\infty} x^n f_X(x)\mathrm{d}x = i^n\alpha_n \tag{2-92d}$$

式中，其 α_n 为随机变量 X 的 n 阶原点矩，如式 (2-53) 所示。

因此，式 (2-91) 可改写为

$$\Phi_X(u) = \sum_{k=0}^{n} \frac{(iu)^k}{k!}\alpha_k + 0(u_n) \tag{2-93}$$

而 X 的 k 阶原点矩则可由特征函数的导数表示为

$$\alpha_k = E(X^j) = \left.\frac{\mathrm{d}\Phi_X(u)}{\mathrm{d}u}\right|_{u=0} \tag{2-94}$$

2.6 随机变量的函数及其数字特征

2.6.1 一维随机变量的函数

设随机变量 Y 是随机变量 X 的确定性函数，$Y=g(X)$；已知 X 的分布函数为 $f_X(x)$，分析 Y 的分布函数。

设 $y=g(x)$ 是连续的，且有连续的导数，定义一个一一对应的映象，因此有反函数

$$x=h(y) \tag{2-95}$$

由于对任意的 x_0 及 $x_0+\mathrm{d}x$ 必有唯一对应的 y_0 及 $y_0+\mathrm{d}y$，故 X 落入区间 $[x_0, x_0+\mathrm{d}x]$ 的概率等于 Y 落入区间 $[y_0, y_0+\mathrm{d}y]$ 的概率，即

$$P(x_0 \leqslant X \leqslant x_0+\mathrm{d}x)=P(y_0 \leqslant Y \leqslant y_0+\mathrm{d}y) \tag{2-96}$$

式（2-96）以密度函数可表示为

$$f_X(x)\mathrm{d}x=f_Y(y)\mathrm{d}y \tag{2-97}$$

则有

$$f_Y(y)=f_X(x)\frac{\mathrm{d}x}{\mathrm{d}y}=f_X[h(y)]\frac{\mathrm{d}h(y)}{\mathrm{d}y}=f_X[h(y)]\left|\frac{\mathrm{d}h(y)}{\mathrm{d}y}\right| \tag{2-98}$$

2.6.2 多维随机变量的函数

若随机矢量 $Y=(Y_1, Y_2, \cdots, Y_n)$ 是随机矢量 $X=(X_1, X_2, \cdots, X_n)$ 的函数，$Y=g(X)$；类似地，已知 X 的分布函数为 $f_X(x)$，求 Y 的分布函数。

与上述类似，设 $Y=g(X)$ 关于每个变量是连续的，且有连续的偏导数，也定义一个一一对应的映象，因此有反函数 $X=h(Y)$。对 X 的样本域的任意一个闭区间 R_x，根据 $Y=g(X)$ 将 R_x 变换到 Y 的样本域 R_y。由于映象是一一对应的，因此 X 落入区间 R_x 的概率等于 Y 落入区间 R_y 的概率，即

$$\int_{R_x} f_X(x)\mathrm{d}x = \int_{R_y} f_Y(y)\mathrm{d}y \tag{2-99}$$

式中，x、y 为 X、Y 的可能值。

据重积分的变换方法，有

$$\int_{R_x} f_X(x)\mathrm{d}x = \int_{R_y} f_X[h(y)]|J|\mathrm{d}y \tag{2-100}$$

式中，$|J|$ 为 Jacobi 行列式。

由上述式（2-99）和（2-100），有

$$f_Y(y)=f_X[h(y)]|J| \tag{2-101}$$

式（2-101）是式（2-98）的推广，当为一维随机变量时（$n=1$），式（2-101）退化为式（2-98）。

2.6.3 随机变量函数的数字特征

由随机变量组成的函数，在确定其分布密度后，即可按照上述"2.3 随机变量的数字特征"的方法求其数字特征。

（1）随机变量和的数学期望等于各自的数学期望之和，即数学期望的加法定理

$$E\sum_{k=1}^{n}X_k=\sum_{k=1}^{n}E(X_k) \tag{2-102}$$

（2）n 个随机变量和的方差等于各随机变量的方差之和，加上两倍的两两协方差之和，即

$$D\sum_{k=1}^{n}X_k=\sum_{k=1}^{n}D(X_k)+2\sum_{i<k}D_{ik} \tag{2-103}$$

当 n 个随机变量为相互独立或不相关时，上式为

$$D\sum_{k=1}^{n}X_k=\sum_{k=1}^{n}D(X_k) \tag{2-104}$$

（3）两个随机变量 X_1、X_2之积的数学期望，等于其数学期望之积加上协方差，即

$$E(X_1X_2)=E(X_1)E(X_2)+D_{12} \tag{2-105}$$

若 X_1与 X_2相互独立或不相关，即它们之间的协方差为零，则上式为 $E(X_1X_2)=E(X_1)E(X_2)$。

对于 n 个相互独立的随机变量 X_1，X_2，…，X_n，其乘积之数学期望为

$$E\prod_{k=1}^{n}X_k=\prod_{k=1}^{n}E(X_k) \tag{2-106}$$

即相互独立的随机变量的乘积之数学期望，是各随机变量数学期望之积，此为数学期望的乘法定理。

对于由多个随机变量组成的非线性形式的随机变量函数，其数字特征的近似计算方法是先将非线性函数线性化，之后根据上述方法可以求出其数字特征。对工程结构可靠度的综合随机变量的数字特征分析时，一般就是将多个变量组成的非线性形式的综合随机变量，以 Taylor 级数展开并保留线性项，之后按照上述方法计算。

2.7 常用的概率分布

2.7.1 连续型随机变量

1. 正态分布

根据李雅普诺夫（Ляпуно́в）中心极限定理，大量的、独立的，每个因素在总和中的作用都不是很大的随机变量总和，其极限分布近似服从正态分布（Normal Distribution）。因为由 Gauss 于 1809 年曾作为观测误差的定律导出，又称为高斯分布（Gaussian Distribution）。工程结构可靠度分析中的测试误差、材料强度、几何尺寸和构件自重及使

用寿命等都近似服从正态分布。

(1) 一维正态分布

可以证明，连续型一维正态随机变量 X 的概率密度函数为

$$f_X(x)=\frac{1}{\sigma_X\sqrt{2\pi}}\mathrm{e}^{-\frac{(x-\mu_X)^2}{2\sigma_X^2}}\quad(-\infty<x<+\infty)\tag{2-107}$$

式中，μ_X和σ_X为大于零的常数，分别为 X 的均值与标准差。

正态分布常记为 $N(\mu_X, \sigma^2)$，其分布函数为

$$F_X(x)=\frac{1}{\sigma_X\sqrt{2\pi}}\int_{-\infty}^{x}\mathrm{e}^{-\frac{(t-\mu_X)^2}{2\sigma_X^2}}\mathrm{d}t\tag{2-108}$$

参数 μ_X是 $f_X(x)$ 图形的对称点，μ_X的不同只是整体平移 $f_X(x)$ 图形的结果，如图 2-5 (a) 所示；而标准差 σ_X表示离散程度，σ_X越小的 $f_X(x)$，其图形越尖峭，离散性越小，如图 2-5 (b) 所示。

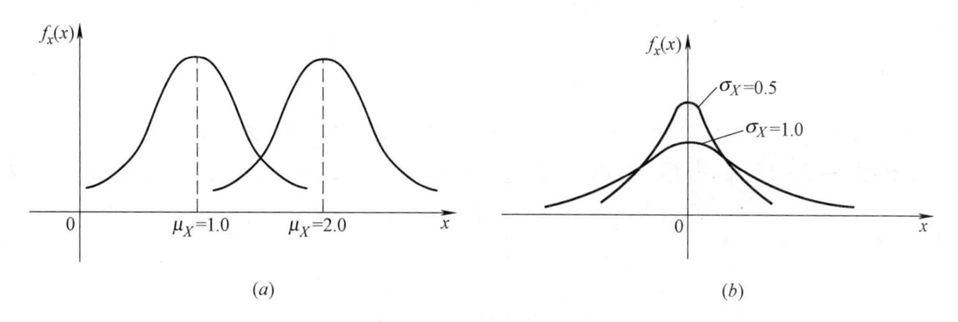

图 2-5 正态分布的密度函数

(a) 均值的影响；(b) 标准差的影响

正态分布有以下性质：

1) $f_X(x)$ 关于 μ_X对称，即 $f_X(x+\mu)=f_X(x-\mu)$，如图 2-5 (a) 所示；

2) $f_X(x)$ 大于 0，且具有各阶连续导数；

3) 当 $x=\mu_X$时，$f_X(x)$ 达到最大值 $1/(\sigma_X\sqrt{2\pi})$；

4) $F_X(\mu-x)=1-F_X(\mu+x)$。

正态分布的体积特性仅由其均值与方差唯一确定。正态分布的 n 阶中心矩为

$$E[(X-\mu_X)^n]=\begin{cases}0 & \text{当 } n \text{ 为奇数时}\\ 1,3,5,\cdots,(n-1)\sigma_X^2 & \text{当 } n \text{ 为大于 0 的偶数时}\end{cases}\tag{2-109}$$

(2) 标准正态分布

标准正态分布是均值为 0、标准差为 1 的正态分布，记为 $N(0, 1^2)$。标准正态分布在图形上表现为一般形式正态分布图像的平移，是通过标准化变换得到的；其概率密度函数 $\varphi(x)$ 和分布函数 $\Phi(x)$ 分别为

$$\varphi(x)=\frac{1}{\sqrt{2\pi}}\mathrm{e}^{-\frac{x^2}{2}}\quad(-\infty<x<+\infty)\tag{2-110}$$

$$\Phi(x)=\int_{-\infty}^{x}\varphi(t)\mathrm{d}t=\frac{1}{\sqrt{2\pi}}\int_{-\infty}^{x}\mathrm{e}^{-\frac{t^2}{2}}\mathrm{d}t\tag{2-111}$$

可以证明，$\Phi(x)$ 满足 $\Phi(-x)=1-\Phi(x)$、$\Phi(0)=0.5$。在许多文献中都给出了

$\Phi(x)$的数值表，即概率积分函数表。

$\Phi(x)$ 的形式也可以误差函数 $\mathrm{erf}(x)$ 表达

$$\mathrm{erf}(x)=2\Phi(\sqrt{2}x)-1=\frac{2}{\sqrt{\pi}}\int_0^x \mathrm{e}^{-\frac{t^2}{2}}\mathrm{d}t \tag{2-112}$$

正态分布与标准正态分布的关系为

$$F(x)=\Phi\left(\frac{x-\mu}{\sigma}\right)=\frac{1}{\sqrt{2\pi}}\int_{-\infty}^{\frac{x-\mu}{\sigma}} \mathrm{e}^{-\frac{t^2}{2}}\mathrm{d}t \tag{2-113}$$

(3) 多维正态分布

若随机变量 X_1和 X_2均为正态分布，则二维随机变量 $X(X_1,X_2)$ 的概率密度函数为

$$f_{X_1X_2}(x_1,x_2)=\frac{1}{2\pi\sigma_{X_1}\sigma_{X_2}\sqrt{1-\rho_{X_1X_2}^2}}\exp\left\{-\frac{1}{2(1-\rho_{X_1X_2}^2)}\times\left[\frac{(x_1-\mu_{X_1})^2}{\sigma_{X_1}^2}-\frac{2\rho_{X_1X_2}(x-\mu_{X_1})(x-\mu_{X_2})}{\sigma_{X_1}\sigma_{X_2}}+\frac{(x_2-\mu_{X_2})^2}{\sigma_{X_2}^2}\right]\right\}$$

$$(-\infty<x_1<+\infty,-\infty<x_2<+\infty) \tag{2-114}$$

式中，μ_{X_1}、μ_{X_2}、σ_{X_1}、σ_{X_2}和 $\rho_{X_1X_2}$分别为 X_1和 X_2的均值、标准差及相关系数。

若随机变量 X_1与 X_2为相互独立的正态分布，则 $\rho_{X_1X_2}=0$，其联合分布密度函数为

$$f_{X_1X_2}(x_1,x_2)=\frac{1}{2\pi\sigma_{X_1}\sigma_{X_2}}\exp\left\{-\frac{1}{2}\times\left[\frac{(x_1-\mu_{X_1})^2}{\sigma_{X_1}^2}+\frac{(x_2-\mu_{X_2})^2}{\sigma_{X_2}^2}\right]\right\}$$

$$=\frac{1}{\sqrt{2\pi}\sigma_{X_1}}\exp\left[-\frac{(x_1-\mu_{X_1})^2}{2\sigma_{X_1}}\right]\times\frac{1}{\sqrt{2\pi}\sigma_{X_2}}\exp\left[-\frac{(x_2-\mu_{X_2})^2}{2\sigma_{X_2}}\right]=f_{X_1}(x_1)f_{X_2}(x_2)$$

$$(-\infty<x_1<+\infty,-\infty<x_2<+\infty) \tag{2-115}$$

即 X_1和 X_2的联合分布密度函数为两个随机变量的概率密度函数的乘积。

2. 对数正态分布

若随机变量 X 取自然对数后得 $Y=\ln X$，Y 服从正态分布，则称 X 服从对数正态分布（Logarithmic Normal Distribution）。

因为 $X=\mathrm{e}^Y$，故 X 的概率密度函数和分布函数分别为

$$f_X(x)=\frac{1}{\sigma_{\ln x}x\sqrt{2\pi}}\exp\left[-\frac{(\ln x-\mu_{\ln x})^2}{2\sigma_{\ln x}^2}\right]=\frac{1}{\xi x\sqrt{2\pi}}\exp\left[-\frac{1}{2}\left(\frac{\ln x-\lambda}{\xi}\right)^2\right]\quad(0<x<+\infty) \tag{2-116}$$

$$F_X(x)=\frac{1}{\sigma_{\ln x}\sqrt{2\pi}}\int_{-\infty}^x\frac{1}{t}\exp\left[-\frac{(\ln t-\mu_{\ln x})^2}{2\sigma_{\ln x}^2}\right]\mathrm{d}t=\frac{1}{\xi\sqrt{2\pi}}\int_{-\infty}^x\frac{1}{t}\exp\left[-\frac{1}{2}\left(\frac{\ln t-\lambda}{\xi}\right)^2\right]\mathrm{d}t\quad(0<x<+\infty) \tag{2-117}$$

式中，λ 和 ξ 分别为

$$\lambda=\mu_{\ln x}=\ln\frac{\mu_X}{\sqrt{1+\left(\frac{\sigma_X}{\mu_X}\right)^2}}=\ln\frac{\mu_X}{\sqrt{1+\delta_X^2}} \tag{2-118}$$

$$\xi=\sigma_{\ln x}=\sqrt{\ln\left[1+\left(\frac{\sigma_X}{\mu_X}\right)^2\right]}=\sqrt{\ln(1+\delta_X^2)} \tag{2-119}$$

式中，μ_X、σ_X和δ_X分别为X的均值、标准差及变异系数。

就物理上的意义而言，对数正态分布是大量的、独立的，每个因素在总和中的作用都不是很大，且取正值的随机变量乘积的极限分布，应用广泛。如结构可靠度分析中的抗力一般是由若干个基本随机变量之积组成的综合随机变量，其常假设为对数正态分布。这种分布仅取决于均值和标准差这两个参数，属于正偏态分布，其偏态系数C_S与其变异系数δ_X之间有固定关系

$$C_S=3\delta_X+\delta_X^3 \tag{2-120}$$

当$\delta_X<0.3$时，可近似地取为$C_S=3\delta_X$。

如果一个随机变量为正偏态，且满足式（2-117）或近似公式（2-120），则可假定该变量服从对数正态分布。对数正态分布的值域为（0，∞）。从其值域看，工程结构可靠度分析中的常见随机变量，如最大风速、最高洪水位及材料抗压（抗拉）强度等，均不可能取负值，但不能仅依赖随机变量的值域选择其分布类型。

3. 极值Ⅰ型分布

工程结构可靠度分析中常遇到变量的极值分布问题，尤其是极大值的分布。研究设计基准期内的可变作用及其组合的分布十分重要，如年最大风速、年最大积雪深度或雪压、年最高洪水位、建筑结构的屋面荷载和楼面活荷载等，这些作用一般为极大值分布。

设n个相互独立的随机变量X_1，X_2，…，X_n，其原始分布均服从指数型分布，如正态分布、Weibull分布等，这n个随机变量的最大值（$n\to\infty$）的极限分布函数为

$$F_X(x)=\exp\{-\exp[-\alpha(x-u)]\} \quad (-\infty<x<+\infty) \tag{2-121}$$

其密度函数为

$$f_X(x)=\alpha\exp\{-\alpha(x-u)-\exp[-\alpha(x-u)]\} \quad (-\infty<x<+\infty) \tag{2-122}$$

则这种原始分布为指数型的极大值的极限分布称为极值Ⅰ分布，因Gumbel首先将其引用于水文计算中，故也称为Gumbel分布。极值Ⅰ分布属于正偏态、高峰度分布，其主要的数字特征有

$$\mu_X=u+\frac{0.57722}{\alpha},\ \sigma_X=\frac{\pi}{\alpha\sqrt{6}},\ \alpha=\frac{1.2826}{\sigma_X},\ u=\mu_X-0.45005\sigma_X$$

$$C_S=1.139,\ C_e=2.4$$

4. 均匀分布

若随机变量X在有限闭区间$[a, b]$内取值，其概率密度函数为

$$f_X(x)=\begin{cases}\dfrac{1}{b-a} & a\leqslant x\leqslant b\\ 0 & 其他\end{cases} \tag{2-123}$$

则称X为均匀分布（Uniform Distribution），其概率分布函数为

$$F_X(x)=\int_{-\infty}^{x}f_X(t)\mathrm{d}t=\begin{cases}0 & x<a\\ \dfrac{x-a}{b-a} & a\leqslant x<b\\ 1 & x\geqslant b\end{cases} \tag{2-124}$$

其均值与方差分别为

$$\mu_X=\frac{a+b}{2},\quad D_X=\frac{(b-a)^2}{12} \tag{2-125}$$

在实际问题中，当无法区分在区间［a，b］内取值的随机变量 X 取不同值的可能性有何不同时，可以假定 X 服从［a，b］上的均匀分布。如半径为 r 的轮胎，其上的任何一点接触地面的可能性是相同的，故轮胎圆周接触地面的位置这个随机变量，其分布服从区间［0，$2\pi r$］上的均匀分布。

5. 指数分布

设连续型随机变量 X 的概率密度函数为

$$f_X(x)=\begin{cases}\lambda e^{-\lambda x} & x\geqslant 0\\ 0 & x<0\end{cases} \tag{2-126}$$

则称 X 服从指数分布（Exponential Distribution），其分布函数为

$$F_X(x)=\int_0^x f_X(t)\,dt=\begin{cases}1-e^{-\lambda x} & x\geqslant 0\\ 0 & x<0\end{cases} \tag{2-127}$$

指数分布的数字特征为

$$\mu_X=1/\lambda,\quad \sigma_X=1/\lambda,\quad \delta_X=1 \tag{2-128}$$

指数分布首先得到广泛应用的领域是在寿命分布模型中，比较适合描述许多研究对象的寿命，例如产品的寿命，或工程结构的安全服役寿命等。

6. χ^2 分布

设 n 个相互独立的随机变量 X_1，X_2，…，X_n 均服从同一正态分布 $N(\mu，\sigma^2)$，则其标准化后的平方和为

$$X=\sum_1^n\left(\frac{X_j-\mu}{\sigma}\right)^2 \tag{2-129}$$

称为服从自由度 n 的 χ^2 分布（Chi-square Distribution），记为 χ_n^2。

χ^2 分布的密度函数为

$$f_X(x)=\frac{1}{2^{\frac{n}{2}}\Gamma\left(\frac{n}{2}\right)}x^{\frac{n}{2}-1}e^{-\frac{x}{2}}\quad(x\geqslant 0) \tag{2-130}$$

式中，

$$\Gamma\left(\frac{n}{2}\right)=\int_0^{+\infty}t^{\frac{n}{2}-1}e^{-t}\,dt \tag{2-131}$$

χ^2 分布为一种抽样分布，由 Pearson 推导，在概率分布的假设检验中有重要应用。

2.7.2 离散型随机变量

1. 二项式分布

若事件 A 在一次试验中出现的概率是 p，而不出现的概率是 $q=1-p$。重复进行 n 次独立试验，则事件 A 出现的次数是一个离散型随机变量，记为 X。此试验称为 n 重伯努利（Bernoulli）试验。显然，X 的值域为［0，n］的整数。

在 n 次独立试验中，事件 A 出现 k 次的组合数为 C_n^k，故 $X=k$ 的概率为

$$P(X=k)=P_n(k)=C_n^k p^k(1-p)^{n-k}=C_n^k p^k q^{n-k}=\binom{n}{k}p^k q^{n-k}(k=0,1,\cdots,n)$$

(2-132)

由于 $P(X=k)$ 与二项式（$p+q$）^{n}的展开相同，故称 X 服从参数为 n、p 的二项式分布（Binomial Distribution），记为 $X\sim B$（n，p）。二项式分布 X 的均值与方差分别为 $E(X)=np$，$D(X)=npq=np(1-p)$。

二项式分布的试验结果只有两种，因此，如产品的质量检验结果合格与否，射击中靶与否这些事件，可以二项式分布描述。

2. 泊松分布

当二项式分布的 $n\to\infty$、$p\to 0$，而 np 等于一个常数 λ 时，则式（2-132）收敛于一个极限

$$P(X=k)=\lim_{n\to\infty}C_n^k p^k q^{n-k}=\frac{\lambda^k e^{-\lambda}}{k!} \qquad (k=0,1,2,\cdots) \tag{2-133}$$

称随机变量 X 为服从参数 λ 的泊松分布（Poisson Distribution），其均值与方差都为 λ。

泊松分布为 Poisson 所创，属于一种出现概率很小、独立重复试验的稀有事件的分布，可应用于结构动力可靠度分析中。

2.8 统计与假设检验

工程结构或构件可靠度，是根据收集到的真实和连续的试验参数，基于概率理论的一种理论分析方法。因此，研究收集到的有限数据对参数的总体推断，对结构可靠度的计算准确性就显得尤为重要。

2.8.1 基本概念

1. 总体与样本

以数理统计研究某个问题时，将被研究对象的全体称为总体或母体，而组成总体的每个单元或元素即为个体。总体中所包含的个体的总数称为总体的容量，记为 n。总体容量可以是有限的，也可以是无限大，分别称为有限总体与无限总体。

一般情况下，并不研究对组成总体的各个个体本身，而是研究对表示总体的随机变量的统计规律。因此，为研究总体的统计规律，在总体中抽取一定数量的个体进行观测，这个过程称为抽样。总体的任何一个子集合则称为从总体中抽取的样本。

设总体为 X，将在不变条件下对随机变量 X 进行的 n 次重复独立观测，称为 n 次简单随机抽样，简称抽样。将 n 次抽样的结果依次记为 X_1，X_2，…，X_n，称其为来自总体 X 的简单随机样本。

设 X 的一个样本为 X_1，X_2，…，X_n。因此，当样本抽定之后，其是一组具体的数字，称为样本观察值；样本未抽定时，则是一组随机变量，每个 X_i 是与 X 具有同分布的随机变量。如果每次抽样是独立的，即各次抽样的结果彼此相互不影响，则 $X_i(i=1, 2, \cdots, n)$ 是相互独立的随机变量。

因此，总体和样本定义为：若随机变量 X_1，X_2，…，X_n 独立且每个 X_i（$i=1,2,\cdots,n$）

与总体 X 有相同的概率分布，则随机变量 X_1，X_2，…，X_n称为来自总体 X 的容量为 n 的样本，简称为 X 的样本，而每一个 X_i称为来自总体X 的样品。若总体 X 具有分布函数$F(x)$ 或概率密度函数 $f(x)$，也称 X_1，X_2，…，X_n为来自总体$F(x)$ 或 $f(x)$ 的样本。

2. 统计量

样本是对总体进行统计分析和推断的依据。不过，在处理具体问题时很少直接利用样本所提供的原始数据，而是要对这些原始数据进行加工和提炼。对样本进行统计计算得到的量称为样本统计量。

设 $(X_1,X_2,\cdots,X_n)$ 为来自总体 X 的一个样本，$T(X_1,X_2,\cdots,X_n)$ 是样本 $(X_1,X_2,\cdots,X_n)$ 的一个函数，且 $T(X_1,X_2,\cdots,X_n)$ 中不含任何未知参数，则称 $T(X_1,X_2,\cdots,X_n)$ 为一个统计量。如果 $(x_1,x_2,\cdots,x_n)$ 是样本 $(X_1,X_2,\cdots,X_n)$ 的一个观测值，则称 $T(x_1,x_2,\cdots,x_n)$ 为统计量 T 的一个观测值。

如，设 $X\sim N(\mu,\sigma^2)$，其中 σ 已知而 μ 未知，X_1，X_2，…，X_n为 X 的一个样本，则 $\frac{1}{\sigma^2}\sum_{i=1}^{n}X_i$ 是统计量，但 $\sum_{i=1}^{n}(X_i-\mu)^2$ 并不是一个统计量。

根据定义，统计量是随机变量 X_1，X_2，…，X_n的函数，因此，统计量也是一个随机变量，同样具有概率分布，这种统计量的分布称为抽样分布。不过，虽然某个统计量不含任何未知的参数，但其分布可能含有未知参数。

设 X_1，X_2，…，X_n是X 的一个样本，则其常用的统计量有：

(1) 样本均值，$\overline{X}=\frac{1}{n}\sum_{i=1}^{n}X_i$ 。

(2) 样本方差，$\overline{S}=\frac{1}{n}\sum_{i=1}^{n}(X_i-\overline{X})^2$ 。

(3) 样本标准差，$\sqrt{\overline{S}}=\sqrt{\frac{1}{n}\sum_{i=1}^{n}(X_i-\overline{X})^2}$ 。

(4) 样本的修正方差与修正标准差，$\overline{S}=\frac{1}{n-1}\sum_{i=1}^{n}(X_i-\overline{X})^2$，$\sqrt{\overline{S}}=\sqrt{\frac{1}{n-1}\sum_{i=1}^{n}(X_i-\overline{X})^2}$ 。

(5) 样本的 k 阶原点矩，$\bar{\alpha}_k=\frac{1}{n}\sum_{i=1}^{n}X_i^k$ $(k>0)$。

(6) 样本的 k 阶中心矩，$\bar{\mu}_k=\frac{1}{n}\sum_{i=1}^{n}(X_i-\overline{X})^k$ $(k>0)$。

(7) 样本的变异系数，$\bar{\delta}=\sqrt{\overline{S}}/\overline{X}$；当其接近于零，则用标准差度量样本的离散程度。

(8) 二个总体样本之间的相关性。设 (X_1,Y_1)，(X_2,Y_2)，…，(X_n,Y_n) 是来自二维总体 (X,Y) 的一个容量为 n 的样本，其各自样本的均值分别为 $\overline{X}$ 和 $\overline{Y}$，方差为 $\overline{S}_X^2$及 $\overline{S}_Y^2$，则二维样本之间的协方差为

$$\overline{S}_{XY}=\frac{1}{n}\sum_{i=1}^{n}(X_i-\overline{X})(Y_i-\overline{Y}) \tag{2-134}$$

相关系数为

$$\bar{\rho}_{XY}=\frac{\overline{S}_{XY}}{\overline{S}_X\overline{S}_Y}=\frac{\sum_{i=1}^{n}(X_i-\overline{X})(Y_i-\overline{Y})}{\sqrt{\sum_{i=1}^{n}(X_i-\overline{X})^2\sum_{i=1}^{n}(Y_i-\overline{Y})^2}} \tag{2-135}$$

2.8.2 经验分布与直方图

1. 经验分布

总体的分布函数称为其理论分布函数，数理统计要解决的问题就是利用样本估计和推断总体的分布函数。

设 X 是表示总体的一个随机变量，其分布函数为 $F_X(x)$。对 X 进行 n 次重复独立观测，也即是对总体做 n 次简单随机抽样；以 $\nu_n(x)$ 表示随机事件 $\{X<x\}$ 在这 n 次重复独立观测中出现的次数，即 n 个观测值 x_1，x_2，…，x_n 中小于 x 的个数。

对 X 每进行 n 次简单随机抽样，可得到总体 X 的样本（X_1，X_2，…，X_n）的一组观测值（x_1，x_2，…，x_n），因此对于固定的 $x(-\infty<x<+\infty)$ 可确定 $\nu_n(x)$ 的取值，即 x_1，x_2，…，x_n 中小于 x 的个数。在重复进行了 n 次抽样后，即使是对于相同的 x，$\nu_n(x)$ 可取得不同的值。故 $\nu_n(x)$ 是一个随机变量，也是一个统计量，该统计量称为经验频数。

因此，对 X 每进行 n 次随机抽样（重复独立观测），即完成了一次 n 重独立试验。在 n 重独立试验中，某个事件出现的次数服从二项式分布，即 $\nu_n(x)\sim B(n,F(x))$。根据上述二项式分布式（2-132），有

$$\begin{aligned}P[\nu_n(x)=k]&=C_n^k[P(X<x)]^k[1-P(X<x)]^{n-k}\\&=C_n^k[F(x)]^k[1-F(x)]^{n-k}\end{aligned}\quad(k=0,1,2,\cdots,n)\tag{2-136}$$

则称函数

$$F_n(x)=\frac{\nu_n(x)}{n}\qquad(-\infty<x<+\infty)\tag{2-137}$$

为总体 X 的经验分布函数（Empirical distribution function）或样本分布函数。

经验分布函数 $F_n(x)$ 具有以下性质：

(1) 对每一组样本值（x_1，x_2，…，x_n），经验分布函数 $F_n(x)(-\infty<x<+\infty)$ 是一个分布函数，即 $F_n(x)$，其是单调不减、左连续函数，且是满足 $F_n(-\infty)=0$ 和 $F_n(+\infty)=1$ 的阶梯函数。

经验分布函数如图 2-6 所示。

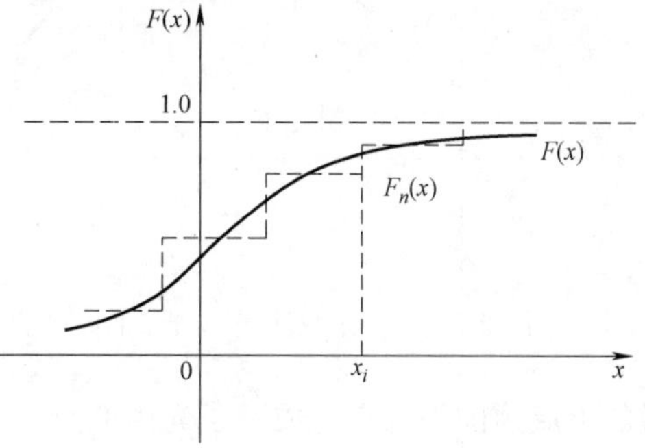

图 2-6 经验分布函数与理论分布函数

(2) 对于固定的 $x(-\infty<x<+\infty)$，$\nu_n(x)$ 与 $F_n(x)$ 都是样本（x_1，x_2，…，x_n）的函数，也都是随机变量，且 $\nu_n(x)\sim B(n,F(x))$。

(3) 当 $n\to\infty$ 时，经验分布函数 $F_n(x)$ 依概率收敛于总体 X 的分布函数 $F_n(x)$，即对任意实数 $\varepsilon>0$，有 $\lim\limits_{n\to\infty}P\{|F_n(x)-F(x)|<\varepsilon\}=1$，或 $\lim\limits_{n\to\infty}P\{|F_n(x)-F(x)|\geqslant\varepsilon\}=0$。该性质表明，可以经验分布函数 $F_n(x)$ 来近似总体 X 的理论分布函数 $F(x)$。

(4) 总体 X 的经验分布函数 $F_n(x)$ 以概率 1 一致收敛于总体 X 的理论分布函数 $F(x)$，即对任意实数 x，有 $P\{\lim\limits_{n\to\infty}\sup\limits_{-\infty<x<+\infty}|F_n(x)-F(x)|=0\}=1$。此性质为 Glivenko-

Cantelli 定理，表明当 n 足够大时，$F_n(x)$ 是 $F(x)$ 的很好的近似，该定理为用样本估计和推断总体提供了理论依据。

2. 直方图

直方图是用于整理与分析数据、找出其规律性的一种常用方法。下面以连续型随机变量为例说明直方图的概念及其绘制方法。

设总体 X 是连续型随机变量，密度函数 $f(x)$ 未知。对任一有限区域 $[a, b)$，用以下分点通过等分成 k 个子区域（$k<n$，但不一定等分），其区间长度 $(b-a)/k$ 称为组距，有

$$a=a_0<a_1<\cdots<a_{k-1}<a_k=b \tag{2-138}$$

对 X 作 n 次重复独立观测，得观测样本 X_1，X_2，…，X_n，其中落入区间 $[a_i, a_{i+1})$ 的个数设为 ν_i。若事件 $\{a_i\leqslant X<a_{i+1}\}$ 的频率为 ν_i/n，其概率为 $P\{a_i\leqslant X<a_{i+1}\}$，则由伯努利（Bernoulli）大数定律，即式（2-66），有

$$\frac{\nu_i}{n}\xrightarrow{P}P\{a_i\leqslant X<a_{i+1}\}=\int_{a_i}^{a_{i+1}}f(x)\mathrm{d}x \quad (n\to\infty) \tag{2-139}$$

当 k 充分大时，有

$$\int_{a_i}^{a_{i+1}}f(x)\mathrm{d}x\approx f(a_i)\frac{b-a}{k} \quad (n\to\infty) \tag{2-140}$$

因此，当 n、k 充分大时，有 $\nu_i/n\approx f(a_i)[(b-a)/k]$，即

$$\frac{\nu_i}{n}\frac{k}{b-a}\approx f(a_i) \quad (i=0,1,2,\cdots,k-1) \tag{2-141}$$

则定义，当 $a_i\leqslant x<a_{i+1}$ 时，

$$f_n(x)=\frac{\nu_i}{n}\frac{k}{b-a} \quad (i=0,1,2,\cdots,k-1) \tag{2-142}$$

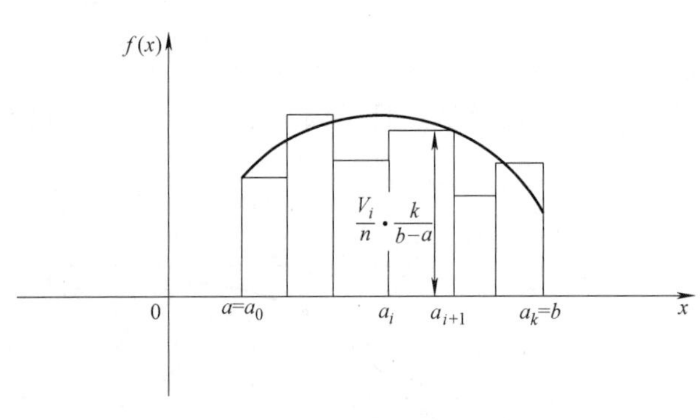

图 2-7　近似于总体概率分布的频率直方图

图 2-7 为 $f_n(x)$ 在区间 $[a, b)$ 得到的图形为 $[a, b)$ 上的频率直方图，简称为直方图；当 n、k 充分大时，有 $f_n(x)\approx f(x)$。

如果样本容量 n 加大，缩小组距，当 $n\to\infty$，且每个矩形的底宽趋于零时，频率直方图的上边缘将以光滑的曲线为极限，这条曲线就是总体的密度函数 $f(x)$ 的图。绘制频率直方图后，一般将各个小矩形的上底边的中心点连成一条光滑曲线，比较这条曲线和经典分布密度曲线，则可初步判断出总体 X 服从的分布类型。

2.8.3　统计量常用分布与统计参数的点估计

统计量分布为样本分布，或抽样分布（随机变量函数分布），是指样本估计量的分布。如样本平均值，它是总体平均值的一个估计量，若按相同的样本容量，n 次重复独立观测，每次可以计算一个平均值，所有可能样本的平均值的分布就是样本平均值的抽样

分布。

1. 样本均值分布

设观测样本 X_1，X_2，…，X_n 来自总体 X，$X \sim N$（μ，σ^2），则样本的均值 $\overline{X} = \frac{1}{n}\sum_{i=1}^{n} X_i$，也服从正态分布，且期望和方差分别为

$$E(\overline{X})=\mu, D(\overline{X})=\sigma^2/n \tag{2-143}$$

即 $\overline{X} \sim N(\mu, \sigma^2/n)$。

2. χ^2 分布

设随机变量 X_1，X_2，…，X_n 相互独立、同分布，且 $X_i \sim N(0,1)$（$i=0,1,2,\cdots,n$），则随机变量

$$\chi^2 = \sum_{i=1}^{n} X_i^2 \tag{2-144}$$

为服从自由度 n 的 χ^2 分布，且这个随机变量称为 χ^2 变量，记为 $\chi^2 \sim \chi^2(n)$。

χ^2 分布有以下性质：

（1）若总体 $X \sim N(0,1)$，而（X_1，X_2，…，X_n）来自 X 的一个样本，则统计量

$$\sum_{i=1}^{n} X_i^2 \sim \chi^2(n) \tag{2-145}$$

（2）若总体 $X \sim N(\mu, \sigma^2)$，而（X_1，X_2，…，X_n）来自 X 的一个样本，则统计量

$$\frac{1}{\sigma^2}\sum_{i=1}^{n}(X_i-\mu)^2 \sim \chi^2(n) \tag{2-146}$$

（3）若 $\chi^2 \sim \chi^2(n)$，其数学期望与方差分别为

$$E(\chi^2)=n, \quad D(\chi^2)=2n \tag{2-147}$$

（4）若 $\chi^2 \sim \chi^2(n)$，其分布函数为

$$f(x)=\begin{cases} 0 & \text{当 } x \leqslant 0 \\ \dfrac{1}{2^{\frac{n}{2}}\Gamma(n/2)} x^{\frac{n}{2}-1} \mathrm{e}^{-\frac{x}{2}} & \text{当 } x>0 \end{cases} \tag{2-148}$$

（5）若 χ_1^2，χ_2^2，…，χ_m^2 为独立的随机变量，且 $\chi_k^2 \sim \chi^2(n_k)$（$k=0,1,2,\cdots,m$），则

$$\sum_{k=1}^{m} \chi^2 \sim \chi^2\left(\sum_{k=1}^{m} n_k\right) \tag{2-149}$$

式（2-149）称为 χ^2 分布的可加性。

（6）若随机变量 $\chi^2 \sim \chi^2(n)$，则有

$$\frac{\chi^2-n}{\sqrt{2n}} \xrightarrow{L} N(0,1) \qquad (n \to \infty) \tag{2-150}$$

$$\sqrt{2\chi^2}-\sqrt{2n-1} \xrightarrow{L} N(0,1) \quad (n \to \infty) \tag{2-151}$$

式（2-150）和（2-151）表明，当 n 充分大时，$\frac{\chi^2-n}{\sqrt{2n}}$ 和 $\sqrt{2\chi^2}$ 均近似服从标准正态分布 $N(0，1)$。

3. t 分布

设随机变量 $X\sim N(0，1)$、$Y\sim\chi^2(n)$，且 X、Y 相互独立。则随机变量

$$t=\frac{X}{\sqrt{Y/n}} \tag{2-152}$$

为自由度 n 的 t 变量，其分布服从 t 分布，记为 $t\sim t(n)$。

t 分布的密度函数为

$$f(x)=\frac{\Gamma\left(\frac{n+1}{2}\right)}{\sqrt{n\pi}\Gamma(n/2)}\left(1+\frac{x^2}{n}\right)^{-(n+1)/2}(-\infty<x<+\infty) \tag{2-153}$$

其数学期望与方差分别为

$$E[t(n)]=0,\quad D[t(n)]=\frac{n}{n-2} \tag{2-154}$$

若 $t\sim t(n)$，有

$$\lim_{n\to\infty}f_{t(n)}(x)=\frac{1}{\sqrt{2\pi}}e^{-\frac{x^2}{2}}\qquad(-\infty<x<+\infty) \tag{2-155}$$

式（2-155）表明，当 n 充分大时，自由度为 n 的 t 变量近似服从 N（0，1）。在实际应用上，一般将自由度 $n>30$ 的 t 分布近似作为标准正态分布。

4. F 分布

设 $X\sim\chi^2(m)$、$Y\sim\chi^2(n)$，且 X、Y 相互独立。则随机变量

$$F=\frac{X/m}{Y/n} \tag{2-156}$$

为自由度（m，n）的 F 分布，记为 $F\sim F(m，n)$，其中 m、n 分别称为第一自由度和第二自由度。

F 分布的密度函数为

$$f(x)=\begin{cases}\frac{\Gamma[(m+n)/2]}{\Gamma(m/2)\Gamma(n/2)}m^{m/2}n^{n/2}\frac{x^{\frac{m}{2}-1}}{(mx+n)^{(m+n)/2}} & 当\ x\leqslant 0\\ 0 & 当\ x>0\end{cases} \tag{2-157}$$

F 分布的数学期望与方差分别为

$$E[F(m,n)]=n/(n-2)\qquad(n>2) \tag{2-158a}$$

$$D[F(m,n)]=\left(\frac{n}{n-2}\right)^2\frac{2(m+n-2)}{m(n-4)}\quad(n>4) \tag{2-158b}$$

5. 分位数

工程结构可靠度分析时，结构上作用效应和抗力计算中代表值的取值常用到分位数的概念，如可变荷载的标准值是设计基准期内荷载最大值概率分布的某个分位值。

设随机变量 X 的分布函数是 $F(x)$，实数 α 满足 $0<\alpha<1$，若 x_α 使

$$P(X<x_\alpha)=F(x_\alpha)=\alpha \tag{2-159}$$

则称 x_α 为 $F(x)$ 的 α 分位数或 α 分位点（临界点）；$\alpha=1/2$ 为该概率分布的中位数。

如果 λ 满足 P（$X \geqslant \lambda$）$=\alpha$，有

$$P(X<\lambda)=1-P(X \geqslant \lambda)=1-\alpha \tag{2-160}$$

则 λ 是分布函数 F（x）的 $1-\alpha$ 分位数，或称为 X 的上侧 α 分位数。

如果 λ_1、λ_2 满足

$$P(X<\lambda_1)=\alpha/2, P(X \geqslant \lambda_2)=\alpha/2 \tag{2-161}$$

则 λ_1、λ_2 分别是 X 的 $\alpha/2$ 分位数和 $1-\alpha/2$ 分位数（即 X 的双侧 α 分位数）。

标准正态分布 $U \sim N(0, 1)$ 的 α 分位数 u_α 为

$$\Phi(u_\alpha)=\int_{-\infty}^{u_\alpha} \frac{1}{\sqrt{2\pi}} \mathrm{e}^{-\frac{x^2}{2}} \mathrm{d}x=\alpha \tag{2-162}$$

因为 $N(0, 1)$ 的密度函数曲线为对称的，故有

$$u_\alpha=-u_{1-\alpha}, P(|U| \geqslant u_{1-\alpha})=2\alpha \tag{2-163}$$

即

$$P(|U| \geqslant u_{1-\alpha/2})=\alpha, P(|U|<u_{1-\alpha/2})=1-\alpha \tag{2-164}$$

标准正态分布的 α 分位数图形示意如图 2-8 所示。

2.8.4 统计参数的点估计

通过样本推断总体的分布或分布的数字特征称为统计推断。其中一个问题是，已知总体的分布函数或概率密度函数的表达式，但某些参数却未知，要求对其中的未知参数进行估计，即为参数估计问题。参数估计分为点估计和区间估计，在工程结构可靠度计算时变量的统计参数估计时，常用到的是点估计方法。

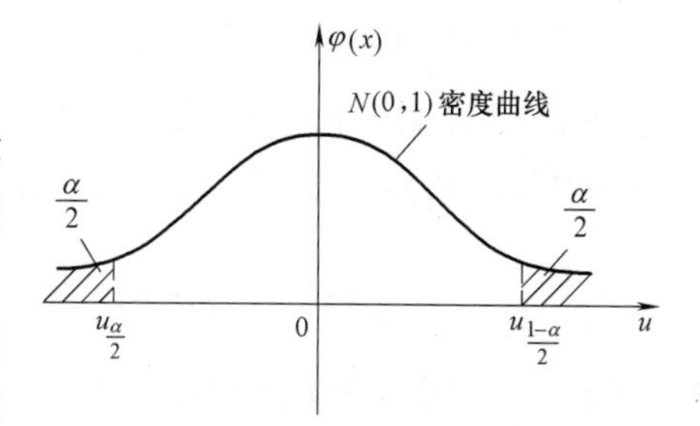

图 2-8 标准正态分布的 α 分位数

设（X_1，X_2，…，X_n）是总体 X 的样本，θ 为总体的未知参数。先构造一个统计量 T（X_1，X_2，…，X_n）。对样本观测值（x_1，x_2，…，x_n），若统计量的观测值 T（x_1，x_2，…，x_n）作为未知参数 θ 的值，则称 T（X_1，X_2，…，X_n）为 θ 的估计值，而统计量 T（X_1，X_2，…，X_n）为 θ 的估计量，均可记为 $\hat{\theta}$，并统称为 θ 的估计。

1. 矩法

矩法，也称为矩估计法，是常用的参数估计古典方法。矩法估计的依据是，因为在一定收敛意义上，经验分布函数是总体 X 的分布函数的近似，并由辛钦（Хинчин）大数定律可知，样本的 k 阶原点矩 $\alpha_k(x)=\frac{1}{n}\sum_{i=1}^{n} x_i^k$ 与总体 X 相应的矩 $\alpha_k(X)$ 是近似的。

设（x_1，x_2，…，x_n）是总体 X 的样本，且总体 X 的 k 阶原点矩 $\alpha_k(X)$ 存在但未知。以样本的 k 阶原点矩 $\alpha_k(x)=\frac{1}{n}\sum_{i=1}^{n} x_i^k$ 作为 $\alpha_k(X)$ 的估计量，即

$$\hat{\alpha}_k(X)=\frac{1}{n}\sum_{i=1}^{n} x_i^k=\alpha_k(x) \tag{2-165}$$

若总体 X 的 k 阶中心矩 $\mu_k(X)$ 存在，其矩估计量为样本的 k 阶中心矩，即

$$\hat{\mu}_k(X)=E[X-E(X)]^k=\frac{1}{n}\sum_{i=1}^{n}[x_i-E(x)]^k=E[x-E(x)]^k=\mu_k(x)$$

(2-166)

若总体 X 的均值 μ_X 和方差 D_X 存在，其矩估计量分别为样本的 k 阶均值和方差，即

$$\hat{\mu}_X(X)=\frac{1}{n}\sum_{i=1}^{n}x_i^k=\mu_x(x) \tag{2-167}$$

$$\hat{D}_X(X)=\frac{1}{n}\sum_{i=1}^{n}[x_i-\mu_x(x)]^2 \tag{2-168}$$

2. 极大似然法

极大似然法的原理是，概率最大的事件在一次试验中最可能出现。设总体 X 为一连续随机变量，其概率密度函数为 f（x，θ），θ 为未知参数，$\theta\in\Theta$（Θ 为参数空间）；又设（x_1，x_2，…，x_n）为样本（X_1，X_2，…，X_n）的一个观测值。那么，样本（X_1，X_2，…，X_n）落入以点（x_1，x_2，…，x_n）为顶点，边长为 $\mathrm{d}x_i$（$i=1$，2，…，n）的 n 维矩形区域的概率近似为 $\prod_{i=1}^{n}f(x_i,\theta)\mathrm{d}x_i$ 。

当 x_i 及 $\mathrm{d}x_i$（$i=1$，2，…，n）取定之后，上述概率是 θ 的函数。以极大似然原理确定未知参数 θ 的估计值 $\hat{\theta}=\hat{\theta}$（$x_1$，$x_2$，…，$x_n$），即要使

$$\prod_{i=1}^{n}f(x_i,\hat{\theta})\mathrm{d}x_i\geqslant\prod_{i=1}^{n}f(x_i,\theta)\mathrm{d}x_i \qquad (\forall\,\theta\in\Theta) \tag{2-169}$$

若参数空间 Θ 是 l 维的，设 $f(x;\ \theta_1,\ \theta_2,\ \cdots,\ \theta_l)$ 为总体 X 的概率密度函数，其中 $\theta=$（θ_1，θ_2，…，θ_l）为未知参数，（X_1，X_2，…，X_n）为 X 的样本，称样本的联合密度函数

$$L(\theta_1,\theta_2,\cdots,\theta_l)=\prod_{i=1}^{n}f(x_i;\theta_1,\theta_2,\cdots,\theta_l) \tag{2-170}$$

为 θ_1，θ_2，…，θ_l 的似然函数。

若 $\hat{\theta}_1$，$\hat{\theta}_2$，…，$\hat{\theta}_l$ 使得

$$L(\hat{\theta}_1,\hat{\theta}_2,\cdots,\hat{\theta}_l)=\sup_{\theta\in\Theta}L(\theta_1,\theta_2,\cdots,\theta_l) \tag{2-171}$$

成立，其中 Θ 为整个参数空间，$\hat{\theta}_k=\hat{\theta}_k(x_1,x_2,\cdots,x_n)(k=1,2,\cdots,l)$，$\sup\limits_{\theta\in\Theta}L(\cdot)$ 为 L（·）的上确界，则称 $\hat{\theta}_k$ 为 θ_k 的极大（最大）似然估计值，称为相应的 $\hat{\theta}_k=\hat{\theta}_k$（$X_1$，$X_2$，…，$X_n$）（$k=1$，2，…，$l$）为 θ_k 的极大（最大）似然估计量。

因此，求极大似然估计量就是求似然函数 $L(\theta_1$，θ_2，…，$\theta_l)$ 的最大值点。若 $L(\theta_1$，θ_2，…，$\theta_l)$ 可微，常以求偏导数的方法求其最大值点。

由于 $L(\theta)$ 和 $\ln L(\theta)$ 是在同一 θ 值处取得极值，为简化求导数，将似然函数取对数，由式（2-170）得

$$\ln L(\theta_1,\theta_2,\cdots,\theta_l)=\sum_{i=1}^{n}\ln f(x_i;\theta_1,\theta_2,\cdots,\theta_l) \tag{2-172}$$

解方程组

$$\frac{\partial}{\partial\theta_k}\ln L(\theta_1,\theta_2,\cdots,\theta_l)=\sum_{i=1}^{n}\frac{\partial}{\partial\theta_k}\ln f(x_i;\theta_1,\theta_2,\cdots,\theta_l)=0\quad(k=1,2,\cdots,l)\tag{2-173}$$

求得 θ_k 的极大似然估计量 $\hat{\theta}_k$。

若参数空间 Θ 是一维的，定义样本的联合密度函数为 $\prod_{i=1}^{n}f(x_i,\theta)$，似然函数 $L(\theta)=\prod_{i=1}^{n}f(x_i,\theta)$，则使 $L(\theta)$ 取得最大值，且 $L(\theta)$ 可微，则 θ 必须满足

$$\frac{\mathrm{d}L(\theta)}{\mathrm{d}\theta}=0\tag{2-174}$$

由式（2-171）求解得到极大似然估计值 $\hat{\theta}$。

2.8.5 分布拟合检验

统计假设检验是统计推断的另一个重要的研究内容，是根据样本提供的信息，对未知总体分布的某些方面，如总体均值和方差等参数或总体分布本身等的假设作合理判断，前者称为参数的假设检验，而后者为分布拟合假设检验。

参数的假设检验，是在总体分布的数学表达式已知的前提下的假设检验。但实际工程问题中的变量，很多都是不能预先知道其总体所服从的分布，需要根据样本值来判断总体是否服从某种指定的分布。如混凝土抗碳化性能试验时，通过碳化试验测试得到碳化深度的样本，以此推求该混凝土在设定时间内碳化深度的总体分布。下面讨论的是总体分布的拟合检验。

在给出的显著水平 α 下，对假设

$$H_0: F_X(x)=F_0(x); H_1: F_X(x)\neq F_0(x)\tag{2-175}$$

作显著性检验。其中，$F_0(x)$ 为已知的具有明确表达式的分布函数。

这种假设检验通常称为分布的拟合优度检验，简称为分布拟合检验，是非参数检验中主要的一种检验。

对于一个实际问题，如上述混凝土碳化深度的分布问题，其分布函数 $F_0(x)$ 的推测，可以根据样本值作经验分布密度函数的直方图，从中看出总体 X 的可能分布类型；或从类似的问题推测，如设计基准期最大风速的分布为极大值分布，那么可以推测其最大风压的分布函数 $F_0(x)$ 可能也是极大值分布。以下是分布拟合检验一般采用的两种方法和一种模糊数学检验方法。

1. χ^2 拟合检验

基本思路是，将总体的随机变量 X 的值域划分为互不相交的 k 个区间 $C_1=[c_0,c_1)$，$C_2=[c_1,c_2)$，…，$C_k=[c_{k-1},c_k)$，这些区间的长度可以不相等；设（x_1，x_2，…，x_n）是总体 X 的容量为 n 的样本观测值，ν_i 为样本观测值落入区间 C_i 的频数，则 $\sum_{i=1}^{k}\nu_i=n$；随机变量 X 落入区间 C_i 的事件为 A_i，将（x_1，x_2，…，x_n）作为一次 n 重独立试验的结果，则在这 n 重独立试验中，事件 A_i 发生的频率为 ν_i/n。

当 $H_0: F_X(x)=F_0(x)$ 为真时，事件 A_i 发生的概率 $p(A_i)$ 为

$$p(A_i)=P(c_{i-1}\leqslant X<c_i)=F_0(c_i)-F_0(c_{i-1})\quad(i=1,2,\cdots,k)\tag{2-176}$$

根据 Bernoulli 大数定律，当 H_0 为真时，对于任意 $\varepsilon>0$，都有

$$\lim_{n\to\infty}P\left\{\left|\frac{\nu_0}{n}-p(A_i)\right|<\varepsilon\right\}=1 \qquad (i=1,2,\cdots,k) \tag{2-177}$$

即当 H_0 为真且 n 充分大时，事件 $\left\{\left|\frac{\nu_0}{n}-p(A_i)\right|\text{任意小}\right\}$ 几乎必然发生，从而 $\sum_{i=1}^{k}\left[\frac{\nu_i}{n}-p(A_i)\right]^2$ 仍然应该比较小；若 $\sum_{i=1}^{k}\left[\frac{\nu_i}{n}-p(A_i)\right]^2$ 比较大，很自然地可以认为 H_0 不真。

为此，K. Pearson 构造了一个较好反映总的偏差的统计量（Pearson 统计量）

$$\chi^2=\sum_{i=1}^{k}\left[\frac{\nu_i}{n}-p(A_i)\right]^2\cdot\frac{n}{p(A_i)}=\sum_{i=1}^{k}\left\{\frac{[\nu_i-np(A_i)]^2}{np(A_i)}\right\}=\sum_{i=1}^{k}\left[\frac{\nu_i^2}{np(A_i)}\right]-n \tag{2-178}$$

K. Pearson 证明了当 $n\to\infty$ 时，该统计量与 F_0（x）的形式无关；式（2-178）的统计量分布将趋于服从参数为 $k-r-1$ 的 χ^2，r 是分布 $F_0(x)$ 中用样本估计的参数个数。

因此，当 n 充分大时，可利用统计量 χ^2 检验分布的假设，即在样本（x_1，x_2，…，x_n）下，若 χ^2 的观测值过大就拒绝 H_0。

2. 柯尔莫哥洛夫 D_n 检验

χ^2 拟合检验法是比较样本频率与理论概率而得到，用划分区间的方法来考虑假设分布 F_X（x）和 F_0（x）的偏差，实际上只是检验了 $p(A_i)=F(c_i)-F(c_{i-1})$ 是否等于 $\hat{p}(A_i)=F_0(c_i)-F_0(c_{i-1})(i=1, 2, \cdots, k)$，并没有真正地检验总体分布函数 $F_X(x)$ 是否等于 $F_0(x)$。

柯尔莫哥洛夫（Колмогоóров）则提出另一种概率分布检验方法，但不是在划分区间上考虑 $F_{n,X}(x)$ 与原假设的分布函数 $F_0(x)$ 之间的偏差，而是在每一点上考虑它们之间的偏差，克服了 χ^2 检验法的缺陷。不过，这种检验方法必须假定总体分布函数为连续的。

柯尔莫哥洛夫构造了一个统计量

$$\begin{aligned}D_n&=\sup_{-\infty<x<+\infty}|F_{n,X}(x)-F_0(x)|\\&=\max_{1\leqslant k\leqslant n}\{|F_{n,X}(x_k)-F_0(x_k)|,|F_{n,X}(x_{k-1})-F_0(x_k)|\}\end{aligned} \tag{2-179}$$

柯尔莫哥洛夫给出的定理证明了统计量 $\sqrt{n}D_n$，当 $n\to\infty$ 时的极限分布为

$$K(\lambda)=P(\sqrt{n}D_n<\lambda)=\begin{cases}\sum\limits_{k\to-\infty}^{+\infty}(-1)^k\exp(-2k^2\lambda^2) & \lambda>0\\ 0 & \lambda\leqslant 0\end{cases} \tag{2-180}$$

根据柯尔莫哥洛夫定理可编制 Колмогоóров 分布的分位值表，从表可以查得 $D_{n,1-\alpha}$，使得

$$P\{D_n\geqslant D_{n,1-\alpha}\}=\alpha \tag{2-181}$$

因此，Колмогоóров 的 D_n 检验法则为，对于样本值（x_1，x_2，…，x_n），计算 D_n 的观测值（仍然记为 D_n）：

若 $D_n\geqslant D_{n,1-\alpha}$，则拒绝 H_0，即认为 $F_X(x)\neq F_0(x)$；反之，接受 H_0，即认为 $F_X(x)=F_0(x)$。

斯米尔诺夫（Смирнов）对两个样本分布是否一致的问题也得到相同的极限分布，因此，利用统计量$\sqrt{n}D_n$检验分布的方法统称为柯尔莫哥洛夫-斯米尔诺夫检验（Kolmogorov-Smirnov test），简称为 K-S 检验。

3. 随机变量概率模型的模糊数学检验方法

由于客观条件限制，只可能把相对有限的试验、检测或调查数据作为样本点代替连续型的随机变量分布进行假设检验与统计，相对地确定其概率模型。χ^2 拟合检验实际上是比较子样频率与母体的概率，是依赖于区间的划分的，而且条件比较苛刻，有时难做到；而 K-S 法比较子样经验分布函数和母体分布函数，是在某样本点 X_i 上，样本总体中其值不大于 X_i 的样本点个数与总体中样本点数的比值（实际频率）为 P_i，P_i 与某一分布函数在 X_i 点的计算值之间差值绝对值最大，判定其是否小于临界值（由显著水平确定）来确定概率模型的归属，这样就没有考虑其余样本点本身所含的信息（除个别可控制因素外），K-S 法的条件比 χ^2 法的条件放宽了。

上述随机变量的假设有效性检验方法在一定的显著水平下，可能会出现随机变量对多种概率模型分布均不拒绝的情况。实际上，无论取多少个样本点（n 个），只能说明样本更近似服从于某种概率分布，而“近似”不具备明确的外延概念，故这种“近似”有其模糊性的一面。

如图 2-9 所示，某一点 x_i，n_{x_i}/n 可能距函数 $F_1(x)$ 最近，而另一点 x_i，n_{x_j}/n 可能更接近于另一个函数 $F_2(x)$，其中的 n_{x_i} 和 n_{x_j} 为其值小于等于 x_i 或 x_j 的样本点个数。因此，这里的模糊性是指实际分布总体近似某一概率模型“近似”的边界不明确性。

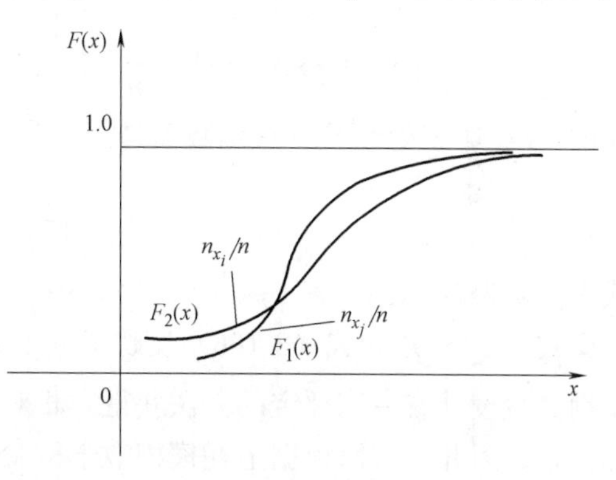

图 2-9　样本值与假设概率模型近似的关系

设随机变量获得观测样本 $X(x_1, x_2, \cdots, x_n)$，其任一个 x_i，n_{x_i}/n 为 X 的经验分布函数值，而假设的概率分布 $F(x)$ 值 $F(x_i)$ 为 X 在 x_i 点的理论分布函数值，n_{x_i} 为其值小于 x_i 的样本点个数。若有 m 个可能的分布函数 $F_j(x)$，$(j=1, 2, \cdots, m)$，则 n_{x_i}/n 值与 $F_j(x_i)$ 的接近程度各不相同，可设其比值为 $a_j(x_i)$，$a_j(x)\in[0,1]$ $(i=1,2,\cdots n;j=1,2,\cdots,m)$。$a_j(x_i)$ 反映了样本函数与假设分布之接近关系，极端情况则是，$a_j(x_i)=1$，两函数值重合为一。$a_j(x_i)$ 越小，则 $F_j(x_i)$ 越偏离实际的经验分布函数。

上述 $a_j(x_i)$ 是一个确定数，而 $a_j(x_i)$ 为多少才算接近，则是一个模糊量。因此，引入模糊集合的概念进行处理，将 $a_j(x_i)$ 模糊化为$\underset{\sim}{C}_j(j=1, 2, \cdots, m)$，$\underset{\sim}{C}_j$表示论域 $U=(x_1, x_2, \cdots, x_n)$ 上的 m 个模糊子集，而 U 中的元素 x_i，$(i=1, 2, \cdots, n)$，对于$\underset{\sim}{C}_j$的隶属度为 $\mu_{\underset{\sim}{C}_j}(x_i)$，则有

$$\underset{\sim}{C}_j = \frac{1}{x_i}\left[\sum_{i=1}^{n}\mu_{\underset{\sim}{C}_j}(x_i)\right] \quad ,(j=1,2,\cdots,m) \tag{2-182}$$

式中，$\mu_{\underset{\sim}{C}_j}(x_i)$ 表示每一个样本点 x_i，n_{x_i}/n 对模糊子集$\underset{\sim}{C}_j$的从属程度。对任一个$\underset{\sim}{C}_j$，其

核$\underset{\sim}{C}_j$为

$$C_j=\left\{x \mid x\in F_j^{-1}\left(\frac{n_x}{n}\right)\right\} \tag{2-183}$$

若C_j非空，则$\underset{\sim}{C}_j$为正规模糊集。由于实际工程结构参数的试验样本中，$a_j(x_i)\neq 1$，即一般不可能使两者（经验分布函数值与假设分布函数值）重合，故C_j一般为非正规模糊集。

对于m个模糊子集$\underset{\sim}{C}_j$（$j=1, 2, \cdots, m$），若已知$\mu_{\underset{\sim}{C}_j}$，则可按实际样本值$X$（$x_1, x_2, \cdots, x_n$）在整体上隶属于$\underset{\sim}{C}_j$的程度最大原则，确定总体上拟合程度最好的$F_k(X)$

$$\sum_{i=1}^{n}\mu_{\underset{\sim}{C}_k}(x_i)=\max\left[\sum_{i=1}^{n}\mu_{\underset{\sim}{C}_1}(x_i),\sum_{i=1}^{n}\mu_{\underset{\sim}{C}_2}(x_i),\cdots,\sum_{i=1}^{n}\mu_{\underset{\sim}{C}_m}(x_i)\right]\ (k=1,2,\cdots,m) \tag{2-184}$$

对于$\underset{\sim}{C}_k$，其$\lambda=0$时$\underset{\sim}{C}_k$的水平截集，即支集Supp $\underset{\sim}{C}_k$（普通集合）的相对海明（Hamming）距离为

$$d(\underset{\sim}{C}_k)=\frac{1}{n}\sum_{i=1}^{n}\left|1-\mu_{\underset{\sim}{C}_k}(x_i)\right| \tag{2-185}$$

若$d(\underset{\sim}{C}_k)$在一定界限下，则可认为X属于$F_k(X)$。

至于$\mu_{\underset{\sim}{C}_j}(x_i)$，可采用与马氏（Minkowski）距离有关的形式

$$\mu_{\underset{\sim}{C}_j}(x_i)=\exp\left\{-D_{ij}\left[\frac{n_{xi}}{n},F_j(x_i)\right]\right\}\quad(i=1,2,\cdots,n;j=1,2,\cdots,m) \tag{2-186}$$

式中，D_{ij}是x_i处经验分布函数值与当其为$\underset{\sim}{C}_j$核点时，$F_j(x_i)$值之间的马氏距离。

$$D_{ij}=\left[\frac{n_{xi}}{n}-F_j(x_i)\right]^2\omega_i \tag{2-187}$$

式中，ω_i为$F_j(x_i)$对x_i（$i=1, 2, \cdots, n$）的依赖程度，即权重，一般可设为$\omega_i=1$。

式（2-185）和式（2-186）反映了n_{x_i}/n与$F_j(x_i)$的接近程度；而$\mu_{\underset{\sim}{C}_j}(x_i)$也可用模糊试验设计或专家评定的方法获得。相对海明距离越小，说明样本的假设分布越接近实际分布。因此，可以根据上述模糊数学检验方法判断某种概率模型分布更接近实际分布。

第3章　结构随机可靠度理论的基本概念

工程结构的兴建是为了使用，也即是为完成设计时预定的功能。结构的功能能否实现，主要取决于结构在整个服役过程中的表现。早期的结构安全度被考虑为时间的函数，并以荷载的“重现期”来表现其安全程度；此后，作用（荷载）的时变性又被极值分布及“荷载组合方法”所回避。由于这些方法的局限性，并不能较好地处理结构设计中的变量及其时变性问题，后来才开始在结构设计及分析中将时间作为重要的变量考虑，并促使了结构可靠度理论的研究和发展。结构设计和建造过程存在诸多不确定性因素，即存在众多的变量，而这些变量及其特性随结构服役时间的延长会有所改变，将影响结构使用过程中的可靠性。

本章首先介绍了工程结构设计的基本变量及其不确定性分析方法、结构的功能要求与功能函数、结构的极限状态等概念，接着介绍了结构可靠性的概念及其度量的方法；在此基础上，介绍了结构可靠指标及其与安全等级之间的关系。

3.1　工程结构设计的变量及其不确定性

3.1.1　工程结构设计的基本变量

工程结构设计时，需要选取有关作用和抵抗外界作用的能力（抗力）的参数，也是影响其完成预定功能的因素，这些参数即为结构可靠度分析时的变量。结构可靠度分析时，还须考察这些影响结构或构件性能的变量随时间的变化规律。

结构的设计参数，也就是设计的变量，一般可分为两大类。第一类是施加在结构上的直接作用或引起结构变形等因素的间接作用。这类变量包括结构的自重以及承受的人群、设备和车辆作用，自然环境因素引起施加于结构上的风、雪、冰、水压力及土压力等直接作用，以及会产生结构或构件内力的变形和温度等间接作用。这些作用引起的结构或构件的内力和变形，如轴力、弯矩、剪力、应力与应变等，称为作用效应（或称为荷载效应）。第二类是结构或构件承受这些作用效应的能力，如材料的强度、构件的承载力和刚度等。构成上述两大类变量的基本参数，即为工程结构设计的基本变量，如结构所处的自然环境中的风压和雪压，组成构件抵抗作用效应能力的材料强度、尺寸及连接条件等。

在水准Ⅰ的设计方法中，这些材料强度和荷载的特征值是用概率方法处理，再以适当的或经验的方法确定为定值。但实际上，在结构设计之前，这些参数的具体数值是未知的，如结构或构件的材料强度、截面的尺寸和使用期间的荷载值等。因此，这些基本参数可认为都是基本变量。从广义的层面分析，影响结构可靠度的因素均可称为基本变量，如影响混凝土强度的因素包括水泥品种、含量与成分、水胶比、掺合料种类与掺量、外加剂种类及含量、制备方法和养护条件等，这些因素均可认为是基本变量。但因为这些因素影响混凝土强度的机理过于复杂，一般的结构可靠度计算中不将其作为基本变量。

工程结构可靠度分析中的基本变量，可以是上述结构安全性分析时结构上承受的作用及其效应和组成其抗力的基本参数，也可以是在混凝土结构耐久性分析中二氧化碳浓度、氯离子浓度或对流区厚度，或结构适用性分析中的振动频率等。除上述常见的基本变量类型之外，在工程结构可靠度分析中还有一些设计参数也视为基本变量，如水工结构中土坝或堤防设计时的顶高程或高度、地下防渗的垂直和水平渗径长度、排水盖重厚度或允许渗透水力渗透比降等；道路工程的路面宽度、匝道坡度及转弯半径等。

3.1.2 基本变量的不确定性

所谓不确定性，是指事物的发生或其发生后的结果不能准确确定和判断的性质。一个工程结构的设计，必须依据现有的信息预估每一个设计方案所代表的结构在未来使用期间的表现，需要预估该期间结构所处的环境和所受到的外界干扰，也即结构上的作用。但是，对于未来的事件，常由于无法严格控制其发生的条件而产生随机性；或由于客观条件限制而无法明确地识别出该事件而产生模糊性；或无法把握事件的概念外延等，使得所需要的信息具有未确知性。因此，按照不确定性产生的来源和条件，可将不确定性划分为随机性、模糊性和未确知性。

基本变量的随机性是指变量变化发生条件的不充分性产生的不确定性。如混凝土结构设计时的强度等级是根据设计要求确定的，但施工浇筑之后的混凝土强度与设计强度之间一般会存在差异，由此产生混凝土强度的随机性。基本变量的随机性或由客观因素形成，如上述混凝土强度，由于浇筑时的工艺和材料的细微差别产生的随机性；或由统计方法或模型产生的随机性，如样本容量的多少、测试误差和计算公式的不确定性等引起。

基本变量的模糊性是指变量变化的属性不明确、变化没有明确的边界或没有中间过渡性的不确定性。例如，混凝土结构产生裂缝后的适用与否具有模糊性，裂缝宽度刚超过规范规定的值并不会必然导致结构不适用，而规范要求内的裂缝宽度也未必一定适用于各种使用环境下的要求；结构动力可靠度分析中常见的模糊变量有地震烈度、场地等级划分等。目前，可用数学方法处理的模糊性变量还是比较简单的。

基本变量的未确知性是指变量变化既无随机性，也无模糊性，而是纯粹由于客观条件的限制对该变量的变化认识不清，也就是目前掌握的信息不足以确定变量的真实状态和数量关系。基本变量的一种模糊性是主观知识的不完备性，如由于量测困难对某些变量无法获得足够的统计样本，从而产生变量的不确知性；一种是无法知道数量关系的不确定性，也称为客观信息的不完善性，如新出现的高速列车或重载列车的荷载，使设计道路和桥梁时采用的车速及其产生的荷载存在未确知性。

工程结构在服役期间，有些变量可能存在其中两种或三种不确定性，即同时具有随机性、模糊性和未确知性。例如，结构设计时材料强度的随机性，可以用统计方法来估计，但对具体构件，其强度有未确知性。未确知性又称弱不确定性，在有强不确定性（即模糊性与随机性）时，可以包括在强不确定性中进行处理。

按照不确定性的来源，也可划分为自然因素的不确定性，社会因素的不确定性。前者是属于客观不确定性，如风、雪荷载等自然属性的作用；后者多属于主观不确定性，如桥梁结构在运行期间的车辆载荷等。另外，按照研究对象，不确定性还可以划分为静态不确定性和动态不确定性，如结构的自重和固定设备的重量等荷载存在的是静态不确定性，而风、雪及地震作用等不确定性随时间过程有关，属于动态不确定性。如果以动态不确定性考察基本变量，且其变化的速率很大或是瞬间发生的，则研究的问题是结构动力可靠度。

3.1.3 基本变量不确定性的描述

影响工程结构性能的随机性是结构分析和设计中的一种主要不确定性，由于认识早，处理手段比较完善，以随机性为研究对象的工程结构随机可靠性理论已发展到实用阶段。随机不确定性的描述处理方法包括概率论、统计理论及随机过程理论等。信息的模糊性描述与处理，其数学工具是模糊数学。自 1965 年美国的 Zadeh 创立模糊数学理论以来，在结构可靠性理论方面得到一定的发展，同时形成了模糊聚类分析、模糊综合评判等评价方法，但离实用阶段尚有一定距离。未确知性的描述处理，目前有两个主要学派，一是 G. Shafer 提出的“信度理论”，其提出了在有限离散论域内的信度函数（Belief Function），主要以 Dompster 法则合成各种证据信息并形成信任函数；另外一个是 Zadeh 提出的从模糊集隶属函数中定义可能性测度的“可能度理论”。除此之外，还有一些理论正待发展，如证据决策理论，但这些研究尚未形成统一的理论体系。

1. 随机性的定量描述

对于基本变量的随机性，可根据有限的观测数据和适当的分布来近似描述。寻找这种描述方式，即确定随机变量的分布模型问题。一般地，可根据经验或理论估计先假定一种概率分布后，再按某种统计检验方法（拟合优良性检验）来肯定或者否定这种假定。

例如，建筑工程结构可靠性分析中，关于荷载效应的概率分布，一般将永久荷载以正态分布模拟，而活荷载以极值Ⅰ型分布模拟，但截面的抗力一般为对数正态分布。现有的观测资料统计表明，建筑结构中的风、雪压年极值都不拒绝极值Ⅰ型分布。不过，对于混凝土结构耐久性分析中的变量，如混凝土碳化深度、临界氯离子浓度等，其分布模型的确定较困难，需根据实际使用环境条件下的试验结果进行假设检验。

2. 模糊性的定量描述

描述事物模糊性的数学工具是模糊数学，其核心是隶属函数的确定问题。有些信息由于某些原因，无法对其进行确定性描述，即只能认定其在一定程度上属于某一集合，从而产生隶属函数。隶属函数的确定可用模糊统计法、二元对比排序法和子集比较法等，针对不同性质的问题可采用不同方法。隶属函数的确定，尽管有一定的主观性，但必须符合人们的共识，有相当程度的客观性，不可随意杜撰。

3. 未确知性的定量描述

基本变量的未确知性为弱不确定性，有学者提出以“未确知数学”方法处理，即当未确知性表现为与随机性和模糊性并存时，合并到后两种中一并考虑；当模糊性单独存在时，以后两种的描述手段表述。

如调查得到的历史最大风速或历史最高洪水位，由于调查对象主观上有随机性，一般不能用某一具体数值来全面描述，这种不确定性大多属于未确知性的。但是，被调查人员对不同的数值或其范围往往具有不同的信任程度，因此可用信任函数或信任密度函数来反映其不确定性，相当于用模糊性中的隶属度分布来描述。

4. 基本变量不确定性的综合描述

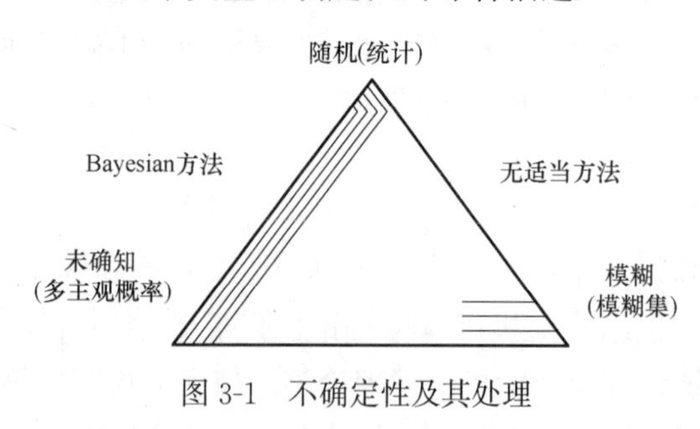

图 3-1　不确定性及其处理

对信息的不确定性，Lind 曾用图 3-1 表示了上述三种不确定性及其相互关系，指出处理它们有三种方法。当概念清晰而且数据众多时，用频度概率来描述这种不确定性，并用统计方法处理；当概念清晰而数据不足时，可以用主观概率来描述这种知识不完备的不确定性；上述两者之间的关系可以用 Bayesian 方法处理；对于概念不清晰的事物，则应用模糊集合来描述。除可进行模糊随机事件的概率分析外，对模糊性和随机性之间的关系，则认为尚无其他适当方法对这两类不确定性进行综合处理。

如果事件存在随机性与模糊性，可以定义其概率测度。即，在给定的概率空间（Ω，W，P）中，如果 Ω 的模糊子集$\underset{\sim}{A}$中的元素为一个随机变量，则称$\underset{\sim}{A}$为一模糊随机事件；如果$\underset{\sim}{A}$的隶属函数是 Borel（布尔）可测的，其中元素 x_i属于$\underset{\sim}{A}$的隶属度为 $\mu_{\underset{\sim}{A}}$（x_i），x_i发生的概率为 p_i，则模糊随机事件$\underset{\sim}{A}$发生的概率为

$$P(\underset{\sim}{A})=\int_{-\infty}^{+\infty}\mu_{\underset{\sim}{A}}f(x)\mathrm{d}x \tag{3-1}$$

式中，$f(x)$ 为 X 的概率密度函数。

若 X 为离散模糊随机变量，则

$$P(\underset{\sim}{A})=\sum_{i=1}^{\infty}\mu_{\underset{\sim}{A}}(x_i)P_i \tag{3-2}$$

这三类性质不同的不确定因素，归根到底，均来自知识不完备，都可以用概率密度表示，随机性用客观概率，其他两类用主观概率，而且都可以用 Bayesian 方法处理。模糊性和知识不完备性这两种不确定性用主观概率密度函数，其代表了当前专家的知识水平。

本书所指的工程结构可靠度，属于静态随机可靠度理论范畴。因此，下面的内容均以基本随机变量的静态不确定性为主。

3.1.4　基本随机变量参数统计的 Bayesian 方法

要了解一个随机变量在未来状态的信息特性，以一次观测或测试数据并不能判断，需要处理多次观测或测试的数据。例如，某种材料强度的随时间变化的特征，通过已有的信息，如何用较合理的模型来描述。工程结构可靠性评价过程中，观察、量测及调查的样本一般为小容量样本。因此，反映结构基本变量的统计信息大多属于小样本统计，且希望利用来自间接信息加以补充。对于基本变量的随机性，在假定一种理论分布之后需检验这种分布假定是否符合，即为“有效性检验”。随机变量的分布假设检验方法，如第 2 章论述的 χ^2、K-S 检验等，其中 K-S 法的条件比 χ^2法的条件放宽，但可能很难明确哪一个概率分布更好，此时可采用模糊数学检验方法。

工程结构可靠性分析中还存在着一类随机变量，其样本数据收集时由于时间的有限或一些客观存在的原因（如材料的抗拉、抗压强度不可能小于零），样本中只得到了其下界（或上界），这些数据称为“截尾的”。结构可靠性分析中，常用的截尾是左截尾（如结构

经历过某种作用后，抗力这个变量为左截尾分布)，也可能用到右截尾（偏于安全的材料参数变量的右截尾)。

结构的基本变量特性的信息，有的在采集或测试之前，往往对其结果有粗略的预估，因为可以根据经验或类比得到其参数估计。按一般的方法，参数统计要求样本量较大，而对结构可靠度分析而言，大样本的试验很难实现。因此，往往需要利用间接的信息或后续观测和测试的样本给予补救。Bayesian 方法可将现有观测收集到的样本与后续观测或测试的样本结合，更有助于建立结构基本随机变量的更新概率模型。

Bayesian 定理最初由 18 世纪英国的 Bayes 提出，之后法国的 Laplace 加予改进。目前使用的就是经 Laplace 改进后的 Bayesian 定理，其推断的基本方法是将关于未知参数的先验信息与样本信息综合，再根据贝叶斯定理得出后验信息，然后根据后验信息去推断未知参数。这种方法对有不断积累的观测数据的随机变量，如挡水建筑物的年最高洪水位、混凝土耐久性分析中的氯离子对流区厚度及既有结构构件的抗力等随机变量的分布参数估计较适合，且随着观测样本容量的不断增加，还可建立这些变量的更新模型。

对于连续型随机变量，设随机变量 x 和 θ 的联合概率密度函数为 f $(x,\ \theta)$，则有

$$\left.\begin{aligned} f(x,\theta) &= \pi(\theta)p(x|\theta) = p(x)\pi(\theta|x) \\ p(x) &= \int_{-\infty}^{+\infty}\pi(\theta)p(x|\theta)\mathrm{d}\theta \end{aligned}\right\} \tag{3-3}$$

根据 Bayesian 定理，θ 后验分布为

$$\pi(\theta|x) = \frac{\pi(\theta)p(x|\theta)}{\int_{-\infty}^{\infty}\pi(\theta)p(x|\theta)\mathrm{d}\theta} \tag{3-4}$$

式中，$\pi(\theta)$ 是先验密度函数；$p(x|\theta)$为条件密度函数（即似然函数)。

式（3-4）也可以简化为

$$f''(\theta)=kL(\theta)f'(\theta) \tag{3-5}$$

式中，$f''(\theta)$ 为后验概率密度函数；$f'(\theta)$ 为先验概率密度函数；$L(\theta)$ 为似然函数；k 为归一化常数。

若随机变量 θ 的先验分布 $f'(\theta)$ 为正态分布 $N(\mu',\ D')$，则似然函数 $L(\theta)$ 为正态分布 $N(\mu^*,\ D^*)$，后验分布 $f''(\theta)$ 亦为正态分布 N $(\mu'',\ D'')$，其均值 μ''和方差 D''分别为

$$\mu''=\frac{\mu^* D'+\mu' D^*}{D'+D^*} \tag{3-6}$$

$$D''=\frac{D' D^*}{D'+D^*} \tag{3-7}$$

Bayesian 方法也可作区间估计。上述分析方法，为新的观测样本对随机变量原随机特性的修正提供了方便。

3.2 结构的功能要求与功能函数

3.2.1 结构的功能要求

进行工程结构可靠度分析，首先应根据结构的功能要求建立结构的功能函数，确定结

构或构件或结构体系的极限状态方程。

工程结构的修建有一定目的，是为了满足人类的生产或生活需求。如房屋建筑为人类居住、工业生产或社会文化活动提供空间需求，道路与桥梁工程是为方便出行，水库大坝与堤防是为防洪、蓄水或灌溉等需要。工程结构的功能要求，就是明确在使用时期内结构要满足的安全、耐久和适用的要求。以随机可靠度为理论基础设计的工程结构，其在使用期和施工期的表现为可靠（安全、耐久或适用）和失效（不安全、不耐久或不适用）两种状态存在，而其功能要求就是使得工程结构在施工与使用期处于可靠状态时的要求。

根据我国《工程结构可靠性设计统一标准》GB 50153—2008 规定，工程结构必须满足以下的功能要求：

（1）能承受施工和使用期可能出现的各种作用。此为对结构的安全性要求，即要求结构能承受施工与使用期间可能出现的各种作用，否则称结构为未达到预定的功能要求。

（2）保持良好的使用性能。此为对结构的适用性要求，关系到结构能否满足规定的使用要求。

（3）具有足够的耐久性能。此对结构的要求是，在外部环境对结构材料的物理、化学或生物作用及其材料内部相互作用引起的结构性能退化后，仍能满足设计的功能要求。

（4）当发生火灾时，在规定的时间内可保持足够的承载力。

（5）当发生爆炸、撞击、人为错误等偶然事件时，结构能保持必需的整体稳固性，不出现与起因不相称的破坏后果，防止出现结构的连续倒塌。

其中，第（1）、（4）和（5）项的功能要求是对结构安全性的要求，第（2）项是对结构的适用性要求，第（3）项是对结构耐久性的要求，三者可概括为对结构可靠性的要求。其中，足够的耐久性能是指在正常维护条件下工程结构能够正常使用到规定的设计使用年限。按照《工程结构可靠性设计统一标准》GB 50153—2008 的要求，对重要的结构，应采取必要的措施，防止出现结构的连续倒塌；对一般的结构，宜采取适当的措施防止出现结构的连续倒塌；对港口工程结构，“撞击”指非正常撞击。同时，提出了偶然事件发生时，防止结构出现连续倒塌的两种设计方法，即直接设计法（对可能承受偶然作用的主要承重构件及其连接予以加强或保护）和间接设计法（增强整体稳固性）。

工程结构安全性是结构功能的基本要求，是基于随机可靠度理论的结构设计时必须保证的功能。随着经济可持续发展观念的逐步深入，工程结构的耐久性和适用性设计也越来越受到重视。

3.2.2 结构的功能函数

《工程结构可靠性设计统一标准》GB 50153—2008 定义的结构功能函数为关于基本变量的函数，该函数表示的是结构的某种工作状态。

如果以 X_i（$i=1$，2，…，n）表示影响结构完成某一功能的基本随机变量，则

$$Z=g(X_1,X_2,\cdots,X_n) \tag{3-8}$$

为表示其工作状态的函数，即结构的某一个功能函数。

若考虑结构的功能仅与其抗力和荷载效应这两个综合变量有关的最简单情况，则结构的功能函数可表示为

$$Z=g(R,S)=R-S \tag{3-9}$$

结构完成不同的功能，其具体的功能函数形式不同。

【例题 3-1】 如图 3-2 所示的简支钢梁受均布荷载 q 作用，梁截面的抗弯模量为 W，材料屈服强度为 f_y，随机变量 R 和 S 分别表示截面 A 抗弯的抗力及荷载效应。

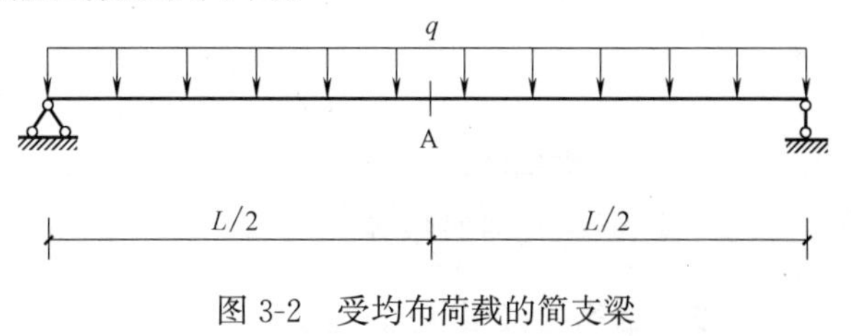

图 3-2　受均布荷载的简支梁

由于简支梁在跨中 A 处的弯曲荷载效应为 $S=qL^2/8$，而其抗力为 $R=f_yW$，则功能函数 $Z=g(R, S)=R-S$ 的具体表达式为 $Z=R-S=f_yW-qL^2/8$。

3.3　结构的极限状态与极限状态方程

3.3.1　结构的极限状态

由于只考虑基本变量的随机性，故对结构存在的可靠与失效两种状态是非此即彼的，即结构不是处于可靠的就是失效的状态。因此，完成结构的功能要求，也就是结构处于期望的可靠状态，即要求该功能函数 $Z=g(X_1, X_2, \cdots, X_n)>0$。

《工程结构可靠性设计统一标准》GB 50153—2008 定义的结构极限状态是，整个结构或结构的一部分超过某一特定状态就不能满足设计规定的某一功能要求，此特定状态为该功能的极限状态。若只考虑基本变量的随机性，则结构的极限状态实际上是结构处于可靠和失效的界限，也是结构工作状态的一个阈值状态。

当结构的工作状态超过了其某一功能要求的状态，即超过了该功能要求的阈值，则结构处于失效状态，该失效状态的类型包括不安全、不耐久或不适用状态。如钢筋混凝土受弯构件，当由外界荷载产生的弯矩超过构件能抵抗的弯矩时，则就承载力而言，该梁处于失效状态，即安全性的功能要求未能满足；由于外界环境因素，如二氧化碳或氯盐或硫酸盐等腐蚀作用，致使其中的钢筋开始锈蚀，混凝土产生的裂缝宽度超过规范规定的值，并在未达到设计使用年限内就引起其承载力下降而不满足设计要求时，也称该梁未满足功能要求，即适用性或耐久性未能满足。

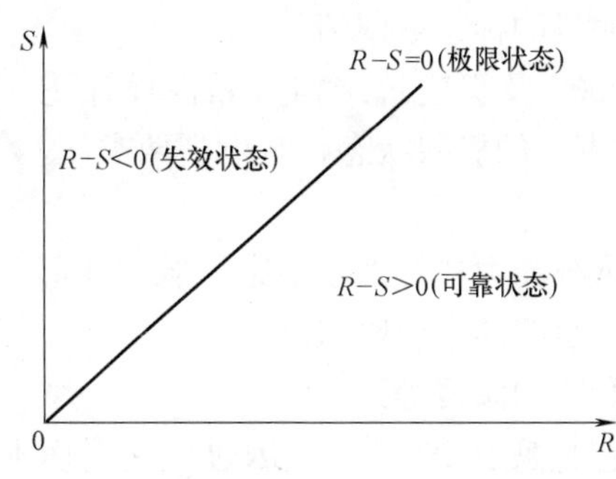

图 3-3　工程结构（或构件）的工作状态

以式（3-8）表达的结构（或构件）工作状态，如图 3-3 所示。

由此，以 $X_i(i=1, 2, \cdots, n)$ 为基本随机变量的结构工作状态可以表示为

$$Z=g(X_1, X_2, \cdots, X_n)\begin{cases}>0 & \text{结构处于可靠状态}\\=0 & \text{结构处于极限状态}\\<0 & \text{结构处于失效状态}\end{cases} \tag{3-10}$$

若由式（3-9）表达，则 $Z=R-S>0$ 为可靠状态；$Z=R-S=0$ 为极限状态；而 $Z=R-S<0$ 为失效状态。

我国的《建筑结构可靠度设计统一标准》GB 50068—2001 规定结构的极限状态设计应符合

$$Z=g(X_1,X_2,\cdots,X_n)\geqslant 0 \tag{3-11}$$

式中，$g(\cdot)$ 为结构的功能函数；$X_i(i=1，2，\cdots，n)$ 为基本变量，系指结构上的各种作用、材料性能和几何参数等。

3.3.2 结构的极限状态分类

根据不同的功能要求，工程结构的极限状态划分为承载能力极限状态和正常使用极限状态两类。按照《工程结构可靠性设计统一标准》GB 50153—2008，应符合下列要求：

1. 承载能力极限状态

当结构或结构构件出现下列状态之一时，应认为超过了承载能力极限状态。

（1）结构构件或连接因超过材料强度而破坏，或因过度变形而不适于继续承载；

（2）整个结构或其一部分作为刚体失去平衡；

（3）结构转变为机动体系；

（4）结构或结构构件丧失稳定；

（5）结构因局部破坏而发生连续倒塌；

（6）地基丧失承载力而破坏；

（7）结构或结构构件的疲劳破坏。

2. 正常使用极限状态

当结构或结构构件出现下列状态之一时，应认为超过了正常使用极限状态。

（1）影响正常使用或外观的变形；

（2）影响正常使用或耐久性能的局部损坏；

（3）影响正常使用的振动；

（4）影响正常使用的其他特定状态。

同时规定，对结构的各种极限状态，均应规定明确的标志或限值。

《建筑结构可靠度设计统一标准》GB 50068—2001 及《建筑结构可靠性设计统一标准》GB 50068—2018 中都进一步明确了与建筑结构有关的极限状态，有下列两类：

1. 承载能力极限状态

这种极限状态对应于结构或结构构件达到最大承载能力或不适于继续承载的变形。当结构或结构构件出现下列状态之一时，应认为超过了承载能力极限状态。

（1）整个结构或结构的一部分作为刚体失去平衡（如倾覆等）；

（2）结构构件或连接因超过材料强度而破坏（包括疲劳破坏），或因过度变形而不适于继续承载；

（3）结构转变为机动体系；

（4）结构或结构构件丧失稳定（如压屈等）；

（5）地基丧失承载能力而破坏（如失稳等）。

2. 正常使用极限状态

这种极限状态对应于结构或结构构件达到正常使用或耐久性能的某项规定限值。当结构或结构构件出现下列状态之一时，应认为超过了正常使用极限状态。

（1）影响正常使用或外观的变形；

（2）影响正常使用或耐久性能的局部损坏（包括裂缝）；

（3）影响正常使用的振动；

（4）影响正常使用的其他特定状态。

美国《荷载与抗力系数桥梁设计规范（AASHTO LRFD）》则划分为强度极限状态、使用极限状态、疲劳和断裂极限状态和极端事件极限状态等。而《结构可靠性总原则》ISO 2394—1998 中，根据结构极限状态被超越后结构的状况，将极限状态划分为：

1. 不可逆极限状态

当产生超越极限状态的作用被移除后，仍将永久地保持超越效应的极限状态，即因超越极限状态而产生的结构损坏或功能失常将一直保持，除非结构被重新修复。因此，承载能力极限状态一般可认为是不可逆状态；而正常使用极限状态中，如果其被超越后将使结构产生永久性的局部破坏和永久性的不可接受的变形或裂缝等，则其为不可逆极限状态。

2. 可逆极限状态

当产生超越极限状态的作用被移除后将不再保持超越效应的极限状态，即因超越结构极限状态而产生的结构损坏或功能失常仅在产生超越的原因出现时保持，一旦产生超越的原因消除，则结构将从不期望的状态转化为期望的状态，也就是从超越时的 $Z=g(X_1, X_2, \cdots, X_n)<0$ 状态转化为 $Z=g(X_1, X_2, \cdots, X_n)>0$ 的状态。对于正常使用极限状态，如果其被超越后无永久性的局部损坏或永久性的不可接受的变形或裂缝等，则可认为其为可逆极限状态。

上述极限状态的各种分类均是为工程结构设计需要制定，并无统一的固定规则。对于各类形式和各种材料建成的结构或构件，根据设计要求可以列出各种极限状态的具体形式。

3.3.3 结构的极限状态方程

根据极限状态的分类，结构设计的期望状态是满足公式（3-11）。如果结构或构件达到某一功能要求的阈值，则根据式（3-10），有极限状态方程

$$Z=g(X_1,X_2,\cdots,X_n)=0 \tag{3-12}$$

由于结构的极限状态形式不同，极限状态方程的具体形式也不同。如上述【例题 3-1】受均布荷载作用的简支梁受弯承载力极限状态方程为 $Z=f_yW-qL^2/8=0$。

对于正常使用极限状态，则与设计规定的限值或某种试验达到的限定值有关。如钢筋混凝土构件在不同的使用条件和作用下产生的裂缝宽度为 w_{max}，而设计规范规定该条件下的限值为 w_{lim}，则该条件下的裂缝宽度极限状态方程为 $Z=w_{lim}-w_{max}=0$。

工程结构耐久性研究中，极限状态方程中的变量往往并不一定是以力的形式表现。如，根据现场试验，得到在特定海洋使用环境下某钢筋混凝土受弯构件中钢筋开始锈蚀的氯离子浓度（即临界氯离子浓度）为 C_{crit}，按混凝土的氯离子扩散理论计算该环境下与扩散时间有关的钢筋表面氯离子浓度为 C_t，则该条件下的钢筋初始锈蚀时间的极限状态方程为 $Z=C_{crit}-C_t=0$，由此可分析钢筋锈蚀的初始时间及其发生的概率。

3.4 结构可靠性及其度量

3.4.1 结构可靠性

为满足结构在规定的设计状况下的极限状态不被超越，则需要保证结构具有不被超越的能力；由于这些极限状态及其被超越的影响因素具有不确定性，故要求设计的工程结构或构件具有一定的不被超越的可靠性。

《工程结构可靠性设计统一标准》GB 50153—2008 定义的结构可靠性是指，结构在规定的时间内，在规定的条件下，完成预定功能的能力。这种能力包括保持满足结构的安全性、适用性和耐久性及整体稳定性的能力。

值得注意的是，对结构可靠性定义中的规定时间，《工程结构可靠性设计统一标准》GB 50153—2008 中并没有明确说明这个规定的时间是指设计使用年限，或设计基准期。在《公路工程结构可靠度设计统一标准》GB/T 50283—1999 中则明确指出，规定的时间为设计基准期；《水利水电工程结构可靠度设计统一标准》GB 50199—94 的“8 质量控制”8.0.1 条的表述为“水利水电工程各类规范应明确提出对勘测、设计、施工、验收及运行的质量标准和要求，以保证结构在设计基准期内具有规定的可靠度”。由于在结构随机可靠度分析中，风及雪荷载等都是与时间有关的，其取值是在设计基准期内可能出现的最大值（随机变量）。但是，《水利水电工程结构可靠性设计统一标准》GB 50199—2013 中又强调参照《工程结构可靠性设计统一标准》GB 50153—2008 中关于规定时间等要求。因此，此规定的时间应该是设计基准期而不是设计使用年限。因为设计基准期与设计使用年限有关，该规定时间一般理解为结构的使用年限，但设计使用年限与设计基准期是两个不同的概念。

设计基准期是为确定可变作用及与时间有关的材料性能等取值而选用的时间参数；而结构设计使用年限是设计规定的结构或结构构件不需进行大修即可按其预定目的使用的时期。显然，这两个时间设定的对象是不同的。我国的《工程结构可靠性设计统一标准》GB 50153—2008、《建筑结构可靠性设计统一标准》GB 50068—2018 和《港口工程结构可靠性设计统一标准》GB 50158—2010 中，房屋建筑结构和港口工程结构的设计使用年限见表3-1、表 3-2。

房屋建筑结构设计使用年限 **表 3-1**

类别	设计使用年限(年)	示例
1	5	临时性建筑结构
2	25	易于替换的结构构件
3	50	普通房屋和构筑物
4	100	纪念性建筑和特别重要的建筑结构

港口工程结构设计使用年限 **表 3-2**

类别	设计使用年限(年)	示例
1	5～10	临时性港口建筑物
2	50	永久性港口建筑物

《水利水电工程结构可靠性设计统一标准》GB 50199—2013 中规定，“Ⅰ级～3 级主要建筑物结构的设计使用年限应采用 100 年，其他永久性建筑物结构应采用 50 年。临时建筑物结构的设计使用年限应根据预定的使用年限和可能滞后的时间采用 5 年～15 年”。

按照《工程结构可靠性设计统一标准》GB 50153—2008 第 3.3.1 条中的要求“设计文件中需要标明结构的设计使用年限，而无需标明结构的设计基准期、耐久年限、寿命等”，因此，各行业的现行结构可靠性设计统一标准中，对结构的设计基准期均没有明确的规定。

在理论上，设计基准期与不同的设计使用年限之间的关系，可以根据等超越概率的原则等方法换算。另外，除上述设计基准期与设计使用年限之外，还有采用“重现期”概念作为荷载概率分布分析时的时间参数。

上述结构可靠性定义中的“规定的条件”一般指正常设计、正常施工和正常使用，不考虑各种非正常条件，是对结构从设计、施工到使用期全过程的规定。“预定的功能”，则是指结构完成安全、适用和耐久及抗连续倒塌的能力。

3.4.2 结构可靠性的度量

若仅考虑结构完成功能时影响因素的随机性，则要求结构需要有足够的极限状态不被超越的概率，也就是结构的可靠概率。结构可靠度是结构可靠性的度量，是指“结构在规定的时间内、在规定的条件下，完成预定功能的概率”，以 p_s 表示其完成预定功能的概率；反之，不能在规定时间内、规定条件下完成预定功能，也即结构失效的概率为 p_f。若考虑影响参数的随机性，由于结构的可靠与失效为两个互不相容的事件，故有 $p_s+p_f=1$。因此，结构可靠度与结构失效概率都可以度量其可靠性。

若结构功能函数形式为式（3-8），X_i（$i=1$，2，…，n）为基本随机变量。显然，Z 也为随机变量。设 Z 的概率密度函数为 $f(z)$，如图 3-4 所示。

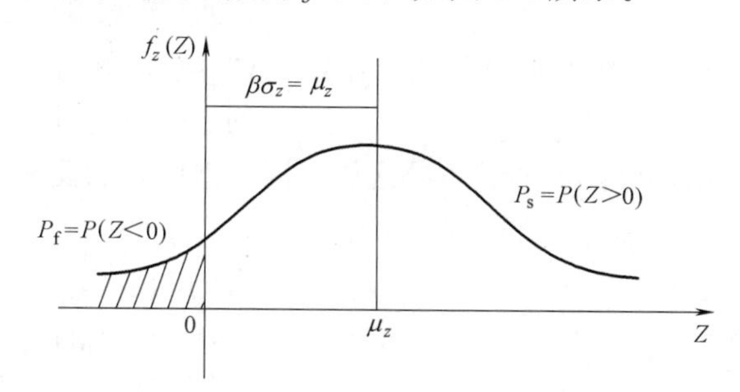

图 3-4 结构可靠度及与可靠指标的关系

则结构可靠度表示为

$$p_s = P(Z > 0) = \int_0^{+\infty} f(x)\mathrm{d}z \tag{3-13}$$

结构的失效概率为

$$p_f = 1 - p_s = P(Z < 0) = \int_{-\infty}^{0} f(x)\mathrm{d}z \tag{3-14}$$

如果结构设计中的基本随机变量以 $X_i(i=1, 2, \cdots, n)$ 表示，功能函数为 $Z=g(X_1, X_2, \cdots, X_n)$，基本随机变量 $X_i(i=1, 2, \cdots, n)$ 的联合概率密度函数为 $f_X(x_1, x_2, \cdots, x_n)$，则结构的失效概率可表示为

$$p_f = P(Z < 0) = \iint\limits_{Z<0}\cdots\int f_X(x_1, x_2, \cdots, x_n)\mathrm{d}x_1\mathrm{d}x_2\cdots\mathrm{d}x_n \tag{3-15}$$

若 X_i（$i=1, 2, \cdots, n$）相互独立，有

$$p_f = P(Z < 0) = \iint\limits_{Z<0}\cdots\int f_{X_1}(x_1)f_{X_2}(x_2)\cdots f_{X_n}(x_n)\mathrm{d}x_1\mathrm{d}x_2\cdots\mathrm{d}x_n \tag{3-16}$$

假设结构的抗力是概率密度函数为 $f_R(r)$ 的随机变量 R，其上的荷载效应是概率密度函数为 $f_S(s)$ 的随机变量 S，它们的概率分布函数分别为 $F_R(r)$ 和 $F_S(s)$，并假设 R 和 S 相互独立，功能函数形式为式（3-9），则结构的失效概率为

$$\begin{aligned} p_f = P(Z < 0) &= \iint\limits_{r<s} f_R(r)f_S(s)\mathrm{d}r\mathrm{d}s \\ &= \int_0^{+\infty}\left[\int_0^s f_R(r)\mathrm{d}r\right]f_S(s)\mathrm{d}s = \int_0^{+\infty}F_R(s)f_S(s)\mathrm{d}s \end{aligned} \tag{3-17}$$

或表示为

$$p_f = P(Z < 0) = \int_0^{+\infty}\left[\int_R^{+\infty}f_S(s)\mathrm{d}s\right]f_R(r)\mathrm{d}r = \int_0^{+\infty}[1-F_S(r)]f_R(r)\mathrm{d}r \tag{3-18}$$

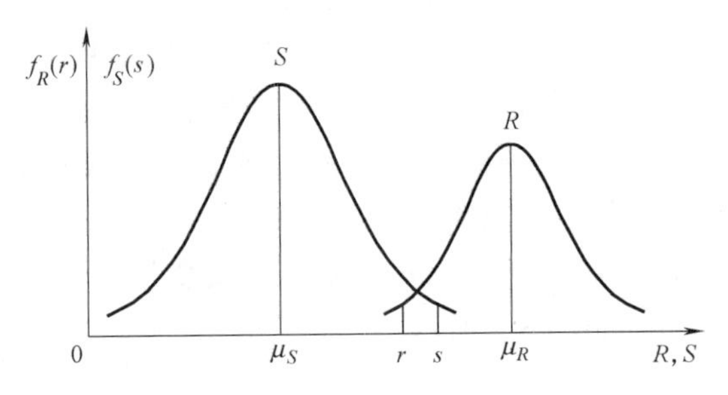

图 3-5　在相同的坐标中表示的 R 和 S 概率密度曲线

图 3-5 是在相同的坐标中表示的 R 和 S 概率密度曲线，如果两条曲线贴近得很近，则表示失效概率越大，反之则可靠概率越大。

由式（3-15）可知，结构的失效概率是所有基本随机变量的联合概率密度函数的积分；式（3-17）或(3-18)是 R 和 S 相互独立的条件下得到的，也是其联合概率密度函数的积分，并不是图 3-5 中两条密度函数曲线重叠区域（即干涉区）的面积。这个干涉区面积与失效概率的关系，在有关文献中已经有详细的证明。

【例题 3-2】 若例题 3-1 的钢筒支梁的 A 截面抗弯的功能函数为 $Z=g(R, S)=R-S$，其中抗力 R 服从均值 $\mu_R=120\text{kN}\cdot\text{m}$，变异系数 $\delta_R=0.12$ 的对数正态分布；荷载效应 S 为均值 $\mu_S=60\text{kN}\cdot\text{m}$、变异系数 $\delta_S=0.10$ 的极值 I 型分布。计算该梁 A 截面抗弯的失效概率。

【解】 对数正态分布的分布函数与概率密度函数分别为

$$F_R(r)=\Phi\left(\frac{\ln r-\mu_{\ln R}}{\sigma_{\ln R}}\right),f_R(r)=\frac{1}{\sqrt{2\pi}\sigma_{\ln R}r}\exp\left[-\frac{1}{2}\frac{(\ln r-\mu_{\ln R})^2}{\sigma_{\ln R}^2}\right]$$

根据对数正态分布与正态分布的关系，有

$$\mu_{\ln R}=\ln\left(\frac{\mu_R}{\sqrt{1+\delta_R^2}}\right)=\ln\left(\frac{120}{\sqrt{1+0.12^2}}\right)=4.7803$$

$$\sigma_{\ln R}=\sqrt{\ln(1+\delta_R^2)}=\sqrt{\ln(1+0.12^2)}=0.1196$$

极值Ⅰ型分布的概率密度函数为

$$f_S(s)=\alpha\exp\{-\alpha(s-u)-\exp[-\alpha(s-u)]\}$$

其中，分布参数

$$\alpha=\frac{\pi}{\sqrt{6}}\cdot\frac{1}{\sigma_S}=\frac{\pi}{60\times0.10\sqrt{6}}=0.2138$$

$$u=-\frac{0.5772}{\alpha}+\mu_S=-\frac{0.5772}{0.2138}+60=57.3003$$

由式（3-17）计算该截面的抗弯失效概率为

$$\begin{aligned}p_{\mathrm{f}}&=\int_0^{+\infty}\Phi\left(\frac{\ln s-\mu_{\ln R}}{\sigma_{\ln R}}\right)\times f_S(s)\mathrm{d}s\\&=\int_0^{+\infty}\Phi\left(\frac{\ln s-4.7803}{0.1196}\right)\times0.2138\exp\{-0.2138\times(s-57.3003)\\&\quad-\exp[-0.2138\times(s-57.3003)]\}\mathrm{d}s=1.2\times10^{-3}\end{aligned}$$

3.5 结构可靠指标

3.5.1 结构可靠指标

一般地，设计的结构可靠概率一般接近于1.0，如0.99967，而相应的失效概率为2.33×10^{-4}。因此，实际工程应用中多以失效概率表示结构的可靠性。但即使是采用失效概率，结构失效属于小概率事件，有时也很不方便。另外，由例题3-2的计算也发现，即使是很简单的功能函数，直接计算失效概率也很困难，若考虑功能函数的非线性及基本随机变量较多而且相关，则积分计算非常麻烦。因此，工程上一般采用近似的方法表达结构可靠度，为此引入结构可靠指标。

《工程结构可靠性设计统一标准》GB 50153—2008定义的可靠指标是，度量结构可靠度的数值指标，可靠指标β与失效概率p_{f}的关系为$\beta=-\Phi^{-1}(p_{\mathrm{f}})$，其中$\Phi^{-1}(\cdot)$为标准正态分布函数的反函数。

若随机变量R与S均服从正态分布，其均值分别为μ_R和μ_S，标准差分别为σ_R和σ_S。则功能函数为$Z=R-S$，而综合变量Z为均值$\mu_Z=\mu_R+\mu_S$，标准差$\sigma_Z=\sqrt{\sigma_R^2+\sigma_S^2}$的正态分布，其概率密度函数$f_Z(z)$示意图如图3-4所示。

图3-4中，$Z<0$的概率为失效概率，即

$$p_{\mathrm{f}}=P(Z<0)=\int_F f_Z(Z)\mathrm{d}z \tag{3-19}$$

式中，$F=\{Z|g(Z)<0\}$表示结构的失效区域。

因此，p_f是综合变量 Z 的概率密度函数的尾部与横轴的“尾部面积”

$$p_f = P(Z < 0) = P_Z(0) = \int_{+\infty}^{0} \frac{1}{\sigma_Z \sqrt{2\pi}} \exp\left[-\frac{(z-\mu_Z)^2}{2\sigma_Z^2}\right] dz \tag{3-20}$$

引入变量 $t=\dfrac{Z-\mu_Z}{\sigma_Z}$，则 t 是均值为零、标准差为 1 的标准化变量，式（3-20）为

$$p_f = \int_{+\infty}^{-\frac{\mu_Z}{\sigma_Z}} \frac{1}{\sqrt{2\pi}} \exp\left(-\frac{t^2}{2}\right) dt = \Phi(-\beta) \tag{3-21}$$

式中，$\Phi(\cdot)$ 为标准正态分布函数值。

由图 3-4 可知，从 0 到均值 μ_Z的距离可用标准差度量，即 $\mu_Z=\beta\sigma_Z$。因为 $\beta=\mu_Z/\sigma_Z$，根据式（3-20），则 β 与 p_f之间有一一对应的关系。故与 p_f相同，β 也可作为衡量结构可靠性的一个指标。因此，若随机变量 R 与 S 均服从正态分布，极限状态方程为 $Z=R-S$ 时，有

$$\beta=\frac{\mu_Z}{\sigma_Z}=\frac{\mu_R-\mu_S}{\sqrt{\sigma_R^2+\sigma_S^2}}=\frac{1}{\delta_Z} \tag{3-22}$$

显然，β 增大，p_f减小；β 降低，则 p_f增大。β 的计算比 p_f的计算方便，工程界及设计规范一般采用 β 描述结构可靠性。

表 3-3 所列为常用的 β 与 p_f之间的数值关系。

β 与 p_f之间的数值关系 **表 3-3**

β	1.0	1.5	2.0	2.5	3.0
p_f	1.587×10^{-1}	6.681×10^{-2}	2.275×10^{-2}	6.210×10^{-3}	1.350×10^{-3}
β	3.5	4.0	4.5	5.0	
p_f	2.326×10^{-4}	3.167×10^{-5}	3.398×10^{-6}	2.867×10^{-7}	

若随机变量 R 与 S 均服从对数正态分布，极限状态方程表示为 $Z=\ln(R/S)=\ln R-\ln S$，则 Z 服从正态分布，其均值 μ_Z与标准差 σ_Z分别为

$$\mu_Z=\mu_{\ln R}-\mu_{\ln S}=\ln\left(\frac{\mu_R}{\sqrt{1+\delta_R^2}}\right)-\ln\left(\frac{\mu_S}{\sqrt{1+\delta_S^2}}\right)=\ln\left(\frac{\mu_R}{\mu_S}\sqrt{\frac{1+\delta_S^2}{1+\delta_R^2}}\right) \tag{3-23a}$$

$$\sigma_Z=\sqrt{\sigma_{\ln R}^2+\sigma_{\ln S}^2}=\sqrt{\ln(1+\delta_R^2)+\ln(1+\delta_S^2)}=\sqrt{\ln[(1+\delta_R^2)(1+\delta_S^2)]} \tag{3-23b}$$

则可靠指标为

$$\beta=\frac{\mu_Z}{\sigma_Z}=\frac{\mu_{\ln R}-\mu_{\ln S}}{\sqrt{\sigma_R^2+\sigma_S^2}}=\frac{\ln\left(\dfrac{\mu_R}{\mu_S}\sqrt{\dfrac{1+\delta_S^2}{1+\delta_R^2}}\right)}{\sqrt{\ln[(1+\delta_R^2)(1+\delta_S^2)]}} \tag{3-24}$$

当 δ_R和 δ_S均小于 0.3 或近似相等时，式（3-24）可进一步近似为

$$\beta\approx\frac{\ln(\mu_R/\mu_S)}{\sqrt{\delta_R^2+\delta_S^2}} \tag{3-25}$$

【例题 3-3】 假设例题 3-2 的钢筒支梁的 A 截面抗弯的抗力 R、荷载效应 S 的均值及变异系数同上，但 R 和 S 均服从对数正态分布，计算该梁 A 截面抗弯可靠指标和失效概率。

【解】 若 R 和 S 均服从对数正态分布时，根据式（3-24），有

$$\beta=\frac{\mu_Z}{\sigma_Z}=\frac{\mu_{\ln R}-\mu_{\ln S}}{\sqrt{\sigma_{\ln R}^2+\sigma_{\ln S}^2}}=\frac{\ln\left(\frac{120}{60}\sqrt{\frac{1+0.10^2}{1+0.12^2}}\right)}{\sqrt{\ln(1+0.12^2)+\ln(1+0.10^2)}}=4.437$$

相应的失效概率为

$$p_f=\Phi(-\beta)=\Phi(-4.437)=4.5611\times10^{-6}$$

以简化式（3-25）计算，有

$$\beta=\frac{\mu_Z}{\sigma_Z}=\frac{\ln\mu_R-\ln\mu_S}{\sqrt{\delta_{\ln R}^2+\delta_{\ln S}^2}}=\frac{\ln120-\ln60}{\sqrt{0.12^2+0.10^2}}=4.437$$

上述计算与例题 3-2 计算的对比表明，即使是变量的均值与标准差相同，但是由于变量的概率分布不同，得到的可靠指标（及其对应的失效概率）不同。因此，随机变量的分布类型对计算结果有影响，且在低失效概率（高可靠指标）时的影响越明显。

若随机变量均服从对数正态分布时，如果其变异系数较小，简化公式得到的结果则比较近似。

3.5.2 结构的可靠指标与安全系数的关系

传统的工程结构设计方法中，以安全系数表示结构可靠与否，即以抗力不小于荷载效应为目标设计。传统的结构设计安全系数 k，因为是以抗力与荷载效应的均值设计，故称为中心安全系数，其可用均值表达为

$$k=\frac{\text{抗力的平均值}}{\text{荷载效应的平均值}}=\frac{\mu_R}{\mu_S} \tag{3-26}$$

相应的设计表达式表述为 $\mu_R\geqslant k\mu_S$。

如果抗力和作用效应均服从正态分布，利用上述结构可靠指标的定义，有 k 和 β 的关系为

$$\beta=\frac{\mu_R-\mu_S}{\sqrt{\sigma_R^2+\sigma_S^2}}=\frac{\mu_R/\mu_S-1}{\sqrt{(\mu_R/\mu_S)^2\delta_R^2+\delta_S^2}}=\frac{k-1}{\sqrt{k^2\delta_R^2+\delta_S^2}} \tag{3-27}$$

即

$$k=\frac{1+\beta\sqrt{\delta_R^2+\delta_S^2-\beta^2\delta_R^2\delta_S^2}}{1-\beta^2\delta_S^2} \tag{3-28}$$

同样，可得到抗力 R 与荷载效应 S 均服从对数正态分布时的关系式。

由上述关系可看出，中心安全系数 k 和 β 两者之间的关系还与抗力 R 与荷载效应 S 的变异系数有关。传统的安全系数 k 并没有考虑到随机变量 R 与 S 的二阶矩（标准差或变异系数）的影响，没有考虑变量的离散性，即掩盖了 R 与 S 的随机性对安全性的影响。因为按定值（均值）设计方法，当 R 与 S 都是确定值，即其变异系数为零，则按式(3-27)计算的可靠指标 $\beta\to\infty$，意味着“绝对安全”，但事实并非如此。

3.5.3 结构的安全等级及其可靠指标

1. 结构的安全等级

一般地，结构的安全性与经济性之间是矛盾的，安全性越高的结构，其建造费用越

大。工程结构设计需要取得安全性与经济性之间的平衡。为此，《工程结构可靠性设计统一标准》GB 50153—2008 规定，工程结构设计时，应根据结构破坏可能产生的后果（危及人的生命、造成经济损失、对社会或环境产生的影响等）的严重性，采用不同的安全等级。工程结构安全等级的划分应依据表 3-4 的规定。

其中还规定，对重要的结构，其安全等级应取为一级；对一般的结构，其安全等级应取为二级；对次要的结构，其安全等级可取为三级。还规定，工程结构中各类结构构件的安全等级，宜以结构的安全等级相同，对其中部分结构构件的安全等级可进行调整，但不得低于三级。

我国《建筑结构可靠性设计统一标准》GB 50068—2018 中，对房屋结构的安全等级规定见表 3-5。

工程结构的安全等级　　表 3-4

安全等级	破坏后果
一级	很严重
二级	严重
三级	不严重

建筑结构的安全等级　　表 3-5

安全等级	破坏后果	建筑物类型
一级	很严重	重要的房屋
二级	严重	一般的房屋
三级	不严重	次要的房屋

同时规定，(1) 对特殊的建筑物，其安全等级应根据具体情况另行确定；(2) 地基基础设计安全等级及按抗震要求设计时建筑结构的安全等级，尚应符合国家现行有关规范的规定。建筑物中各类结构构件的安全等级，宜与整个结构的安全等级相同。对其中部分结构构件的安全等级可进行调整，但不得低于三级。

在《公路工程结构可靠度设计统一标准》GB/T 50283—1999 等其他行业的结构可靠度统一标准中，均将结构划分为三级；《水利水电工程结构可靠性设计统一标准》GB 50199—2013 中，是按照工程等级（一级～五级）划分为永久建筑物（主要与次要建筑物）和临时建筑物，再将不同等级工程的建筑物划分为 1 级～5 级，其中 1 级建筑物大致对应于上述表 3-6 的一级结构、2～3 级建筑物对应于二级结构、4～5 级建筑物对应于三级结构。

2. 结构安全等级与其可靠指标的关系

据可靠指标与失效概率的一一对应关系可知，安全等级越高的结构，其要求的失效概率越小，可靠指标越高。但由于各种结构物的规模、功用和破坏后产生的后果并不相同，因此，在《工程结构可靠性设计统一标准》GB 50153—2008 没有具体规定各类结构等级对应的可靠指标，但规定各类结构构件的安全等级每相差一级，其可靠指标的取值相差 0.5。

对于建筑结构，《建筑结构可靠性设计统一标准》GB 50068—2018 中，对房屋结构的构件承载能力极限状态的可靠指标与安全等级之间的规定见表 3-6。

（房屋）结构构件承载能力极限状态的可靠指标　　表 3-6

破坏类型	安全等级		
	一级	二级	三级
延性破坏	3.7	3.2	2.7
脆性破坏	4.2	3.7	3.2

同时规定，当承受偶然作用时，结构构件的可靠指标应符合专门规范的规定；结构构件正常使用极限状态的可靠指标，根据其可逆程度宜取 0～1.5。

第 4 章　结构静力可靠度的基本计算方法

结构可靠度是在基本随机变量为相互独立的正态分布或对数正态分布，且功能函数为简单的线性函数基础上定义的，结构或构件可靠度或可靠指标与其失效概率之间存在着一一对应的关系。但是，实际工程中的结构可靠性问题远比其定义的情况复杂，例如，其中的基本随机变量分布，作用于结构物上的风、雪和洪水等荷载的最大值分布一般并不服从正态分布或对数正态分布，各种可变作用及其效应也并不一定相互独立，而且由基本变量组成的结构功能函数一般也不是线性函数。因此，以直接积分的方法计算结构可靠指标很困难，需寻找较为近似、简便并能满足工程结构设计需要的计算方法。

本章首先介绍工程结构静力可靠度计算常用的中心点法、改进的一次二阶矩法和 JC 法等三种一次二阶矩法；之后，介绍相关随机变量的结构可靠度计算方法、蒙特卡洛模拟计算方法、工程结构体系可靠度计算方法。由于第 2 章已经介绍了相关的概率统计知识，本章中的一些计算过程将直接引用第 2 章的公式。

4.1　中心点法（均值一次二阶矩法）

4.1.1　基本原理

结构可靠度分析理论研究初期，提出一种不考虑基本随机变量实际分布的方法，即中心点法。

中心点法的基本原理是，若结构的功能函数由随机变量 R 与 S 组成

$$Z=R-S \tag{4-1}$$

则结构可靠指标为

$$\beta=\frac{\mu_Z}{\sigma_Z}=\frac{\mu_R-\mu_S}{\sqrt{\sigma_R^2+\sigma_S^2}} \tag{4-2}$$

与第 3 章的结构可靠指标的定义比较，公式（4-1）和（4-2）没有说明随机变量 R 与 S 的概率特性，直接利用其一阶矩（均值）和二阶矩（标准差）计算。由第 3 章的例题 3-3可知，即使是均值与标准差相同，得到的计算结果是不一致的。如果随机变量均为正态分布，则中心点法的计算结果与失效概率之间存在一一对应的关系。

在计算精度要求不高，或结构可靠指标较小（失效概率较大）时，可以近似以中心点法计算。

4.1.2　一般方法

对于由多个相互独立的基本随机变量 $X_i(i=1, 2, \cdots, n)$ 组成的一般情况下的功能函数为

$$Z=g(X_1,X_2,\cdots,X_n) \tag{4-3}$$

若随机变量X_i的均值μ_{X_i}与标准差σ_{X_i}（$i=1，2，\cdots，n$）已知，应用公式（4-2）计算可靠指标时，需计算随机变量Z的均值μ_Z和标准差σ_Z。由于式（4-3）表达的功能函数不一定为线性函数形式，为此，将功能函数在其基本随机变量的均值处作泰勒级数展开，并只保留至一次项，则功能函数线性化为

$$Z_L=g_L(X_1,X_2,\cdots,X_n)=g(\mu_{X_1},\mu_{X_2},\cdots,\mu_{X_n})+\sum_{i=1}^{n}\left(\frac{\partial g}{\partial X_i}\right)\bigg|_{\mu_{X_i}}(X_i-\mu_{X_i}) \tag{4-4}$$

式中，$\left.\frac{\partial g}{\partial X_i}\right|_{\mu_{X_i}}$为各偏导数在均值（向量）处的赋值。

根据第2章的“2.6.3 随机变量函数的数字特征”，Z_L的均值μ_{Z_L}与标准差σ_{Z_L}为

$$\mu_{Z_L}=E(Z_L)=g(\mu_{X_1},\mu_{X_2},\cdots,\mu_{X_n}) \tag{4-5}$$

$$\sigma_{Z_L}^2=D(Z_L)=\sum_{i=1}^{n}\left(\frac{\partial g}{\partial X_i}\right)^2\bigg|_{\mu_{X_i}}\sigma_{X_i}^2 \tag{4-6}$$

则结构的可靠指标为

$$\beta=\frac{\mu_{Z_L}}{\sigma_{Z_L}}\approx\frac{g(\mu_{X_1},\mu_{X_2},\cdots,\mu_{X_n})}{\sqrt{\sum_{i=1}^{n}\left[\left.\frac{\partial g}{\partial X_i}\right|_{\mu_{X_i}}\sigma_{X_i}\right]^2}} \tag{4-7}$$

当功能函数为多个相互独立的基本随机变量X_i（$i=1，2，\cdots，n$）组成的线性形式

$$Z=a_0+\sum_{i=1}^{n}a_iX_i \tag{4-8}$$

其中，$a_i(i=0，1，2，\cdots，n)$为常数。

则结构可靠指标为

$$\beta=\frac{\mu_Z}{\sigma_Z}=\frac{a_0+\sum_{i=1}^{n}a_i\mu_{X_i}}{\sqrt{\sum_{i=1}^{n}a_i^2\sigma_{X_i}^2}} \tag{4-9}$$

结构可靠指标的中心点法，是以泰勒级数在均值处展开后的线性功能函数，利用了基本随机变量的一阶矩和二阶矩，因此也称为均值一次二阶矩法。

【例题4-1】 以中心点法计算例题3-2的简支钢梁的A截面抗弯可靠指标和失效概率。

【解】 根据式（4-2），有

$$\beta=\frac{\mu_R-\mu_S}{\sqrt{\sigma_R^2+\sigma_S^2}}=\frac{120-60}{\sqrt{(120\times0.12)^2+(60\times0.10)^2}}=3.846$$

相应的失效概率为

$$p_f=\Phi(-\beta)=\Phi(-3.846)=6.0031\times10^{-5}$$

例题3-2的结果为$p_f=1.2\times10^{-3}$，可靠指标为$\beta=3.035$。计算的误差是因为中心点法没有考虑随机变量的分布类型，计算的失效概率与积分方法计算的精确解差别很大。

中心点法的最大特点是计算简便，无需复杂计算，但其缺陷明显：(1) 没有考虑实际

工程结构中的基本变量分布类型。计算时仅直接采用了其一阶矩和二阶矩，致使结果产生误差，如上述例题 4-1 和第 3 章的例题 3-2 等。(2) 将非线性的功能函数在其随机变量的均值处展开不尽合理。因为随机变量的均值并不在极限状态方程 $Z=0$ 表示的曲面上，以泰勒级数在其平均值处展开后的线性极限状态方程 $Z_L=0$ 表示是原始极限状态方程 $Z=0$ 曲面的一个切平面，如果原始极限状态方程 $Z=0$ 的非线性程度高，则 $Z_L=0$ 会较大程度地偏离 $Z=0$ 表示的曲面，即与实际的失效区域（可靠区域）之间偏离较多。(3) 对于有相同的力学含义但数学表达式不同的功能函数，采用中心点法计算的可靠指标不同。例如，若随机变量 R 与 S 表示结构的抗力和荷载效应，极限状态方程可以表示为 $Z_1=R-S=0$，也可以表示为 $Z_2=R/S-1=0$，两种表示方式的力学意义一致（因为在二维直角坐标系中表示的是同一条直线）。那么，对于 $Z_2=R/S-1=0$，采用中心点法计算，Z_2 的均值和标准差为

$$\mu_{Z_2}\approx\mu_R/\mu_S-1,\sigma_{Z_2}\approx\sqrt{(\sigma_R/\mu_S)^2+(\mu_R\sigma_S/\mu_S^2)^2} \tag{4-10}$$

可靠指标为

$$\beta_{Z_2}=\frac{\mu_{Z_2}}{\sigma_{Z_2}}\approx\frac{\mu_R-\mu_S}{\sqrt{\sigma_R^2+(\mu_R/\mu_S)^2\sigma_S^2}} \tag{4-11}$$

显然，式 (4-11) 和式 (4-2) 是有区别的。因此，两种相同力学意义的极限状态方程，中心点法计算的结果并不一致，并随着 μ_R/μ_S 的增加差距越来越大。

4.2 改进的一次二阶矩法

中心点法的计算公式 (4-2) 中，没有考虑极限状态方程中的随机变量分布，随机变量的均值并不在极限状态方程上，而是处于作泰勒级数展开后的线性极限状态方程上。一般地，均值点位于可靠区域内，因此，计算结果可能产生相当大的误差。如果将极限状态方程的线性化点选择在失效面（也就是原始的极限状态方程），并具有最大可能失效概率的点上，则可很大程度上克服均值一次二阶矩的缺陷。为此，1974 年 Hasofer 和 Lind 引入设计验算点的概念，证明了可靠指标与极限状态方程的选择无关，是一个不变量，并将极限状态方程推广到多个正态变量的非线性极限状态的更一般的情况。这个改进的方法即为改进的一次二阶矩法，也称为 H-L 法。

4.2.1 两个正态分布随机变量组成的线性功能函数

设两个相互独立的正态随机变量 R 与 S 表示的极限状态方程为

$$Z=g(R,S)=R-S=0 \tag{4-12}$$

在 SOR 坐标系中，上述极限状态方程为一条直线，其与 R 和 S 两个坐标轴的夹角均为 45°，并将 SOR 平面划分为可靠区域与失效区域，如第 3 章的图 3-3。当 $\sigma_R\neq\sigma_S$ 时，在对应的坐标系 $S'O'R'$ 中，极限状态方程 $R'=(\sigma_R/\sigma_S)\ S'$ 的倾角不再是 45°，而是 arctg (σ_R/σ_S)。

再将坐标系 $S'O'R'$ 平移，即相当于将 R 和 S 作标准化变换

$$\overline{R}=(R-\mu_R)/\sigma_R,\overline{S}=(S-\mu_S)/\sigma_S \tag{4-13}$$

此时，$\overline{R}$ 和 $\overline{S}$ 为标准正态分布变量，即 $\overline{R}(0,1)$ 和 $\overline{S}(0,1)$。新、旧两套坐标系之间的关系为

$$R=\overline{R}\sigma_R+\mu_R,S=\overline{S}\sigma_S+\mu_S \tag{4-14}$$

将公式（4-14）代入极限状态方程（4-12）中，可得

$$R-S=(\overline{R}\sigma_R+\mu_R)-(\overline{S}\sigma_S+\mu_S)=0 \tag{4-15}$$

整理后，得到在新坐标系 $\overline{S}O'\overline{R}$ 中的极限状态方程为

$$\overline{R}\sigma_R-\overline{S}\sigma_S+\mu_R-\mu_S=0 \tag{4-16}$$

标准化后的极限状态方程和新、旧坐标系的关系如图 4-1 所示。

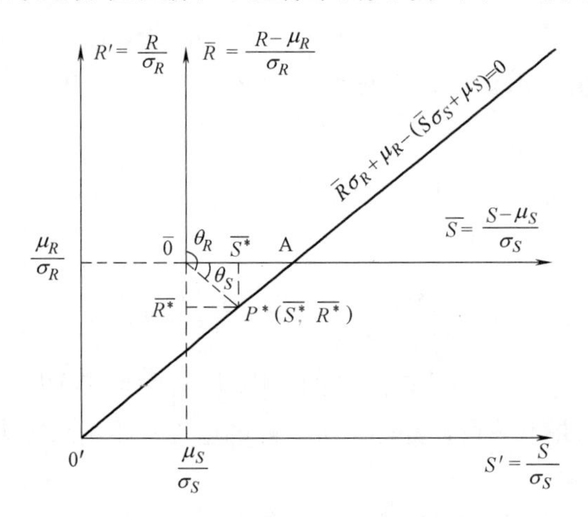

图 4-1　两个正态分布随机变量的极限状态方程

将式（4-16）两端同除以 $-\sqrt{\sigma_R^2+\sigma_S^2}$，并令

$$\cos\theta_R=\frac{-\sigma_R}{\sqrt{\sigma_R^2+\sigma_S^2}},\cos\theta_S=\frac{\sigma_S}{\sqrt{\sigma_R^2+\sigma_S^2}} \tag{4-17}$$

$$\beta=\frac{\mu_Z}{\sigma_Z}=\frac{\mu_R-\mu_S}{\sqrt{\sigma_R^2+\sigma_S^2}} \tag{4-18}$$

则在新的坐标系 $\overline{S}O'\overline{R}$ 中，极限状态直线方程的形式表达为

$$\overline{R}\cos\theta_R+\overline{S}\cos\theta_S-\beta=0 \tag{4-19}$$

由解析几何可知，在新的标准化坐标系 $\overline{S}O'\overline{R}$ 中，式（4-19）是标准型的法线方程。因此，其中的常数项 β 的绝对值是新坐标系 $\overline{S}O'\overline{R}$ 中的原点 O' 到该极限状态方程表达的直线之间的距离 $\overline{O'P^*}$，其中 P^* 为垂足点。方程（4-19）中的 $\cos\theta_R$ 和 $\cos\theta_S$ 是法线 $O'P^*$ 对坐标向量的方向余弦；由式（4-2）可知，常数项 β 也就是 H-L 定义的可靠指标。

因此，改进的一次二阶矩法中，就将可靠指标 β 的计算转化为求 $\overline{O'P^*}$ 的长度，此为结构可靠指标的几何意义，即可靠指标 β 的几何意义是，正态随机变量标准化后在新坐标系 $\overline{S}O'\overline{R}$ 中的原点 O' 到该极限状态方程表达的直线之间的距离。而 P^* 为极限状态方程上的一点，称为设计验算点。因此，该方法也称为验算点法。由于点到直线的距离（垂足点与坐标原点的距离）是点到直线任何一点的最小值，因此，该方法求得的距离（也就是可靠指标 β）是最小的。

为方便起见，令

$$\alpha_R=-\cos\theta_R, \alpha_S=-\cos\theta_S \tag{4-20}$$

显然，$\overline{O'P^*}$的方向余弦有下列关系

$$\cos^2\theta_R+\cos^2\theta_S=\alpha_R^2+\alpha_S^2=1 \tag{4-21}$$

因此，图 4-1 中的法线端点 P^*（验算点）的坐标为

$$\begin{cases}\overline{R^*}=\overline{O'P^*}\cos\theta_R=\beta\cos\theta_R=-\alpha_R\beta \\ \overline{S^*}=\overline{O'P^*}\cos\theta_S=\beta\cos\theta_S=-\alpha_S\beta\end{cases} \tag{4-22}$$

在原坐标 SOR 中的验算点坐标值为

$$\begin{cases}R^*=\overline{R^*}\sigma_R+\mu_R=-\alpha_R\beta\sigma_R+\mu_R \\ S^*=\overline{S^*}\sigma_S+\mu_S=-\alpha_S\beta\sigma_S+\mu_S\end{cases} \tag{4-23}$$

因在原坐标 SOR 中的极限状态方程为 $R-S=0$，而验算点 P^* 在极限状态方程上，因此

$$R^*-S^*=0 \tag{4-24}$$

如果已知 R 和 S 两个随机变量的一阶矩和二阶矩，则由式（4-17）、式（4-18）和式（4-23）可计算得到可靠指标 β、验算点 R^* 和 S^* 的值。

4.2.2 多个正态分布随机变量且线性功能函数的情形

如果由多个正态分布随机变量组成线性功能函数，与二维的相似，改进一次二阶矩法也适用。

设随机变量 X_i 的均值 μ_{X_i} 与标准差 σ_{X_i}（$i=1, 2, \cdots, n$）已知，由多个相互独立的正态分布随机变量 X_i（$i=1, 2, \cdots, n$）组成的线性功能函数为式（4-8）形式，则极限状态方程为

$$Z=a_0+\sum_{i=1}^{n}a_iX_i=0 \tag{4-25}$$

式(4-25) 的极限状态方程，表示的是在原始坐标系 $OX_1X_2\cdots X_n$ 中的一根直线，而且该直线将 n 维空间分成安全区域与失效区域。

引入标准化正态分布随机变量，令

$$\overline{X}_i=(X_i-\mu_{X_i})/\sigma_{X_i} \quad (i=1,2,\cdots,n) \tag{4-26}$$

有

$$X_i=\overline{X}_i\sigma_{X_i}+\mu_{X_i} \tag{4-27}$$

则在标准正态坐标系 $O'\overline{X}_1\overline{X}_2\cdots\overline{X}_n$ 中的极限状态方程为

$$\begin{aligned}Z=g(\overline{X}_1,\overline{X}_2,\cdots,\overline{X}_n)&=a_0+\sum_{i=1}^{n}a_i(\mu_{X_i}+\sigma_{X_i}\overline{X}_i) \\ &=a_0+\sum_{i=1}^{n}a_i\mu_{X_i}+\sum_{i=1}^{n}a_i\sigma_{X_i}\overline{X}_i\end{aligned} \tag{4-28}$$

由第 2 章的“2.6.3 随机变量函数的数字特征”可知

$$\mu_Z=a_0+\sum_{i=1}^{n}a_i\mu_{X_i} \tag{4-29}$$

$$\sigma_Z = \sqrt{\sum_{i=1}^{n} a_i^2 \sigma_{X_i}^2} \tag{4-30}$$

则结构可靠指标为

$$\beta = \frac{\mu_Z}{\sigma_Z} = \frac{a_0 + \sum_{i=1}^{n} a_i \mu_{X_i}}{\sqrt{\sum_{i=1}^{n} a_i^2 \sigma_{X_i}^2}} \tag{4-31}$$

式（4-31）与上述式（4-9）的形式一样，但含义不同。公式（4-31）假设随机变量是相互独立的正态分布随机变量 $X_i(i=1, 2, \cdots, n)$，而式（4-9）并未假设 X_i 是正态分布的随机变量。

对极限状态方程两边同时除以 $-\sqrt{\sum_{i=1}^{n} a_i^2 \sigma_{X_i}^2}$，则极限状态方程为

$$\sum_{i=1}^{n} \frac{-a_i \sigma_{X_i}}{\sqrt{\sum_{i=1}^{n} a_i^2 \sigma_{X_i}^2}} \overline{X}_i - \frac{a_0 + \sum_{k=1}^{n} a_k \mu_{X_k}}{\sqrt{\sum_{k=1}^{n} a_k^2 \sigma_{X_k}^2}} = 0 \tag{4-32}$$

比较式（4-31）和式（4-32），极限状态方程的常数项即为可靠指标 β，有

$$\sum_{i=1}^{n} \frac{-a_i \sigma_{X_i}}{\sqrt{\sum_{i=1}^{n} a_i^2 \sigma_{X_i}^2}} \overline{X}_i - \beta = 0 \tag{4-33}$$

为方便起见，令

$$\alpha_{\overline{X}_i} = \cos\theta_{\overline{X}_i} = -\frac{a_i \sigma_{X_i}}{\sqrt{\sum_{k=1}^{n} a_k^2 \sigma_{X_k}^2}} \quad (i = 1, 2, \cdots, n) \tag{4-34}$$

则式（4-33）的极限状态方程为

$$\sum_{i=1}^{n} \alpha_{\overline{X}_i} \overline{X}_i - \beta = 0 \tag{4-35}$$

式（4-35）表示的是一个在 n 维空间内的法线型直线方程。其中，$\alpha_{\overline{X}_i}$ 为直线的法线与标准正态坐标系的坐标轴之间夹角的余弦，并满足

$$\sum_{i=1}^{n} \alpha_{\overline{X}_i}^2 = \sum_{i=1}^{n} \cos^2\theta_{\overline{X}_i} = 1 \tag{4-36}$$

与二维的情况类似，可以证明，可靠指标 β 为标准正态坐标系 $O'\overline{X}_1\overline{X}_2\cdots\overline{X}_n$ 的坐标原点 O' 到直线之间距离的绝对值（法线距离，最短）。

验算点 P^* 在新、旧两个坐标系下的值分别为 $\overline{X}^*$（$\overline{X}_1^*$，$\overline{X}_2^*$，…，$\overline{X}_n^*$）和 X^*（X_1^*，X_2^*，…，X_n^*），与二维类似，根据公式（4-27），它们之间的关系为

$$X_i^* = \mu_{X_i} \overline{X}_i + \sigma_{X_i} \overline{X}_i^* \quad (i=1,2,\cdots,n) \tag{4-37}$$

在新坐标系 $O'\overline{X}_1\overline{X}_2\cdots\overline{X}_n$ 中，可靠指标与直线法线的方向余弦为

$$\overline{X}_i = \beta \alpha_{\overline{X}_i} = \beta \cos\theta_{\overline{X}_i} \quad (i=1,2,\cdots,n) \tag{4-38}$$

因此，在旧坐标系 $OX_1X_2\cdots X_n$ 中，验算点 $X^*(X_1^*, X_2^*, \cdots, X_n^*)$ 的坐标值为

$$X_i^* = \mu_{X_i} + \alpha_{X_i}\beta\sigma_{X_i} = \mu_{X_i} + \beta\sigma_{X_i}\cos\theta_{X_i} \quad (i=1,2,\cdots,n) \tag{4-39}$$

式中，$\cos\theta_{X_i}$ 为旧坐标系 $OX_1X_2\cdots X_n$ 中表示的方向余弦。

由于验算点是位于极限状态方程上的一点，因此验算点值应该满足极限状态方程

$$Z = a_0 + \sum_{i=1}^{n} a_i X_i^* = 0 \tag{4-40}$$

如果已知正态分布随机变量 $X_i(i=1, 2, \cdots, n)$ 的一阶矩和二阶矩，则由式(4-31)和式（4-39）计算得到可靠指标 β、验算点 $X_i^*(i=1, 2, \cdots, n)$ 的值。

4.2.3 多个正态分布随机变量且非线性功能函数的情形

设由多个相互独立的正态分布随机变量 X_i（$i=1, 2, \cdots, n$）组成的非线性功能函数，极限状态方程为

$$Z = g(X_1, X_2, \cdots, X_n) = 0 \tag{4-41}$$

由第 2 章的知识可知，此时随机变量 Z 的一阶矩和二阶矩计算比较困难，且并不一定服从正态分布。

方程（4-41）表示的是坐标系 $OX_1X_2\cdots X_n$ 中的一个曲面，该曲面将 n 维空间划分为可靠区域与失效区域。

与线性功能函数类似，若仍然定义可靠指标为标准正态坐标系下的坐标原点到该极限状态方程表示的曲面之间的距离，其中垂足点仍为验算点，则无论极限状态方程的表达形式如何，只有具有相同的力学或物理含义，在标准正态坐标系中表示的都是同一个曲面，且标准正态坐标系的坐标原点到该曲面的距离是唯一的，即得到的可靠指标是唯一的。

为计算 Z 的一阶矩和二阶矩，将 Z 在验算点处作泰勒级数展开，略去其展开后的第三项之后的高阶无穷小量，则结构的功能函数线性化为

$$\begin{aligned} Z_L &= g_L(X_1, X_2, \cdots, X_n) \\ &\approx g(x_1^*, x_2^*, \cdots, x_n^*) + \sum_{i=1}^{n} \left(\frac{\partial g}{\partial X_i}\right)\bigg|_{P^*} (X_i - x_i^*) = 0 \end{aligned} \tag{4-42}$$

式中，$\left.\frac{\partial g}{\partial X_i}\right|_{P^*}$ $(i=1, 2, \cdots, n)$ 为 $g(X_1, X_2, \cdots, X_n)$ 的各偏导数在标准正态坐标系下的验算点 $P^*(x_1^*, x_2^*, \cdots, x_n^*)$ 处的赋值。

利用第 2 章“2.6.3 随机变量函数的数字特征”的式（2-102）和式（2-103），有

$$\mu_{Z_L} = g(x_1^*, x_2^*, \cdots, x_n^*) + \sum_{i=1}^{n} \left(\frac{\partial g}{\partial X_i}\right)\bigg|_{P^*} (\mu_{X_i} - x_i^*) \tag{4-43}$$

$$\sigma_{Z_L} = \left[\sum_{i=1}^{n} \left(\frac{\partial g}{\partial X_i}\bigg|_{P^*} \sigma_{X_i}\right)^2\right]^{\frac{1}{2}} \tag{4-44}$$

因此，可求得可靠指标为

$$\beta = \frac{\mu_{Z_L}}{\sigma_{Z_L}} = \frac{g(x_1^*, x_2^*, \cdots, x_n^*) + \sum_{i=1}^{n} \left(\frac{\partial g}{\partial X_i}\bigg|_{P^*} (\mu_{X_i} - x_i^*)\right)}{\sqrt{\sum_{i=1}^{n} \left(\frac{\partial g}{\partial X_i}\bigg|_{P^*} \sigma_{X_i}\right)^2}} \tag{4-45}$$

由于可靠指标是验算点值的函数，而验算点未知，故无法直接求出。由式（4-39）可知验算点值与可靠指标之间有

$$x_i^* = \beta\sigma_{X_i}\cos\theta_{X_i} + \mu_{X_i} \quad (i=1,2,\cdots,n) \tag{4-46}$$

而与第 4.2.2 节的情形一样，X_i的方向余弦为

$$\cos\theta_{X_i} = \frac{-\left.\frac{\partial g}{\partial X_i}\right|_{P^*}\sigma_{X_i}}{\sqrt{\sum_{i=1}^{n}\left(\left.\frac{\partial g}{\partial X_i}\right|_{P^*}\sigma_{X_i}\right)^2}} \quad (i=1,2,\cdots,n) \tag{4-47}$$

因为验算点位于极限状态方程，故

$$g(x_1^*, x_2^*, \cdots, x_n^*) = 0 \tag{4-48}$$

则式（4-45）改写为

$$\beta = \frac{\mu_{Z_L}}{\sigma_{Z_L}} = \frac{\sum_{i=1}^{n}\left(\left.\frac{\partial g}{\partial X_i}\right|_{P^*}(\mu_{X_i} - x_i^*)\right)}{\sqrt{\sum_{i=1}^{n}\left(\left.\frac{\partial g}{\partial X_i}\right|_{P^*}\sigma_{X_i}\right)^2}} \tag{4-49}$$

如果假设的设计验算点不处于极限状态方程曲面上，式（4-48）并不会满足。因此，需要迭代计算。多个正态分布随机变量且非线性功能函数的可靠指标β迭代步骤如下：

（1）假设一个初始验算点值P^*，一般取为P^*（μ_{X_1}，μ_{X_2}，…，μ_{X_n}），即从其均值出发迭代；

（2）由公式（4-45）计算可靠指标；

（3）按公式（4-47）计算方向余弦；

（4）由公式（4-46）计算新的验算点值，并由计算的可靠指标值一并代入公式（4-48），看是否满足方程，或计算的β达到允许的误差，则计算结束；

（5）不满足公式（4-48），则用公式（4-45）计算新的可靠指标，从第（2）步作新一轮迭代，直到满足方程（4-48）或β达到允许的误差。

上述过程是借鉴二维线性极限状态方程的情形直接推导的。如果按照多维线性极限状态方程的分析方法，仍然按照公式（4-26）引入标准化正态分布随机变量，在标准正态坐标系下，结构的功能函数线性化为

$$\begin{aligned} Z_L &= g_L(X_1, X_2, \cdots, X_n) \\ &= g(\bar{x}_1^*\sigma_{X_1} + \mu_{X_1}, \bar{x}_2^*\sigma_{X_2} + \mu_{X_2}, \cdots, \bar{x}_n^*\sigma_{X_n} + \mu_{X_n}) + \sum_{i=1}^{n}\left.\left(\frac{\partial g}{\partial \bar{X}_i}\right)\right|_{P^*}(\bar{X}_i - \bar{x}_i^*) = 0 \end{aligned} \tag{4-50}$$

式中，$\left.\frac{\partial g}{\partial \bar{X}_i}\right|_{P^*}$为$g(\bar{X}_1, \bar{X}_2, \cdots, \bar{X}_n)$的各偏导数在标准正态坐标系下的验算点$P^*$（$\bar{x}_1^*$，$\bar{x}_2^*$，…，$\bar{x}_n^*$）处的赋值。

整理公式（4-50），有

$$Z_L = \sum_{i=1}^{n}\left.\frac{\partial g}{\partial \bar{X}_i}\right|_{P^*}\bar{X}_i - \sum_{i=1}^{n}\left.\frac{\partial g}{\partial \bar{X}_i}\right|_{P^*}\bar{x}_i^* + g(\bar{x}_1^*\sigma_{X_1} + \mu_{X_1}, \bar{x}_2^*\sigma_{X_2} + \mu_{X_2}, \cdots, \bar{x}_n^*\sigma_{X_n} + \mu_{X_n}) = 0 \tag{4-51}$$

图 4-2 是三个正态分布随机变量组成的非线性极限状态方程表示的曲面及验算点。

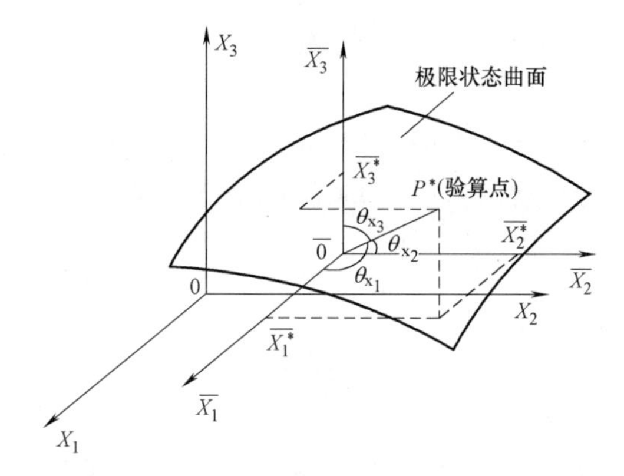

图 4-2　三个正态分布随机变量组成的非线性极限状态曲面

实际上，标准正态坐标系下作泰勒级数展开后的极限状态方程（4-51），即是过验算点 P^* （$\overline{x}_1^*$，$\overline{x}_2^*$，…，$\overline{x}_n^*$）的原极限状态方程曲面的一个切平面。因此，相互独立的多维正态分布随机变量组成的非线性极限状态，结构的可靠指标为标准正态坐标系的坐标原点到原极限状态方程曲面的一个切平面（切点为验算点）的距离。由此推导的格式与迭代公式，与上述各公式相同。

【例题 4-2】 设某结构的极限状态方程为 $Z=g(X_1, X_2)=X_1X_2-1100=0$，$X_1$ 和 X_2 均为服从正态分布的随机变量，其均值分别为 $\mu_{X_1}=40$ 和 $\mu_{X_2}=50$，标准差分别为 $\sigma_{X_1}=4$ 和 $\sigma_{X_2}=5$。用改进的一次二阶矩法计算其可靠指标，β 达到允许的相对误差为 0.1%。

【解】 对 X_1 和 X_2 求偏导数，并在验算点 P^* 处赋值

$$\left.\frac{\partial g}{\partial X_1}\right|_{P^*}=x_2^*,\left.\frac{\partial g}{\partial X_2}\right|_{P^*}=x_1^*$$

由式（4-47）计算各方向余弦

$$\cos\theta_{X_1}=\frac{-\left.\frac{\partial g}{\partial X_1}\right|_{P^*}\sigma_{X_1}}{\sqrt{\left[\frac{\partial g}{\partial X_1}_{P^*}\sigma_{X_1}\right]^2+\left[\frac{\partial g}{\partial X_2}_{P^*}\sigma_{X_2}\right]^2}}$$

$$=\frac{-x_2^*\sigma_{X_1}}{\sqrt{(x_1^*\sigma_{X_2})^2+(x_2^*\sigma_{X_1})^2}}=\frac{-4x_2^*}{\sqrt{(5x_1^*)^2+(4x_2^*)^2}}$$

$$\cos\theta_{X_2}=\frac{-5x_1^*}{\sqrt{(5x_1^*)^2+(4x_2^*)^2}}$$

根据式（4-45），有

$$\beta=\frac{g(x_1^*,x_2^*,\cdots,x_n^*)+\sum_{i=1}^{n}\left(\left.\frac{\partial g}{\partial X_i}\right|_{P^*}(\mu_{X_i}-x_i^*)\right)}{\sqrt{\sum_{i=1}^{n}\left(\left.\frac{\partial g}{\partial X_i}\right|_{P^*}\sigma_{X_i}\right)^2}}$$

$$=\frac{x_1^* \mu_{X_2}+x_2^* \mu_{X_1}-x_1^* x_2^*-1100}{\sqrt{(x_2^* \sigma_{X_1})^2+(x_1^* \sigma_{X_2})^2}}=\frac{50x_1^*+40x_2^*-x_1^* x_2^*-1100}{\sqrt{(4x_2^*)^2+(5x_1^*)^2}}$$

由式（4-46），有

$$x_1^*=\beta\sigma_{X_1}\cos\theta_{X_1}+\mu_{X_1}=40+4\beta\cos\theta_{X_1}, x_2^*=\beta\sigma_{X_2}\cos\theta_{X_2}+\mu_{X_2}=50+5\beta\cos\theta_{X_2}$$

（1）第一次迭代，取验算点 P^*（40.000，50.000），则

$$\beta=\frac{50x_1^*+40x_2^*-x_1^* x_2^*-1100}{\sqrt{(4x_2^*)^2+(5x_1^*)^2}}=3.0322$$

$$\cos\theta_{X_1}=\frac{-4x_2^*}{\sqrt{(5x_1^*)^2+(4x_2^*)^2}}=-0.6738$$

$$\cos\theta_{X_2}=\frac{-5x_1^*}{\sqrt{(5x_1^*)^2+(4x_2^*)^2}}=-0.6738$$

新的验算点 P^* 坐标为

$$x_1^*=\beta\sigma_{X_1}\cos\theta_{X_1}+\mu_{X_1}=40+4\beta\cos\theta_{X_1}=31.827$$

$$x_2^*=\beta\sigma_{X_2}\cos\theta_{X_2}+\mu_{X_2}=50+5\beta\cos\theta_{X_2}=39.784$$

（2）第二次迭代，以验算点 P^*（31.000，38.750）计算。第二次及之后的迭代过程见表 4-1。

例题 4-2 的迭代计算过程 **表 4-1**

迭代次数	x_1^*	x_2^*	β	$\cos\theta_{X_1}$	$\cos\theta_{X_2}$	$\lvert\beta^{(i)}-\beta^{(i+1)}\rvert/\beta^{(i)}$
1	40.000	50.000	3.0322	−0.6738	−0.6738	14.516%
2	31.827	39.784	3.4573	−0.6738	−0.6738	0.277%
3	30.682	38.352	3.4763	−0.6738	−0.6738	
4	30.630	38.288	3.4769	−0.6738	−0.6738	0%<0.1%

上述计算迭代到第四次后的结果与第三次比，其相对误差满足允许的相对误差。因此，得到的可靠指标为 $\beta=3.6540$。此时，验算点值为 P^*（30.630，38.288）。

而 $Z=g(x_1^*, x_2^*)=x_1^* x_2^*-1100=29.665\times37.081-1100=0.0079$，接近于零，满足极限状态方程，计算是正确的。

4.3 JC 法

实际工程结构，设计中的基本随机变量数量多，且分布不一定服从正态分布。采用中心点法计算时的缺陷明显，尤其是上述第（3）点缺陷。而上述改进的一次二阶矩法是假设基本随机变量均为正态分布，也并不适合于实际工程结构的可靠指标计算。改进的一次二阶矩法的主要优点是在基本变量的分布未知，但其均值和标准差已知时，就可以计算可靠指标，但只有当基本变量均为正态分布时的计算结果才是精确的。

为此，Rackwitz 和 Fiessler、Paloheimo 及 Hannus 等在 H-L 法基础上，进一步发展了一次二阶矩法，提出了当量正态变量模式，可考虑非正态变量的影响，在计算工作量增加不多的情况下，可对结构可靠指标进行较为精确的近似计算，并可求得满足极限状态方

程的“验算点”设计值，也便于根据规范给出的各变量的标准值计算分项系数。由于验算点法为国际安全度联合委员会（JCSS）所推荐，因此也称为“JC 法”。因为 JC 法的计算过程中，是先假设验算点值之后才能迭代计算，有些研究将 JC 法也称为验算点法。不过，在改进的一次二阶矩法中就采用了验算点的概念，应该说 JC 法是在采用验算点值的一次二阶矩法的基础上发展的。

4.3.1 当量正态化条件

设随机变量 X 为非正态随机分布变量，其设计验算点值为 x^*，则要找的一个正态分布变量 X'将原变量 X 转换为 X'，应符合以下条件（即当量正态化条件）：

（1）当量正态化后，正态分布变量 X'的分布函数 $F_{X'}(x)$，在验算点 x^* 处的函数值，应该与原来的非正态变量（当量正态化前）X 的分布函数 $F_X(x)$ 在验算点 x^* 处的函数值相等，即 $F_{X'}(x^*)=F_X(x^*)$；

（2）当量正态化后的正态变量 X'的密度函数 $f_{X'}(x)$，在验算点 x^* 处的函数值，应该与原来的非正态变量（当量正态化前）X 的密度函数 $f_X(x)$ 在验算点 x^* 处的函数值相等，即 $f_{X'}(x^*)=f_X(x^*)$。

上述当量正态化的条件，可以用图 4-3 表示。

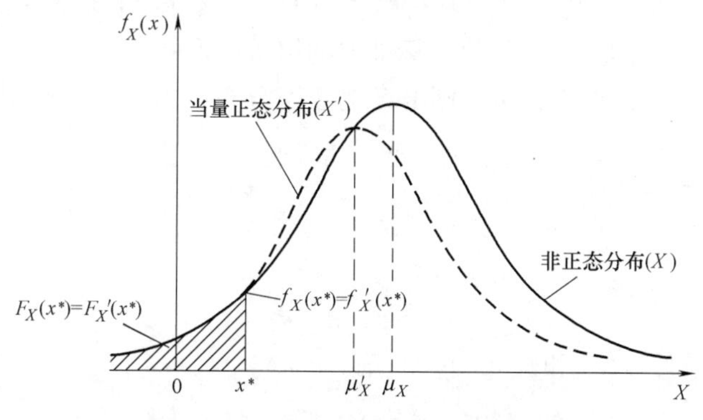

图 4-3 JC 法的非正态分布变量当量化

若将各个非正态分布变量的当量正态化，将各随机变量均转化为正态分布，求出当量正态分布的均值和标准差，则可靠指标 β 的计算过程与上述改进一次二阶矩法相同。

4.3.2 非正态分布变量当量正态化方法

1. 一般的非正态分布随机变量

设随机变量 X 的分布函数和密度函数分别为 $F_X(x)$ 和 $f_X(x)$，当量正态分布变量 X'的分布函数和密度函数分别为 $F_{X'}(x)$ 和 $f_{X'}(x)$。根据当量正态化条件（1），在验算点 x^* 处有

$$\begin{cases} F_X(x^*) = F_{X'}(x^*) \\ \int_{-\infty}^{x^*} f_X(x)\mathrm{d}x = \int_{-\infty}^{x^*} f_{X'}(x)\mathrm{d}x = \Phi\left(\dfrac{x^* - \mu_{X'}}{\sigma_{X'}}\right) \end{cases} \tag{4-52}$$

所以

$$\frac{x^*-\mu_{X'}}{\sigma_{X'}}=\Phi^{-1}[F_X(x^*)] \tag{4-53}$$

整理后为

$$\mu_{X'}=x^*-\Phi^{-1}[F_X(x^*)]\sigma_{X'} \tag{4-54}$$

再利用当量正态化条件（2），验算点 x^* 处有

$$\begin{aligned} f_X(x^*)&=f_{X'}(x^*) \\ &=\frac{1}{\sqrt{2\pi}\sigma_{X'}}\exp\left[-\frac{(x^*-\mu_{X'})^2}{2\sigma_{X'}^2}\right] \\ &=\frac{1}{\sqrt{2\pi}}\exp\left[-\frac{(x^*-\mu_{X'})^2}{2\sigma_{X'}^2}\right]\frac{1}{\sigma_{X'}}=\varphi\left(\frac{x^*-\mu_{X'}}{\sigma_{X'}}\right)\frac{1}{\sigma_{X'}} \end{aligned} \tag{4-55}$$

式中，$\varphi(\cdot)$ 和 $\Phi(\cdot)$ 分别为标准正态分布的概率密度函数和分布函数；$\Phi^{-1}(\cdot)$ 为标准正态分布函数的反函数。

将式（4-53）代入式（4-55），整理后有

$$\sigma_{X'}=\varphi\{\Phi^{-1}[F_X(x^*)]\}/f_X(x^*) \tag{4-56}$$

2. 对数正态分布随机变量

对多数非正态分布随机变量，利用公式（4-54）和（4-56）计算当量正态后的均值与标准差时，无法得到其解析解，只能进行数值计算。但若随机变量 X 为对数正态分布，可得到当量正态化随机变量 X' 的均值与标准差的解析解形式。

设随机变量 X 为对数正态分布，则 $\ln X$ 为正态分布，由当量正态化条件（1），有

$$\Phi\left(\frac{\ln x^*-\mu_{\ln X}}{\sigma_{\ln X}}\right)=\Phi\left(\frac{x^*-\mu_{X'}}{\sigma_{X'}}\right) \tag{4-57}$$

即

$$\frac{\ln x^*-\mu_{\ln X}}{\sigma_{\ln X}}=\frac{x^*-\mu_{X'}}{\sigma_{X'}} \tag{4-58}$$

由当量正态化条件（2）和式（4-55），有

$$\frac{1}{\sqrt{2\pi}\sigma_{\ln X}x^*}\varphi\left(\frac{\ln x^*-\mu_{\ln X}}{\sigma_{\ln X}}\right)=\frac{1}{\sqrt{2\pi}\sigma_{X'}}\varphi\left(\frac{x^*-\mu_{X'}}{\sigma_{X'}}\right) \tag{4-59}$$

将式（4-58）代入式（4-59），得

$$\sigma_{X'}=x^*\sigma_{\ln X}=x^*\sqrt{\ln(1+\delta_X^2)} \tag{4-60}$$

将式（4-60）代入式（4-58），有

$$\begin{aligned} \mu_{X'}&=x^*+x^*(\mu_{\ln X}-\ln x^*) \\ &=x^*\left[1-\ln x^*+\ln\left(\frac{\mu_X}{\sqrt{1+\delta_X^2}}\right)\right] \end{aligned} \tag{4-61}$$

式中，δ_X 为随机变量 X 的变异系数。

式（4-60）和式（4-61）即为随机变量 X 为对数正态分布时，当量正态化后随机变量 X' 的标准差和均值的计算公式。

4.3.3 JC 法的迭代计算步骤

对于非正态随机变量 X，以当量正态化的方法计算其当量正态变量 X' 的统计参数 $\mu_{X'}$

和$\sigma_{X'}$，并以$\mu_{X'}$和$\sigma_{X'}$替代随机变量X的统计参数μ_X和σ_X，之后即可以改进一次二阶矩法求可靠指标。上述方法中，极限状态方程中包含多个正态或非正态变量，并可考虑非线性极限状态方程的情形。因此，JC法可满足一般工程结构的可靠度或可靠指标的计算，其计算的步骤如下：

（1）已知多个相互独立的随机变量X_i（$i=1，2，\cdots，n$）的分布及其均值和标准差等，X_i组成非线性功能函数$Z=g(X_1，X_2，\cdots，X_n)$；

（2）设初始验算点$P^{*(0)}(x_1^{*(0)}，x_2^{*(0)}，\cdots，x_n^{*(0)})$，一般地，取为均值点$P^{*(0)}$ $(\mu_{X_1}，\mu_{X_2}，\cdots，\mu_{X_n})$；

（3）对于非正态分布随机变量当量正态化，即以式（4-54）和式（4-56）计算当量正态分布X_i'的均值$\mu_{X_i'}$与标准差$\sigma_{X_i'}$，替代X_i的均值μ_{X_i}与标准差σ_{X_i}；

（4）以式（4-47）计算方向余弦$\cos\theta_{X_i}$，$i=1，2，\cdots，n$；

（5）按式（4-49）计算可靠指标$\beta^{(0)}$；

（6）由式（4-46）计算新的验算点值$P^{*(1)}(x_1^{*(1)}，x_2^{*(1)}，\cdots，x_n^{*(1)})$，并由计算的可靠指标值$\beta^{(0)}$一并代入式（4-48），看是否满足方程；或计算的$\beta^{(0)}$达到允许的误差，则计算结束；

（7）不满足式（4-48），则用式（4-46）计算的验算点值，作新一轮迭代，直到满足方程（4-48）或β达到允许的误差，则停止迭代。

上述迭代过程可以用图4-4的框图表示。

【例题4-3】 例题4-1中，设简支钢梁的A截面抗弯计算的极限状态方程仍然为$Z=g(R，S)=R-S=0$。已知抗力R均值$\mu_R=120\text{kN}\cdot\text{m}$，变异系数$\delta_R=0.12$；荷载效应$S$的均值$\mu_S=60\text{kN}\cdot\text{m}$，变异系数$\delta_S=0.10$。按JC法计算以下几种情况的可靠指标：（1）$R$和$S$均服从正态分布；（2）$R$和$S$均服从对数正态分布；（3）$R$服从对数正态分布，$S$服从正态分布；（4）$R$服从对数正态分布，$S$服从极值Ⅰ型分布。

【解】 （1）R和S均服从正态分布

① 计算标准差

$$\sigma_R=\mu_R\delta_R=(120\times0.12)\text{kN}=14.40\text{kN},\sigma_S=\mu_S\delta_S=(60\times0.10)\text{kN}=6.00\text{kN}$$

② 计算方向余弦

$$\alpha_R=-\cos\theta_R=\frac{\sigma_R}{\sqrt{{\sigma_R}^2+{\sigma_S}^2}}=\frac{14.40}{15.60}=0.9231,\alpha_S=-\cos\theta_S=-\frac{\sigma_S}{\sqrt{\sigma_R^2+\sigma_S^2}}=-0.3846$$

③ 根据验算点坐标建立极限状态方程

$$R^*-S^*=\mu_R+\beta\sigma_R\cos\theta_R-\mu_S-\beta\sigma_S\cos\theta_S=0$$

解方程可得

$$\beta=\frac{\mu_R-\mu_S}{\sqrt{\sigma_R^2+\sigma_S^2}}=\frac{120-60}{\sqrt{14.40^2+6.00^2}}=\frac{60}{15.60}=3.8462$$

④ 最后可求出验算点坐标

$$R^*=\mu_R-\beta\sigma_R\alpha_R=(120-3.8462\times14.40\times0.9231)\text{kN}=68.88\text{kN},S^*=68.88\text{kN}$$

（2）R和S均服从对数正态分布

① 假定设计验算点P^*的坐标值

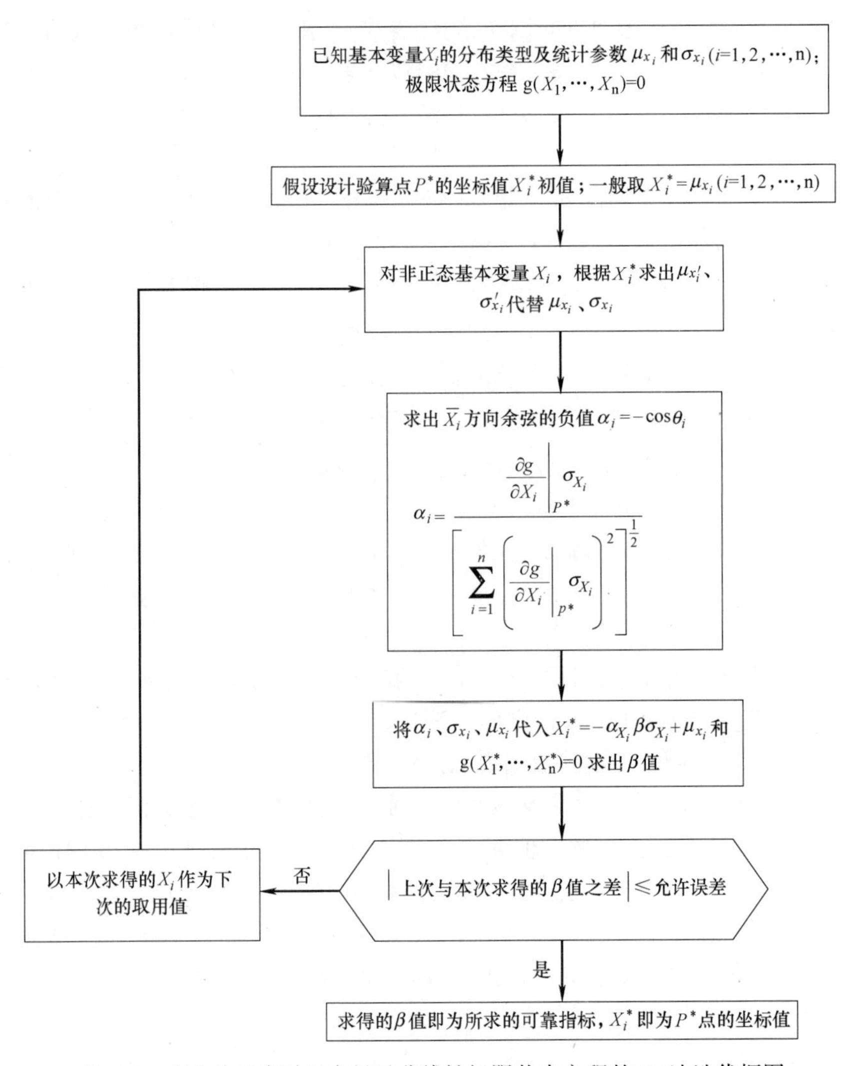

图 4-4 多个非正态随机变量及非线性极限状态方程的 JC 法迭代框图

$$R^*=120\text{kN}, S^*=60\text{kN}$$

② 将 R 和 S 当量化成正态变量，求出当量化后 R 和 S 的均值及标准差

$$\mu_{R'}=R^*\left(1+\ln\frac{\mu_R}{\sqrt{1+\delta_R^2}}-\ln R^*\right)=\left[120\times\left(1+\ln\frac{120}{\sqrt{1+0.12^2}}-\ln 120\right)\right]\text{kN}=119.142\text{kN}$$

$$\sigma_{R'}=R^*\sqrt{\ln(1+\delta_R^2)}=\left[120\times\sqrt{\ln(1+0.12^2)}\right]\text{kN}=14.349\text{kN}$$

$$\mu_{S'}=59.701\text{kN}, \sigma_{S'}=5.985\text{kN}$$

③ 计算方向余弦

$$\alpha_{R'}=-\cos\theta_{R'}=\frac{\sigma_{R'}}{\sqrt{\sigma_{R'}^2+\sigma_{S'}^2}}=\frac{14.349}{\sqrt{14.349^2+5.985^2}}=0.9229$$

$$\alpha_{S'}=-\cos\theta_{S'}=-\frac{\sigma_{S'}}{\sqrt{\sigma_{R'}^2+\sigma_{S'}^2}}=\frac{-5.985}{\sqrt{14.349^2+5.985^2}}=-0.3850$$

④ 代入极限状态方程

$$R^* - S^* = \mu_{R'} - \beta\sigma_{R'}\alpha_{R'} - \mu_{S'} + \beta\sigma_{S'}\alpha_{S'} = 0$$

解方程可求出可靠指标 β 为

$$\beta = \frac{\mu_{R'} - \mu_{S'}}{\sqrt{\sigma_{R'}^2 + \sigma_{S'}^2}} = \frac{119.142 - 59.701}{\sqrt{14.349^2 + 5.985^2}} = 3.8233$$

⑤ 计算验算点坐标

$$R^* = \mu_{R'} - \beta\sigma_{R'}\alpha_{R'} = (119.142 - 3.8233 \times 14.349 \times 0.9229)\text{kN} = 68.51\text{kN}, S^* = 68.51\text{kN}$$

⑥ 重复上述②～⑤步的计算，然后校核前后两次 β 的差值是否满足允许误差。若满足，所计算的 β 值即为所求的可靠指标。反之，继续重复②～⑥步的计算，直至满足精度要求。

迭代过程及结果见表 4-2。

例题 4-3（2）的迭代计算过程 **表 4-2**

迭代次数	变量	x_i^* (1)	$\sigma_{X_i'}$ (2)	$\mu_{X_i'}$ (3)	β(4)	α_{X_i} (5)	x_i^* (6)	$\lvert\Delta\beta\rvert$ (7)
1	R	68.51	8.192	106.421	4.4374	0.7679	78.51	0.6141
	S	68.51	6.834	59.082		−0.6406	78.51	
2	R	78.51	9.387	111.257	4.4374	0.7679	79.27	0.0001
	S	78.51	7.831	57.010		−0.6406	79.27	

本题迭代了两次即满足精度要求。一般情况下，经过 2～3 次迭代可以满足要求的精度。

（3）R 服从对数正态分布，S 服从正态分布

① 假定设计验算点 P^* 的坐标值为

$$R^* = 120\text{kN}, \ S^* = 60\text{kN}$$

② 将 R 当量化成正态变量，求出当量化后的均值和标准差

$$\mu_{R'} = R^*\left(1 + \ln\frac{\mu_R}{\sqrt{1+\delta_R^2}} - \ln R^*\right) = 119.142\text{kN}, \sigma_{R'} = R^*\sqrt{\ln(1+\delta_R^2)} = 14.349\text{kN}$$

而 S 是正态分布，不需要当量正态化，$\mu_S = 60\text{kN}$，$\sigma_S = \mu_S\delta_S = 6\text{kN}$

③ 计算方向余弦

$$\alpha_{R'} = -\cos\theta_{R'} = \frac{\sigma_{R'}}{\sqrt{\sigma_{R'}^2 + \sigma_S^2}} = 0.9226, \alpha_{S'} = -\cos\theta_S = \frac{-\sigma_S}{\sqrt{\sigma_{R'}^2 + \sigma_S^2}} = -0.3858$$

④ 代入极限状态方程

$$R^* - S^* = \mu_{R'} - \beta\sigma_{R'}\alpha_{R'} - \mu_S + \beta\sigma_S\alpha_S = 0$$

解方程可求出可靠指标 β 为

$$\beta = \frac{\mu_{R'} - \mu_S}{\sqrt{\sigma_{R'}^2 + \sigma_S^2}} = \frac{119.1422 - 60}{\sqrt{14.3486^2 + 6^2}} = 3.8027$$

⑤ 计算验算点

$$R^* = \mu_{R'} - \beta\sigma_{R'}\alpha_{R'} = (119.1422 - 3.8027 \times 14.349 \times 0.9226)\text{kN} = 68.802\text{kN}$$

$$S^* = 68.802\text{kN}$$

⑥ 重复②～⑤步的计算，然后校核前后两次 β 的差值是否满足允许误差。若满足，

所计算的 β 即为所求的可靠指标；反之，重复②～⑥步的计算，直至满足精度要求。

迭代过程及结果见表 4-3。

例题 4-3（3）的迭代计算过程 **表 4-3**

迭代次数	变量	x_i^* (1)	$\sigma_{X_i'}$ (2)	$\mu_{X_i'}$ (3)	β(4)	α_{X_i} (5)	x_i^* (6)	$\lvert\Delta\beta\rvert$ (7)
1	R	68.80	8.227	106.582	4.5748	0.8079	76.17	0.7721
	S	68.80	6.0	60		−0.5893	76.17	
2	R	76.17	9.108	110.249	4.6070	0.8351	75.21	0.0322
	S	76.17	6.0	60		−0.5501	75.21	
3	R	75.21	8.993	109.809	4.6075	0.8318	75.34	0.0005
	S	75.21	6.0	60		−0.5550	75.34	
4	R	75.34	9.009	109.871	4.6075	0.8323	75.32	0.00001
	S	75.34	6.0	60		−0.5543	75.32	

本题迭代四次后满足计算精度的要求。

（4）R 服从对数正态分布，S 服从极值Ⅰ型分布。

① 假定设计验算点 P^* 的坐标值

$$R^*=120\text{kN}, S^*=60\text{kN}$$

② 求出 R 和 S 当量化后的均值和标准差

a. 将 R 当量化成正态变量，求出当量化后的均值和标准差

$$\mu_{R'}=R^*\left(1+\ln\frac{\mu_R}{\sqrt{1+\delta_R^2}}-\ln R^*\right)=119.142\text{kN}, \ \sigma_{R'}=R^*\sqrt{\ln(1+\delta_R^2)}=14.349\text{kN}$$

b. 将 S 当量化成正态变量，求出当量化后的均值和标准差

可令

$$a=\frac{\pi}{\sqrt{6}}\times\frac{1}{\sigma_S}=\frac{\pi}{6\times\sqrt{6}}=0.2138$$

$$u=\frac{-0.5772}{a}+\mu_S=\frac{-0.5772}{0.2138}+60=57.30$$

再令

$$y^*=a(S^*-u)=0.2138\times(S^*-57.30)=0.5772$$

有

$$f_S(S^*)=0.2138\exp(-y^*)\exp[-\exp(-y^*)]$$

$$F_S(S^*)=\exp[-\exp(-y^*)]=0.5704$$

则

$$\sigma_{S'}=\varphi\{\Phi^{-1}[F_S(S^*)]\}/f_S(S^*)=5.737\text{kN}$$

$$\mu_{S'}=S^*-\Phi^{-1}[F_S(S^*)]\sigma_{S'}=58.983\text{kN}$$

其中，$\Phi^{-1}(\cdot)$ 查标准正态分布函数的反函数值；$\varphi(\cdot)$ 查标准正态分布的概率密度函数值。

③ 计算方向余弦

$$\alpha_{R'}=-\cos\theta_{R'}=\frac{\sigma_{R'}}{\sqrt{\sigma_{R'}^2+\sigma_{S'}^2}}=0.9285,\alpha_{S'}=-\cos\theta_{S'}=\frac{-\sigma_{S'}}{\sqrt{\sigma_{R'}^2+\sigma_{S'}^2}}=-0.3712$$

④ 代入极限状态方程

$$R^*-S^*=\mu_{R'}-\beta\sigma_{R'}\alpha_{R'}-\mu_{S'}+\beta\sigma_{S'}\alpha_{S'}=0$$

解方程可求出可靠指标 β 为

$$\beta=\frac{\mu_{R'}-\mu_{S'}}{\sqrt{\sigma_{R'}^2+\sigma_{S'}^2}}=3.8931$$

⑤ 计算验算点坐标

$$R_1^*=\mu_{R'}+\beta\sigma_{R'}\cos\theta_{R'}=67.27\text{kN},S_1^*=\mu_{S'}+\beta\sigma_{S'}\cos\theta_{S'}=67.27\text{kN}$$

⑥ 重复②～⑤步的计算，然后校核前后两次 β 的差值是否满足允许误差。若满足，所计算的 β 即为所求的可靠指标。反之，继续重复②～⑥步的计算，直至满足精度要求。

迭代过程及结果见表 4-4。

例题 4-3（4）的迭代计算过程 **表 4-4**

迭代次数	变量	x_i^* (1)	$\sigma_{X_i'}$ (2)	$\mu_{X_i'}$ (3)	β(4)	α_{X_i} (5)	x_i^* (6)	$\|\Delta\beta\|$ (7)
1	R	120	14.349	119.142	3.8931	0.9285	67.27	
	S	60	5.737	58.983		−0.3712	67.27	
2	R	67.27	8.044	105.726	4.1771	0.6894	82.56	0.2840
	S	67.27	8.451	56.990		−0.7243	82.56	
3	R	82.56	9.872	112.844	3.9117	0.5843	90.28	0.2654
	S	82.56	13.712	46.751		−0.8116	90.28	
4	R	90.28	10.795	115.327	3.8945	0.5607	91.75	0.0017
	S	90.28	15.943	40.341		−0.8280	91.75	
5	R	91.75	10.971	115.723	3.8942	0.5574	91.91	0.0004
	S	91.75	16.340	39.019		−0.8302	91.91	

本题迭代 5 次后，可满足计算精度的要求。

将（1）～（4）的四种结果汇总于表 4-5。

例题 4-3 的各种情况计算结果汇总表 **表 4-5**

计算情况	$R^*=S^*$	β
(1)R、S 均服从正态分布	68.88	3.8462
(2)R、S 均服从对数正态分布	79.27	4.4374
(3)R 服从对数正态分布，S 服从正态分布	75.32	4.6075
(4)R 服从对数正态分布，S 服从极值Ⅰ型分布	91.12	3.8942

表 4-5 的结果表明，尽管 R 和 S 的一阶矩（均值）和二阶矩（标准差或变异系数）都相同，但因为随机变量的分布不同，计算的可靠指标 β 并不相同，反映了基本随机变量分布对可靠指标的影响。

4.4 相关随机变量的结构可靠度

实际工程结构设计时，基本随机变量既不一定服从正态分布，也并不一定是相互独立的，但上述基于验算点的JC法并没有解决基本变量相关性影响可靠度计算结果的问题。如结构或构件的自重与结构截面的尺寸有关，而作用于结构上的其他可变荷载可能也与结构截面尺寸这个基本变量有关，因此结构或构件的永久作用效应与其他的可变作用效应之间就存在相关性；水利工程与港口工程中的结构物承受的风荷载与风成波的波浪荷载，均与风速有关，因此风荷载与波浪荷载之间相关；岩土工程中的土体凝聚力与其内摩擦角之间也相关，那么包含这两个基本变量的综合变量，如抗滑力矩和滑动力矩，均相关。

基本随机变量之间的相关性对结构可靠指标的影响很大，这时需要考虑变量相关性的可靠指标计算。下面介绍两种方法。

4.4.1 正交变换法

设由相关的正态随机变量 $X_i(i=1, 2, \cdots, n)$ 组成的结构功能函数为

$$Z=g(X_1, X_2, \cdots, X_n) \tag{4-62}$$

由第2章的概率论基本知识可知，相关随机变量 X_i 和 X_j 的相关系数 $\rho_{X_iX_j}$ 为

$$\rho_{X_iX_j}=\frac{\mathrm{Cov}(X_i, X_j)}{\sigma_{X_i}\sigma_{X_j}} \tag{4-63}$$

式中，$\mathrm{Cov}(X_i, X_j)$ 为随机变量 X_i 和 X_j 的协方差；σ_{X_i} 和 σ_{X_j} 分别为 X_i 和 X_j 的标准差。

相关系数的值域为 $-1\leqslant\rho_{X_iX_j}\leqslant1$；若 $\rho_{X_iX_j}=1$（或 $\rho_{X_iX_j}=-1$）表示随机变量 X_i 和 X_j 完全正相关（或完全负相关）。

对于变量 X_i（$i=1, 2, \cdots, n$），协方差矩阵为

$$[\boldsymbol{C}_X]=\begin{bmatrix} \sigma_{X_1}^2 & \mathrm{Cov}(X_1, X_2) & \cdots & \mathrm{Cov}(X_1, X_n) \\ \mathrm{Cov}(X_2, X_1) & \sigma_{X_2}^2 & \cdots & \mathrm{Cov}(X_2, X_n) \\ \cdots & \cdots & \cdots & \cdots \\ \mathrm{Cov}(X_n, X_1) & \mathrm{Cov}(X_n, X_2) & \cdots & \sigma_{X_n}^2 \end{bmatrix} \tag{4-64a}$$

而不相关的随机变量 $Y_i(i=1, 2, \cdots, n)$ 的协方差矩阵为

$$[\boldsymbol{C}_Y]=\begin{bmatrix} \sigma_{Y_1}^2 & & \cdots & 0 \\ & \sigma_{Y_2}^2 & \cdots & \\ \cdots & \cdots & \cdots & \cdots \\ 0 & \cdots & & \sigma_{Y_n}^2 \end{bmatrix} \tag{4-64b}$$

根据线性代数正交变换理论，若将变量 $X_i(i=1, 2, \cdots, n)$，转换为变量 $Y_i(i=1, 2, \cdots, n)$，可令

$$\{\boldsymbol{Y}\}=[\boldsymbol{A}]^{\mathrm{T}}\{\boldsymbol{X}\} \tag{4-65}$$

$$\{\boldsymbol{X}\}=([\boldsymbol{A}]^{\mathrm{T}})^{-1}\{\boldsymbol{Y}\}=\{f(\boldsymbol{Y})\} \tag{4-66}$$

式中，$[\boldsymbol{A}]$ 为正交矩阵，其列向量为 $[\boldsymbol{C}_X]$ 的规格化正交特征向量。

则 $\{\boldsymbol{Y}\}$ 的均值与方差可表示为

$$E\{\boldsymbol{Y}\}=[\boldsymbol{A}]^{\mathrm{T}}E\{\boldsymbol{X}\} \tag{4-67}$$

$$[\boldsymbol{D}_Y]=[\boldsymbol{A}]^{\mathrm{T}}[\boldsymbol{C}_X][\boldsymbol{A}] \tag{4-68}$$

由概率论可知，正态随机变量在线性变换后仍然为正态随机变量，故 $\{\boldsymbol{Y}\}$ 的各元素均为正态随机变量。而对于正态随机变量而言，不相关与相互独立是等价的。

因此，将式（4-66）代入到功能函数式（4-62），有

$$Z=g(X_1,X_2,\cdots,X_n)=g[f_1(Y),f_2(Y),\cdots,f_n(Y)] \tag{4-69}$$

式（4-69）表示的即是由相互独立的正态随机变量 $Y_i(i=1,2,\cdots,n)$ 组成的功能函数。因此，可以用之前的一次二阶矩法计算可靠指标。如果相关的基本随机变量 X_i $(i=1,2,\cdots,n)$ 为非正态随机变量，则先将其按照 JC 法中当量正态化的两个基本条件，转换为当量正态变量，之后根据上述方法组成功能函数，再计算可靠指标。在此，假设当量正态化前后的线性相关系数不变。

考虑基本变量相关性的矩阵变换法计算步骤为

（1）将非正态基本随机变量当量正态化为 $Y_i(i=1,2,\cdots,n)$。

（2）按基本随机变量之间的相关系数组成的协方差求得正交矩阵 $[\boldsymbol{A}]$。

（3）根据式（4-67）和式（4-68）计算转换变量 Y_i 的均值与标准差。

（4）假定 y_i^*（可令 $y_i^*=\mu_{Y_i}$），$i=1,2,\cdots,n$。

（5）以公式（4-47）计算 $\cos\theta_{Y_i}$，只是将其中的 X_i 改为 $Y_i(i=1,2,\cdots,n)$。

（6）按公式（4-45）计算可靠指标 β。其中，将 X_i 改为 $Y_i(i=1,2,\cdots,n)$；$g(x_1^*,x_2^*,\cdots,x_n^*)$ 改为 $g[f_1(y^*),f_2(y^*),\cdots,f_n(y^*)]$。

（7）以式（4-46）求新的验算点 y_i^* 值，其中将 X_i 改为 $Y_i(i=1,2,\cdots,n)$。

（8）以新的验算点值 y_i^* 值，从第（5）步重复计算，直到满足设定的相对误差要求即可。

【例题 4-4】 设结构的极限状态方程为 $Z=g(X_1,X_2,X_3)=X_1-X_2-X_3=0$。已知各变量均为正态分布，其均值分别为 $\mu_{X_1}=21.6788\mathrm{kN}$、$\mu_{X_2}=10.4000\mathrm{kN}$ 和 $\mu_{X_3}=2.1325\mathrm{kN}$，标准差分别为 $\sigma_{X_1}=2.6014\mathrm{kN}$、$\sigma_{X_2}=0.8944\mathrm{kN}$ 和 $\sigma_{X_3}=0.5502\mathrm{kN}$；各变量之间的线性相关系数为 $\rho_{X_1X_2}=0.8$、$\rho_{X_1X_3}=0.6$ 和 $\rho_{X_2X_3}=0.9$。以矩阵变换法计算该极限状态下的可靠指标。（本例题选自文献［21］）

【解】（1）确定 $[\boldsymbol{A}]$。根据各变量之间线性相关系数及其与协方差的关系，得 $\{\boldsymbol{X}\}=\{X_1,X_2,X_3\}^{\mathrm{T}}$ 的协方差矩阵为

$$[\boldsymbol{C}_X]=\begin{bmatrix}6.7673 & 1.8614 & 0.8588\\ 1.8614 & 0.8000 & 0.4429\\ 0.8588 & 0.4429 & 0.3027\end{bmatrix}$$

$[\boldsymbol{C}_X]$ 的特征值为 $\lambda_1=7.4264$，$\lambda_2=0.4148$，$\lambda_3=0.0287$

相应的特征向量为

$$\boldsymbol{V}_1=\begin{Bmatrix}0.9520\\ 0.2762\\ 0.1319\end{Bmatrix},\boldsymbol{V}_2=\begin{Bmatrix}-0.2973\\ 0.7318\\ 0.6132\end{Bmatrix},\boldsymbol{V}_3=\begin{Bmatrix}0.0728\\ -0.6230\\ 0.7788\end{Bmatrix}$$

因此，有

$$[\boldsymbol{A}]=\begin{bmatrix}0.8520 & -0.2973 & 0.0728\\ 0.2762 & 0.7318 & -0.6230\\ 0.1319 & 0.6132 & 0.7788\end{bmatrix}$$

（2）确定变量 $Y_i(i=1, 2, 3)$ 的均值与标准差。根据式（4-67）和式（4-68），有

$$\mu_{Y_1}=23.7920, \mu_{Y_2}=2.4733, \mu_{Y_3}=-3.2402$$

$$\sigma_{Y_1}=2.7251, \sigma_{Y_2}=0.6440, \sigma_{Y_3}=0.1694$$

（3）确定以变量 $Y_i(i=1, 2, 3)$ 表达的极限状态方程。由式（4-66），有

$$X_1=0.952Y_1-0.2973Y_2+0.0728Y_3$$

$$X_2=0.2762Y_1+0.7318Y_2-0.6230Y_3$$

$$X_3=0.1319Y_1+0.6132Y_2+0.7788Y_3$$

则极限状态方程变换为 $Z=g(Y_1, Y_2, Y_3)=0.5439Y_1-1.6423Y_2-0.0830Y_3=0$，其中的变量 $Y_i(i=1, 2, 3)$ 均为相互独立的正态随机变量。

（4）计算可靠指标 β。因为极限状态方程为相互独立的正态变量组成的线性方程，则

$$\mu_Z=0.5439\mu_{Y_1}-1.6423\mu_{Y_2}-0.0830\mu_{Y_3}=9.1475$$

$$\sigma_Z=\sqrt{(0.5439\sigma_{Y_1})^2+(1.6423\sigma_{Y_2})^2+(0.0830\sigma_{Y_3})^2}=1.8210$$

故

$$\beta=\frac{\mu_Z}{\sigma_Z}=\frac{9.1475}{1.8210}=5.023$$

正交变化法是早期处理基本随机变量相关性时的方法，计算较为繁复。

4.4.2 广义随机空间内的验算点法

1. 广义随机空间

直角坐标系下的笛卡尔空间，是建立在各坐标轴之间是正交的基础上。而若各坐标轴之间不再是正交时，就组成所谓的广义空间；若广义空间的量是随机变量，则组成广义随机空间。

设随机变量 $X_i(i=1, 2, \cdots, n)$ 组成广义随机空间，其中 X_i 和 X_j 的线性相关系数为 $\rho_{X_iX_j}(i\neq j)$，则广义随机空间内各坐标轴之间的夹角由随机变量之间的相关系数决定

$$\theta_{X_iX_j}=\pi-\arccos(\rho_{X_iX_j}) \tag{4-70}$$

若所有的随机变量之间的相关系数为零，则上述空间为笛卡尔随机空间；否则，$\rho_{X_iX_j}\neq 0$ 时则组成广义随机空间的功能函数

$$Z=g(X_1, X_2, \cdots, X_n) \tag{4-71}$$

式（4-71）的形式与之前的功能函数形式一样，但其中的随机变量之间相关。功能函数（4-71）表示的极限状态如图 4-5 所示，功能函数曲线也将随机空间划分为失效区域与可靠区域。

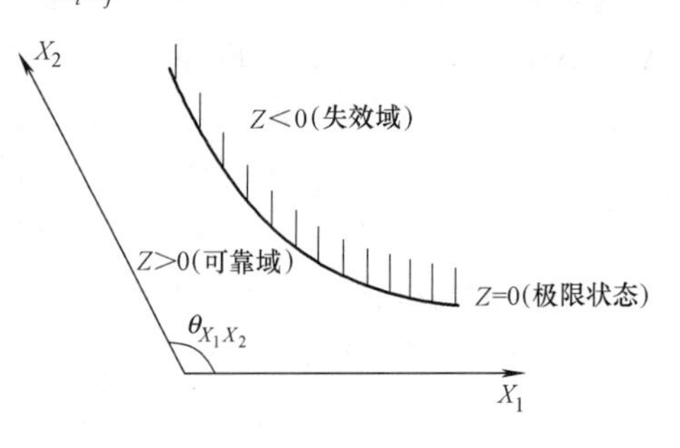

图 4-5 两个相关随机变量组成的广义随机空间及极限状态

由相关的基本随机变量 X_1，X_2，…，X_n 构成的广义随机空间内，结构失效概率 p_f 为

$$p_f = \iint\limits_{Z<0} \cdots \int f(x_1, x_2, \cdots, x_n) dx_1 dx_2 \cdots dx_n \tag{4-72}$$

如果基本随机变量 X_1，X_2，…，X_n 相互独立，则上式退化为笛卡尔坐标下的失效概率计算。一般地，上述积分很难直接计算，其中的 $f(x_1, x_2, \cdots, x_n)$ 为相关随机变量 X_1，X_2，…，X_n 的联合概率分布密度函数，也很难得到。因此，通常也以可靠指标表示其可靠性（或失效概率）。

设两个正态分布变量 R 和 S 的线性相关系数为 ρ_{RS}，其均值分别为 μ_R 和 μ_S，标准差分别为 σ_R 和 σ_S，功能函数为 $Z=R-S$。则 Z 也服从正态分布，其均值为 $\mu_Z=\mu_R-\mu_S$，标准差为 $\sigma_Z=\sqrt{\sigma_R^2-2\rho_{RS}\sigma_R\sigma_S+\sigma_S^2}$，有

$$\beta=\frac{\mu_Z}{\sigma_Z}=\frac{\mu_R-\mu_S}{\sqrt{\sigma_R^2-2\rho_{RS}\sigma_R\sigma_S+\sigma_S^2}} \tag{4-73}$$

上式计算的可靠指标 β 与其失效概率 p_f 之间也有一一对应的关系。以上述广义随机空间的概念和相互独立的随机变量验算点法为基础，可以进行相关随机变量情形下的可靠指标验算点法计算。

2. 正态随机变量与线性极限状态方程时的情形

设 X_1，X_2，…，X_n 为 n 个正态随机变量，其均值为 μ_{X_i}，标准差为 σ_{X_i}（$i=1$，2，…，n），X_i 与 X_j（$i \neq j$）之间的相关系数为 $\rho_{X_iX_j}$，则线性功能函数为

$$Z = a_0 + \sum_{i=1}^{n} a_i X_i \tag{4-74}$$

式中，a_0，a_1，…，a_n 为常数。

由正态分布随机变量的特性可知，Z 为正态随机变量的线性函数，所以 Z 也服从正态分布，则 Z 平均值和标准差分别为

$$\mu_Z = a_0 + \sum_{i=1}^{n} a_i \mu_{X_i} \tag{4-75}$$

$$\sigma_Z = \sqrt{\sum_{i=1}^{n}\sum_{j=1}^{n} \rho_{X_i,X_j} a_i a_j \sigma_{X_i} \sigma_{X_j}} \tag{4-76}$$

有可靠指标为

$$\beta = \frac{\mu_Z}{\sigma_Z} = \frac{a_0 + \sum_{i=1}^{n} a_i \mu_{X_i}}{\sqrt{\sum_{i=1}^{n}\sum_{j=1}^{n} \rho_{X_iX_j} a_i a_j \sigma_{X_i} \sigma_{X_j}}} \tag{4-77}$$

为确定验算点，将 σ_Z 展开为 $a_i\sigma_{X_i}$ 的线性组合形式，即式（4-76）可改写为

$$\sigma_Z = -\sum_{i=1}^{n} a_i \alpha_{X_i} \sigma_{X_i} \tag{4-78}$$

式中，α_{X_i}为灵敏系数（或方向余弦），可表示为

$$\alpha_{X_i} = \cos\theta_{X_i} = \frac{-\sum_{j=1}^{n} \rho_{X_i X_j} a_j \sigma_{X_j}}{\sqrt{\sum_{i=1}^{n}\sum_{k=1}^{n} \rho_{X_i X_k} a_i a_k \sigma_{X_i} \sigma_{X_k}}} \tag{4-79}$$

可以证明，公式（4-79）的α_{X_i}反映了变量Z与X_i之间的线性相关性。

结合式（4-75）～式（4-77），有

$$a_0 + \sum_{i=1}^{n} a_i X_i = \mu_Z - \beta\sigma_Z = 0 \tag{4-80}$$

即有

$$\sum_{i=1}^{n} a_i (X_i - \mu_{X_i} - \beta\alpha_{X_i}\sigma_{X_i}) = 0 \tag{4-81}$$

根据式（4-81），引入验算点$x^* = (x_1^*, x_2^*, \cdots, x_n^*)$，有

$$x_i^* = \mu_{X_i} + \beta\alpha_{X_i}\sigma_{X_i} \quad (i=1,2,\cdots,n) \tag{4-82}$$

由式（4-82）给出的设计验算点，为失效面上距离标准化坐标原点最近的点，也就是失效面上对失效概率贡献最大的点。因此，上述式（4-77）、式（4-79）和式（4-82）构成相关随机变量广义空间内的验算点法的基本迭代格式，可形成与上述的相互独立随机变量组成的线性极限状态方程验算点法类似的迭代过程。

3. 一般情形下的广义随机空间内验算点法

假定式（4-71）表示的是非线性功能函数，而且其中的随机变量X_1，X_2，…，X_n不服从正态分布。根据当量正态化两个条件，按式（4-54）和式（4-56）将非正态分布随机变量X_i在验算点处P^*当量正态化为正态随机变量X_i'。将非线性功能函数展开并保留至一次项，有

$$Z_L = g(x_1^*, x_2^*, \cdots, x_n^*) + \sum_{i=1}^{n} \left.\frac{\partial g}{\partial X_i}\right|_{P^*} (X_i' - x_i^*) \tag{4-83}$$

式中，$\left.\frac{\partial g}{\partial X_i}\right|_{P^*}$表示$g(\cdot)$的偏导数在验算点$P^*$处的赋值。

由于单峰非正态变量在当量正态化后并不改变随机变量之间的线性相关性，即$\rho_{X_i X_j} = \rho_{X_i' X_j'}$，通过当量正态化后，将非正态分布变量的可靠指标计算转化为正态分布变量的可靠指标计算。

此时，式（4-75）、式（4-76）和式（4-79）分别改写为

$$\mu_{Z_L} = \sum_{i=1}^{n} \left.\frac{\partial g}{\partial X_i}\right|_{P^*} (\mu_{X_i'} - x_i^*) \tag{4-84}$$

$$\sigma_{Z_L}=\sqrt{\sum_{i=1}^{n}\sum_{j=1}^{n}\frac{\partial g}{\partial X_i}\frac{\partial g}{\partial X_j}\bigg|_{P^*}\rho_{X_i'X_j'}\sigma_{X_i'}\sigma_{X_j'}} \tag{4-85}$$

$$\alpha_{X_i'}=\cos\theta_{X_i'}=-\frac{\sum_{k=1}^{n}\rho_{X_i'X_k'}\frac{\partial g}{\partial X_k}\Big|_{P^*}\sigma_{X_k'}}{\sqrt{\sum_{i=1}^{n}\sum_{k=1}^{n}\rho_{X_i'X_k'}\frac{\partial g}{\partial X_i}\frac{\partial g}{\partial X_k}\Big|_{P^*}\sigma_{X_i'}\sigma_{X_k'}}} \tag{4-86}$$

类似于式（4-45），可靠指标的计算公式（4-77）改写为

$$\beta=\frac{g(x_1^*,x_2^*,\cdots,x_n^*)+\sum_{i=1}^{n}\frac{\partial g}{\partial X_i}\Big|_{P^*}(\mu_{X_i'}-x_i^*)}{\sqrt{\sum_{i=1}^{n}\sum_{k=1}^{n}\frac{\partial g}{\partial X_i}\frac{\partial g}{\partial X_k}\Big|_{P}\rho_{X_i'X_k'}\sigma_{X_i'}\sigma_{X_k'}}} \tag{4-87}$$

此时，验算点坐标仍为

$$x_i^*=\mu_{X_i'}+\beta\alpha_{X_i'}\sigma_{X_i'} \tag{4-88}$$

与相互独立的非正态随机变量组成的非线性功能函数类似，首先假设验算点值 P^*，式（4-86）、式（4-87）和式（4-88）构成迭代计算格式，其计算步骤也类似于图 4-4。

【例题 4-5】 设某钢拉杆正截面强度计算的极限状态方程为 $Z=g(R, S)=R-S=0$。已知 $\mu_R=135\text{kN}$，$\mu_S=60\text{kN}$，$\delta_R=0.15$，$\delta_S=0.17$。若 ρ_{RS} 分别为 0.5、0.2、0.0、−0.2、−0.5、和−0.9 时，计算下面两种情况的可靠指标：（1）R 和 S 均服从正态分布；（2）R 服从对数正态分布，S 服从正态分布。

【解】（1）R 和 S 均服从正态分布

下面以 $\rho_{RS}=0.5$ 时的情况为例，说明具体的计算过程。

① 首先假定设计验算点 P^* 的坐标值，$R^*=135\text{kN}$，$S^*=60\text{kN}$。

② 计算标准差，$\sigma_R=\mu_R\delta_R=20.25\text{kN}$，$\sigma_S=\mu_S\delta_S=10.20\text{kN}$。

③ 计算灵敏系数。因为正态随机变量 R 与荷载效应 S 的相关系数为 $\rho_{RS}=0.5$，故

$$\alpha_R=-\cos\theta_R=\frac{\sigma_R-\rho_{RS}\sigma_S}{\sqrt{\sigma_R^2-2\rho_{RS}\sigma_R\sigma_S+\sigma_S^2}}=0.8639$$

$$\alpha_S=-\cos\theta_S=-\frac{\rho_{RS}\sigma_R-\sigma_S}{\sqrt{\sigma_R^2-2\rho_{RS}\sigma_R\sigma_S+\sigma_S^2}}=-0.0043$$

④ 将上述结果代入极限状态方程，有

$$R^*-S^*=\mu_R-\beta\sigma_R\alpha_R-\mu_S+\beta\sigma_S\alpha_S=0$$

由上述极限状态方程，可求出结构可靠指标 β 为

$$\beta=\frac{\mu_R-\mu_S}{\sqrt{\sigma_R^2-2\rho_{RS}\sigma_R\sigma_S+\sigma_S^2}}=4.2766$$

⑤ 计算验算点坐标

$$R^*=\mu_R+\beta\sigma_R\cos\theta_R=135+[4.2766\times20.25\times(-0.8639)]=60.19\text{kN}$$

$$S^*=\mu_S+\beta\sigma_S\cos\theta_S=60+(4.2766\times10.20\times0.0043)=60.19\text{kN}$$

由于随机变量均为正态分布，且为线性极限状态方程，可以直接利用式（4-73）

计算。

表 4-6 给出了 ρ_{RS}=0.5、0.2、0.0、−0.2、−0.5 和−0.9 时，按照上述过程求得的结构可靠指标 β 和相应的失效概率 p_f。

例题 4-5（1）的 β 和 p_f 计算结果 **表 4-6**

ρ_{RS}	0.5	0.2	0.0	−0.2	−0.5	−0.9
β	4.2766	3.6106	3.3078	3.0703	2.7938	2.5198
p_f	9.49×10^{-6}	1.53×10^{-4}	4.70×10^{-4}	1.07×10^{-3}	2.60×10^{-3}	5.87×10^{-3}

（2）R 服从对数正态分布，S 服从正态分布

下面仍然以 ρ_{RS}=0.5 时的情况为例，说明具体的计算过程。

① 首先假定设计验算点 P^* 的坐标值，$R^*=135\text{kN}$，$S^*=60\text{kN}$。

② 将 R 当量化成正态变量，求出当量化后的均值和标准差

$$\mu_{R'}=R^*\left(1+\ln\frac{\mu_R}{\sqrt{\ln(1+\delta_R^2)}}-\ln R^*\right)=133.50\text{kN}$$

$$\sigma_{R'}=R^*\sqrt{\ln(1+\delta_R^2)}=20.14\text{kN}$$

$$\mu_S=60\text{kN}$$

$$\sigma_S=\mu_S\delta_S=10.20\text{kN}$$

③ 计算灵敏系数。

当量正态随机变量 R' 与荷载效应 S 的相关系数为 $\rho_{R'S}\approx\rho_{RS}=0.5$，则

$$\alpha_{R'}=-\cos\theta_{R'}=\frac{\sigma_{R'}-\rho_{R'S}\sigma_S}{\sqrt{\sigma_{R'}^2-2\rho_{R'S}\sigma_R\sigma_S+\sigma_S^2}}=0.8623$$

$$\alpha_S=-\cos\theta_S=-\frac{\rho_{R'S}\sigma_{R'}-\sigma_S}{\sqrt{\sigma_{R'}^2-2\rho_{R'S}\sigma_{R'}\sigma_S+\sigma_S^2}}=-0.0075$$

④ 代入极限状态方程，有

$$R^*-S^*=\mu_{R'}-\beta\sigma_{R'}\alpha_{R'}-\mu_S+\beta\sigma_S\alpha_S=0$$

则由极限状态方程可求出结构可靠指标为

$$\beta=\frac{\mu_{R'}-\mu_S}{\sqrt{\sigma_{R'}^2-2\rho_{R'S}\sigma_{R'}\sigma_S+\sigma_S^2}}=4.2143$$

⑤ 计算新的验算点值

$$R^*=\mu_{R'}+\beta\sigma_{R'}\cos\theta_{R'}=133.50+[4.2139\times20.14\times(-0.8623)]=60.324\text{kN}$$

$$S^*=60.324\text{kN}$$

⑥ 重复②～⑤步的计算，然后校核前后两次 β 的差值是否满足允许误差。若满足，所计算的 β 即为所求的可靠指标；反之，重复②～⑥步的计算，直至满足精度要求。

因此，当给定验算点的初值 $P^*(R^*，S^*)$（一般取 μ_R 和 μ_S），按上面的公式进行迭代，即可求得结构的可靠指标 β 和验算点坐标值。迭代过程及结果见表 4-7。

例题 4-5（2）的 $\rho_{RS}=0.5$ 迭代计算过程　　表 4-7

	迭代初值	迭代次数					
		1	2	3	4	5	6
R^*	135.0	60.324	90.093	75.765	83.377	79.288	81.492
S^*	60.0	60.324	90.093	75.765	83.377	79.288	81.492
β	4.2143	4.9968	5.394	5.4375	5.4540	5.4580	5.4593
$\alpha_{R'}$	−0.8623	−0.4037	−0.6865	−0.5746	−0.6389	−0.6059	−0.6241
α_S	0.0075	0.5904	0.2865	0.4215	0.3467	0.3860	0.3646

表 4-8 给出了 $\rho_{RS}=0.5$，0.2，0.0，−0.2，−0.5 和−0.9 时，按照上述过程迭代求得的可靠指标 β 和失效概率 p_f。

例题 4-5（2）的各种 β 和 p_f 计算结果　　表 4-8

ρ_{RS}	0.5	0.2	0.0	−0.2	−0.5	−0.9
β	5.4593	4.3428	3.8947	3.5626	3.1936	2.8436
p_f	2.390×10^{-8}	7.034×10^{-6}	4.916×10^{-5}	1.836×10^{-4}	7.026×10^{-4}	2.230×10^{-3}

从上述两种情况的计算结果可知，即使是两个随机变量的相关系数相同，但由于随机变量的分布不同，得到的可靠指标也差异较大。图 4-6 表现的是上述两种情况计算得到的可靠指标 β 随相关系数变化。

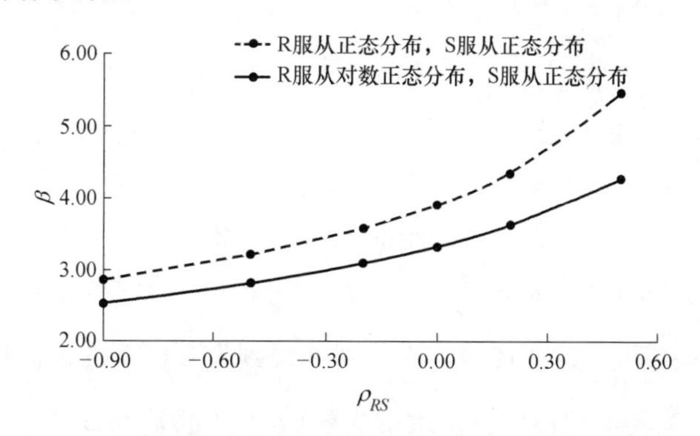

图 4-6　随机变量相关时的可靠指标与相关系数之间的关系

从图 4-6 可知，随着两个变量的相关性从负相关到正相关，可靠指标 β 的差异越来越大。因此，在实际工程结构可靠指标或失效概率的计算时，基本随机变量的分布类型及变量之间的相关性对计算结果的影响不容忽视。

对比例题 4-3 的计算过程，本例题的迭代计算过程是在广义随机空间内进行，其可靠指标的计算方法与笛卡尔随机空间的计算方法基本一致；比较例题 4-4 的相关随机变量的矩阵变换法，广义随机空间内验算点法的计算过程较为简洁，方便工程应用。

4.5　蒙特卡罗方法

随着工程建设的快速发展及复杂结构体系的出现，人们面临越来越复杂的工程及其随机性的问题。由于实际工程问题的复杂程度提高，对其进行准确的解析建模变得越来越困难。蒙特卡罗方法能对较复杂的随机性问题进行仿真，具有很强的解决不确定性问题的能力，也可以用于解决确定性问题。因此，蒙特卡罗方法为基于工程结构随机可靠性提供了一种行之有效的分析手段。

4.5.1 基本原理

蒙特卡罗（Monte Carlo，MC）也称为统计实验方法、随机模拟方法或随机抽样技术，是一种随着计算机技术的发展而逐步发展起来的，以概率论和数理统计为基础的独特数值计算方法。该方法是将所求解的问题同一定的概率模型相联系，用计算机实现统计模拟或抽样，以获得问题的近似解。所以，就结构随机可靠度计算而言，自然地用蒙特卡罗方法来研究失效事件的随机性，蒙特卡罗方法是结构随机可靠性研究的一个重要方向。

利用蒙特卡罗模拟方法进行可靠性分析时，应先建立与描述该问题有相似性的概率模型，并利用这种相似性把这个概率模型的某些特征（如随机变量的均值和方差等）与数学计算问题的解答联系起来，然后对模型进行随机模拟或统计抽样，抽取足够的随机数对将要求解的问题进行统计分析。

设结构的极限状态函数为

$$g(x)=g(x_1,x_2,\cdots,x_n) \tag{4-89}$$

则极限状态方程 $g(x_1,x_2,\cdots,x_n)=0$，该方程将结构的基本空间分为失效区域和可靠区域两部分。结构的失效概率 P_f可表示为

$$P_f=\int\cdots\int_{g(x)\leqslant 0} f_X(x_1,x_2,\cdots,x_n)\mathrm{d}x_1\mathrm{d}x_2\cdots\mathrm{d}x_n \tag{4-90}$$

式中，$f_X(x_1,x_2,\cdots,x_n)$是基本随机变量 $x=(x_1,x_2,\cdots,x_n)^T$的联合概率密度函数。

蒙特卡罗模拟方法求解失效概率 P_f的基本思路是：由基本随机变量的联合概率密度函数 $f_X(x)$ 产生 N 个基本变量的随机样本 $x_j(j=1,2,\cdots,N)$，将这 N 个样本代入极限状态函数 $g(x)$；如果包含在失效域 $F=\{x|g(x)\leqslant 0\}$ 内的样本点数为 N_f，则失效概率 P_f可以用失效出现的频率$\frac{N_f}{N}$近似代替，因此就能得到失效概率的近似估计值 $\hat{P}_f$。

依据上述思路，蒙特卡罗模拟方法求解失效概率 P_f的基本步骤为：

（1）对各随机变量产生随机抽样值，并设第 j 次的抽样值为 x_{1j}，x_{2j}，…，x_{nj}（n 为随机变量的个数）。

（2）将抽样值代入极限状态函数 $g(x_{ij})$，若 $g(x_{ij})\leqslant 0$，则认定在一次“模拟试验”中失效，示性函数 $I[g(x_{ij})]=1$；反之，若 $g(x_{ij})>0$，则认定此次“模拟试验”不失效，示性函数 $I[g(x_{ij})]=0$。

（3）重复 N 次第（1）和第（2）步的抽样试验。

（4）通过下式求解失效概率的估计值 $\hat{P}_f$

$$\hat{P}_f=\frac{1}{N}\sum_{j=1}^{N}I[g(x_{1j},x_{2j},\cdots x_{nj})] \tag{4-91}$$

设 $k=\sum_{j=1}^{N}I[g(x_{1j},x_{2j},\cdots x_{nj})]$，则 $\hat{P}_f=\frac{k}{N}$。

按上述基本步骤，采用蒙特卡罗方法计算结构的失效概率时，有两个具体问题需要解决：一个是如何进行抽样；一个是如何设置模拟次数 N，也即多少才是大批取样。第一个问题要求掌握产生伪随机数的方法，具体的方法可参考有关文献；第二个问题就是规定最低的模拟（取样）次数，其与计算结果的精度有关。如设允许误差为 ε，估计的失效概率为 P_f，则一般建议以 95%的置信度保证用蒙特卡罗方法计算的误差

$$\varepsilon=[2(1-P_f)/(NP_f)]^{1/2} \tag{4-92}$$

由式（4-92）可知，在一定的 P_f时，模拟次数 N 越大，误差越小；在一定的模拟次数 N 时，P_f越大，误差越小。因此，蒙特卡罗方法计算结构可靠度（失效概率）的计算误差与失效概率的大小及模拟次数有关。

由于结构失效概率 P_f一般较小，则要求的计算次数很多。如失效概率在 0.01%以下，则计算的次数需达到十万次以上。不过，随着计算机的运行与计算能力增加，计算十万次的时间并不太多，可以在工程实际应用中实现。如我国《港口工程结构可靠性设计统一标准》GB 50158—2010 中的条文说明认为，对港口工程的某些情况，如果用一次二阶矩进行可靠指标设计不是很方便，也可以采用蒙特卡罗方法直接进行模拟，但当结构失效概率很小时（如小于 10^{-6}），模拟计算次数非常多，分析占用时间过多。不过，随着计算设备及计算技术水平的提高，蒙特卡罗方法直接模拟计算有很大的优势。

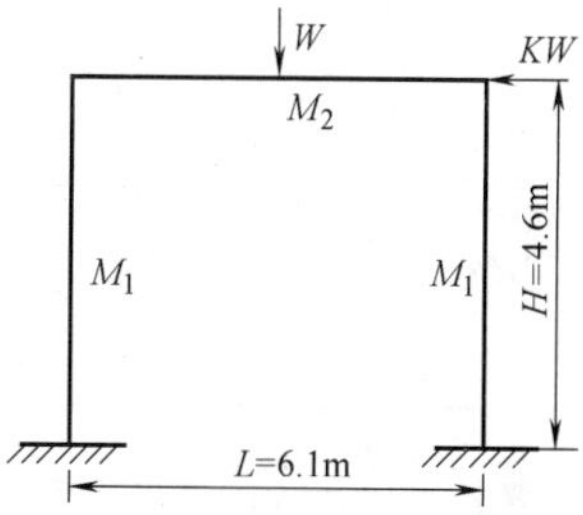

图 4-7 刚架结构示意图

【例题 4-6】 已知某刚架结构如图 4-7 所示，假设 W、K、M_1和 M_2均为服从正态分布的随机变量，其统计参数见表 4-9。M_1和 M_2的相关系数 $\rho_{M_1M_2}=0.8$，各杆件均视为理想弹塑性体。试用蒙特卡罗模拟方法求该刚架的失效概率。（本例题选自文献［95］）

刚架的作用及其效应的统计参数 **表 4-9**

变量	均值 μ	标准差 σ
W	445kN	0
K	0	0.1
M_1	407kN·m	61kN·m
M_2	610kN·m	61kN·m

【解】 该刚架的主要破坏可能有以下四种形式，如图 4-8 所示。

由虚功原理可以建立四种主要破坏模式下的极限状态功能函数：

(a) $g_1(x)=4M_1-KWH$　　(b) $g_2(x)=4M_1+2M_2-KWH-\frac{WL}{2}$

(c) $g_3(x)=2M_1+2M_2-\frac{WL}{2}$　　(d) $g_4(x)=2M_1+4M_2-KWH-\frac{WL}{2}$

首先按照给定的概率特征（服从正态分布，及已知的平均值和标准差）产生随机变量 K 和 M_1，再由已经产生的 M_1 和相关系数 $\rho_{M_1M_2}$ 产生随机变量 M_2。将产生的 W、K、M_1 和 M_2代入极限状态方程（$g_1(x)\sim g_4(x)$），并判断 $g_i(x)$ 是否小于 0。重复 N 次，记下 $g_i(x)<0$ 的次数为 n_j，最后得到 $P_j=\frac{n_j}{N}$。试验（抽样）$N=200$ 和 1000 次的结果见

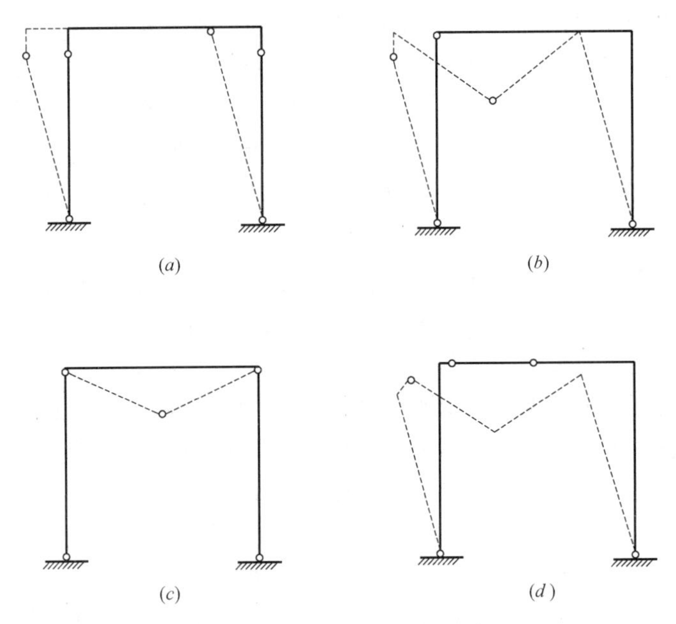

图 4-8 刚架的可能破坏形式

表4-10。

随机试验结果 **表 4-10**

次数 N	样本号										平均值	标准差
	1	2	3	4	5	6	7	8	9	10		
200	0.030	0.010	0.005	0.015	0.025	0.020	0.000	0.0005	0.005	0.025	0.0148	0.0102
1000	0.015	0.012	0.017	0.015	0.015	0.015	0.010	0.022	0.018	0.013	0.0152	0.0036

从表 4-10 可以看出，随着试验次数的增大，失效概率的平均值变化不大，而标准差有显著减小，表明分析结果的离散性随着次数增大而降低，即分析结果更可靠。

以蒙特卡罗方法直接模拟计算结构可靠度的优势是，这个方法在计算分析过程中回避了建立分析模型的困难，不需要考虑极限状态曲面的复杂程度。不过，该方法的计算工作量大，还没有作为常规的结构可靠度计算分析方法，一般用于复杂情况下的结构可靠性分析，或作为对结构可靠度各种近似计算方法精度检验与计算结果的校核。

4.5.2 重要抽样法

由式（4-91）可知，对于简单抽样（直接抽样）的蒙特卡罗模拟，模拟次数与失效概率 P_f 成反比。由于工程结构失效都是小概率事件，即 P_f 一般都很小，为了改进计算效率，必须使 N 很大才收敛，通常必须采用大量的投点来提高精度。因此，如果问题很复杂或随机变量数量多，这种简单抽样的蒙特卡罗模拟将耗费大量的计算时间使得效率降低。减小失效概率估计值的方差，是减少模拟次数、提高模拟精度最有效的手段。目前，减少方差的主要技术是改进抽样方法，如采用条件期望抽样法、对偶抽样法、相关抽样法、控制变数法、分层抽样法和重要抽样法等。其中，应用最广泛，也最为有效的方法即为重要抽样法。

重要抽样法的基本思想是，以重要性函数 $h_X(x)$ 代替随机变量的原概率密度函数，模拟抽样时改从重要性概率密度函数中抽出；其特点在于，通过这种抽样方法上的改变，使对模拟结构具有“重要性”作用的稀有失效试件更多地出现，从而提高抽样效率，减少了花费在对模拟结果无关紧要事件上的计算时间。同时，由于最后对这些事件进行了适当的加权，因此可以得到结构失效概率的无偏估计量。在相同的精确度情况下，重要抽样法可显著减少模拟试验次数，如图 4-9 所示。

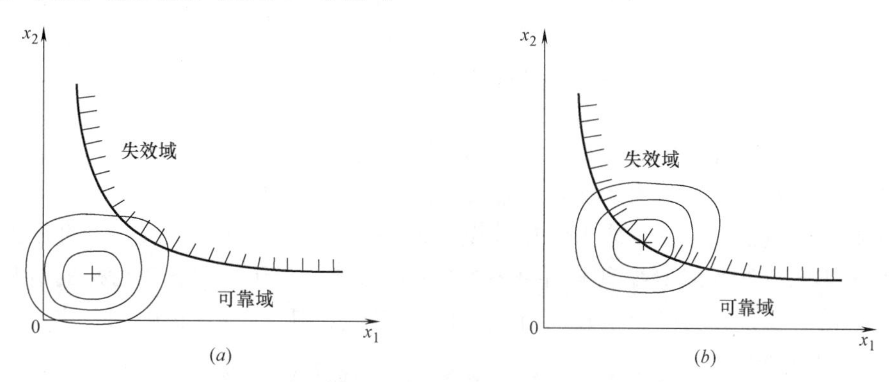

图 4-9　简单抽样与直接重要抽样的比较

(a) 简单抽样法的抽样中心；(b) 直接重要抽样法的抽样中心

采用重要抽样的蒙特卡罗模拟方法计算失效概率时，失效概率的求解积分公式可经以下变换

$$P_{\mathrm{f}}=\int\cdots\int_{R^n} f_X(x)\mathrm{d}x=\int\cdots\int_{R^n} I_{\mathrm{F}}(x)\frac{f_X(x)}{h_X(x)}\mathrm{d}x=E\left[I_{\mathrm{F}}(x)\frac{f_X(x)}{h_X(x)}\right] \tag{4-93}$$

式中，R^n 为 n 维变量空间；$f_X(x)$ 是基本随机变量 $x=(x_1, x_2, \cdots, x_n)^{\mathrm{T}}$ 的联合概率密度函数，$h_X(x)$ 为重要抽样密度函数。

由重要抽样密度函数 $h_X(x)$ 抽取 N 个样本点 x_i（$i=1, 2, \cdots, N$），则式（4-93）用数学期望形式表达的失效概率可由下式的样本均值来估计

$$\hat{P}_{\mathrm{f}}=\frac{1}{N}\sum_{i=1}^{N} I_{\mathrm{F}}[x_i]\frac{f_X(x_i)}{h_X(x_i)} \tag{4-94}$$

式中，$I_{\mathrm{F}}[x_i]$ 为示性函数，$I_{\mathrm{F}}[x_i]=\begin{cases}1 & g(x_i)\leqslant 0\\ 0 & g(x_i)>0\end{cases}$。

依据上述基本思路，重要抽样的蒙特卡罗模拟方法求解失效概率 P_{f} 的基本步骤如下：

(1) 产生（0，1）均匀分布的随机数 r_{ij}。其中，$i=1, 2, \cdots, n$，$j=1, 2, \cdots, N$，而 n 为基本变量个数，N 为对其抽样的样本组数。

(2) 将以上随机样本转换成符合基本随机变量 x_i 的联合概率密度函数 $f_X(x)$。

(3) 根据结构已知条件，确定极限状态方程 $g(x)=g(x_1, x_2, \cdots, x_n)$，并用一次二阶矩法求解 $g(x)$ 的设计点 x^*。

(4) 以设计点 x^* 为抽样中心构造重要抽样密度函数 $h_X(x)$，并由 $h_X(x)$ 产生 N 个随机样本点 $x_i(i=1, 2, \cdots, N)$。

(5) 将（4）中产生的样本 x_i 代入 $g(x)$，并根据 $I_{\mathrm{F}}[x_i]$ 进行 $\left\{I_{\mathrm{F}}[x_i]\frac{f_X(x)}{h_X(x)}\right\}$ 和

$\left\{I_{\mathrm{F}}[x_i]\left[\dfrac{f_X(x)}{h_X(x)}\right]^2\right\}$的累加。

（6）按式（4-94）$\hat{P}_{\mathrm{f}}=\dfrac{1}{N}\sum\limits_{i=1}^{N}I_{\mathrm{F}}[x_i]\dfrac{f_X(x_i)}{h_X(x)}$求得失效概率估计值$\hat{P}_{\mathrm{f}}$。

（7）按下面的公式（4-95）和（4-96）分别求失效概率的方差和变异系数

$$Var(\hat{P}_{\mathrm{f}})=\frac{1}{N-1}\left[\frac{1}{N}\sum_{i=1}^{N}I_{\mathrm{F}}(x)\frac{f_X^2(x_i)}{h_X^2(x_i)}-\hat{P}_{\mathrm{f}}^2\right] \tag{4-95}$$

$$\delta(\hat{P}_{\mathrm{f}})=\frac{\sqrt{Var(\hat{P}_{\mathrm{f}})}}{\hat{P}_{\mathrm{f}}} \tag{4-96}$$

蒙特卡罗方法计算效率的提高和估算精度的改善途径是降低被估计量估计值的方差，而重要抽样法是常用方法。由于实际工程问题的复杂性，蒙特卡罗方法在结构可靠度分析中的应用和发展较快，《工程结构可靠性设计统一标准》GB 50153—2008 的条文说明指出，推荐采用国内外标准中普遍采用的一次可靠度方法，对于一些比较特殊的情况，也可采用其他方法，如计算精度要求较高时，可采用二次可靠度方法，极限状态比较复杂时可采用蒙特卡罗方法等。

4.6 工程结构体系可靠度

4.6.1 基本概念

1. 工程结构体系可靠度

前面介绍的结构（或构件）可靠度计算方法，只是适用于构件中的某个截面的某个失效模式下的。实际上，工程结构体系是由若干个构件组成的，存在各构件不同的失效状态；即使是一个构件也可能有多个失效模式。如简单的构件简支梁，在相同的受力状态下，就存在弯曲与剪切两种破坏模式。如钢筋混凝土框架结构可靠度是典型的结构体系可靠度问题，其不但存在多个相关的结构构件可靠度问题，而且存在各种构件的多种失效模式下可靠度的计算。

具有多于一个相关失效模式的结构构件的可靠度，或者多于一个相关构件的结构体系的可靠度，称为结构体系可靠度。因此，结构体系可靠度计算的是多个功能函数的结构可靠度问题。如在相同的受力条件下，一个结构（或一个构件）存在不同的失效模式，各失效模式下的极限状态方程为$Z_i=R_i-S_i=0(i=1,2,\cdots,m)$，即存在$m$个失效模式，从而构成该结构（或构件）的体系可靠度计算模型。若失效模式个数为3，则其极限状态示意如图4-10所示。

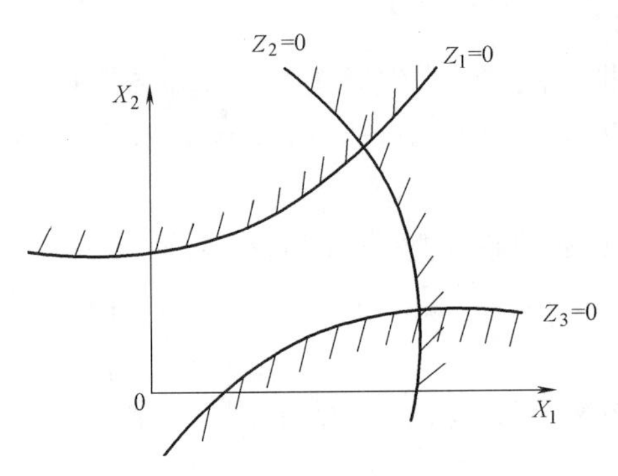

图4-10　多个失效模式下结构体系的极限状态

在结构可靠度理论发展的较早阶段，就开始了结构体系可靠度的研究，不过由于数学和力学上的一些困难，结构体系可靠度的理论进展缓慢。由于结构体系可靠度在结构设计与评估中的重要性，结构体系可靠度的设计概念越来越被人们接受，而体系可靠度的计算方法和应用是工程结构可靠度研究的重要方向之一。

2. 基本的分析模型

工程结构体系可靠度分析的主要内容包括两部分，一部分是寻找主要失效模式，另外一部分是结构体系可靠度或失效概率的计算。

主要失效模式的寻找采用的是力学方法或数学规划方法，其识别过程和搜寻路径的确定伴随着大量的概率分析。若结构体系是由若干构件组成，一般存在两类失效模式。

第（1）种失效模式是形成机构的失效模式，系指结构由于出现塑性铰而转化为机构，导致结构体系失效。而根据出现塑性铰的数量与位置的不同，结构可能形成三种机构。第一种是完全机构，即 $n=s+1$，其中 n 为塑性铰的个数，s 为结构超静定次数；第二种是局部机构，即 $n<s+1$；第三种是超完全机构，即 $n>s+1$。

第（2）种失效模式是未形成机构的失效模式，是指个别截面的脆性破坏，或结构整体或局部失稳，或变形达到最大限值，或应力达到最大许可值。

根据工程结构体系失效模式之间的逻辑关系，工程结构体系可靠度的分析模型可划分为串联结构体系和并联结构体系两个基本类型。

（1）串联结构体系分析模型

串联结构体系是指结构中有任一种失效模式发生，则结构体系失效的结构体系，也称为链式系统。此时，结构体系可用图 4-11 的串联模型表示。

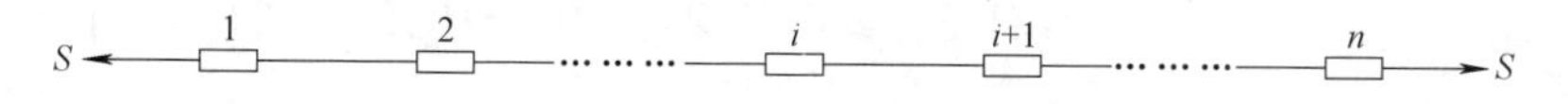

图 4-11　串联结构体系模型

静定结构体系为典型的串联体系模型，其可靠度不受其构件破坏性质（即延性或脆性破坏）的影响。对于存在多种失效模式的超静定结构，如塑性框架结构体系，由于其任一失效模式出现后结构体系即失效，如果图 4-11 的第 i 种失效模式发生结构体系失效，则串联结构体系模型也可作为此类超静定结构体系可靠度计算模型。

（2）并联结构体系分析模型

并联结构体系指结构中的所有失效模式都发生时，结构才失效的结构体系。此类结构体系可用图 4-12 的并联模型表示。

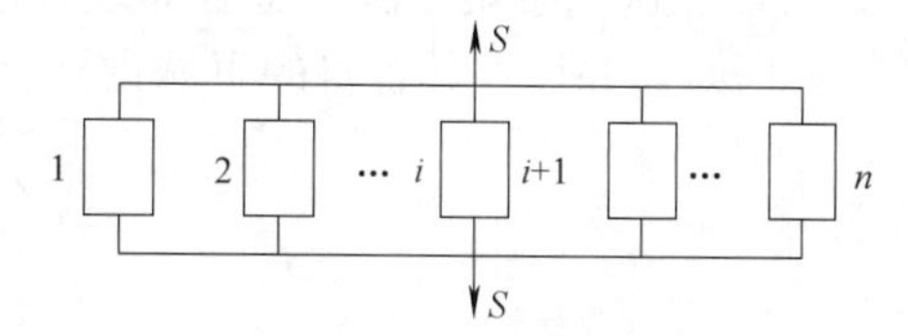

图 4-12　并联结构体系模型

不同于串联结构体系，并联结构体系中的构件破坏性质对并联结构体系的可靠度有较大的影响。因为脆性构件失效后将退出结构体系工作，故脆性构件并联体系的可靠度计算时应该考虑构件失效的先后顺序；而延性构件失效后将仍然在结构体系中维持原有的功能，因此，延性构件组成的并联结构体系可靠度计算时则不必考虑构件失效的顺序，只需考虑结构体系的最终失效形态。

在实际工程结构中，遇到较多的是串联结构体系的可靠度计算问题。因此，以下主要介绍串联结构体系的可靠度计算方法。

4.6.2 结构体系可靠度的基本计算方法

由上述基本分析模型可知，单一构件失效或单一失效模式的可靠度是结构体系可靠度分析的基础，而且其和结构体系可靠度计算还与构件失效或失效模式之间的相关性有关。

设结构体系有 m 个失效模式，其中第 i 个失效事件为 E_i，记其功能函数为

$$Z_i=g_i(\boldsymbol{X}) \quad (i=1,2,\cdots,m) \tag{4-97}$$

式中，$\boldsymbol{X}=(X_1,X_2,\cdots,X_n)$，为影响第 i 个失效事件的随机向量。

则第 i 个失效事件发生的概率 $P_{i,\mathrm{f}}$ 为

$$P_{i,\mathrm{f}}=P(E_i)=P(Z_i<0) \quad (i=1,2,\cdots,m) \tag{4-98}$$

下面分别讨论串联和并联结构体系的失效概率计算方法。

1. 串联结构体系

对于串联结构体系，其体系失效概率为

$$P_{\mathrm{f}}=P(E_1\cup E_2\cup\cdots\cup E_m)=P(\bigcup_{i=m}^{m}E_i)=P(\bigcup_{i=1}^{m}Z_i<0) \tag{4-99}$$

若结构体系的各失效模式之间完全正相关，则这个结构体系失效概率则取决于出现概率最大的失效模式，有

$$P_{\mathrm{f}}=\max P_{i,\mathrm{f}} \quad (i=1,2,\cdots,m) \tag{4-100}$$

若结构体系的各失效模式之间相互独立，则这个结构体系的可靠概率为

$$\begin{aligned}P_{\mathrm{s}}&=P(Z_1\geqslant0\cap Z_2\geqslant0\cap\cdots\cap Z_m\geqslant0)\\&=P(Z_1\geqslant0)P(Z_2\geqslant0)\cdots P(Z_m\geqslant0)=\prod_{i=1}^{m}P_{i,\mathrm{s}}\end{aligned} \tag{4-101}$$

式中，P_{s}为结构体系的可靠度；$P_{i,\mathrm{s}}$为第 i 个失效模式不出现的概率，即第 i 个事件的可靠概率。

因为事件的失效与可靠为互补关系，则该结构体系的失效概率为

$$P_{\mathrm{f}}=1-P_{\mathrm{s}}=1-\prod_{i=1}^{m}(1-P_{i,\mathrm{f}}) \tag{4-102}$$

一般地，结构体系中的失效模式之间既不可能完全正相关，相互之间也不会完全独立。若以一次二阶矩方法，将各非线性功能函数在其各自的验算点线性化为 $Z_{i,\mathrm{L}}(i=1,2,\cdots,m)$，并计算其各自的可靠指标 $\beta_i(i=1, 2, \cdots, m)$，则式（4-99）可以表示为

$$P_{\mathrm{f}}=P(\bigcup_{i=1}^{m}Z_i<0)=1-\Phi_m(\boldsymbol{\beta},\boldsymbol{\rho}) \tag{4-103}$$

式中，$\boldsymbol{\beta}=(\beta_1, \beta_2, \cdots, \beta_m)$ 为结构体系失效模式的可靠指标向量；$\boldsymbol{\rho}=(\rho_{ij})_{m\times m}$为失效模式之间的线性相关系数矩阵；$\Phi_m(\cdot)$ 为 m 维标准正态分布函数值。

以 JC 法计算各自的可靠指标 β_i（$i=1, 2, \cdots, m$）时，如第 i 个和第 j 个失效模式下，其 Taylor 级数展开后的线性功能函数分别为 $Z_{i,\mathrm{L}}$和 $Z_{j,\mathrm{L}}$，则第 i 个和第 j 个失效模式之间的线性相关系数为

$$\rho_{Z_iZ_j}=\frac{\mathrm{Cov}(Z_i,Z_j)}{\sigma_{Z_i}\sigma_{Z_j}}=\frac{\sum_{k=1}^{n}\sum_{l=1}^{n}\rho_{X'_kX'_l}\left.\frac{\partial g_i}{\partial X_k}\frac{\partial g_j}{\partial X_l}\right|_{P^*}\sigma_{X'_k}\sigma_{X'_l}}{\sigma_{Z_i}\sigma_{Z_j}} \tag{4-104}$$

式中，$\sigma_{X'_k}$与$\sigma_{X'_l}$分别为随机变量x_k和x_l当量正态化后的正态分布变量x'_k和x'_l的标准差；$\rho_{X'_kX'_l}$为正态分布变量x'_k和x'_l之间的线性相关系数，$\rho_{X'_kX'_l} \approx \rho_{X_kX_l}$，即认为当量正态化前后的线性相关系数不变。

根据前述的JC法，式（4-104）中，线性功能函数$Z_{i,\mathrm{L}}$、$Z_{j,\mathrm{L}}$的标准差σ_{Z_i}和σ_{Z_j}分别为

$$\sigma_{Z_i} = \left(\sum_{k=1}^{n} \sum_{l=1}^{n} \rho_{X'_kX'_l} \frac{\partial g_i}{\partial X_k} \frac{\partial g_i}{\partial X_l} \bigg|_{P^*} \sigma_{X'_k} \sigma_{X'_l} \right)^{\frac{1}{2}} \tag{4-105a}$$

$$\sigma_{Z_j} = \left(\sum_{k=1}^{n} \sum_{l=1}^{n} \rho_{X'_kX'_l} \frac{\partial g_j}{\partial X_k} \frac{\partial g_j}{\partial X_l} \bigg|_{P^*} \sigma_{X'_k} \sigma_{X'_l} \right)^{\frac{1}{2}} \tag{4-105b}$$

若Z_i和Z_j均为独立基本随机变量$\boldsymbol{X}=(X_1, X_2, \cdots, X_n)$的线性函数形式，即

$$Z_i = \sum_{k=1}^{n} a_{ik} X_k, Z_j = \sum_{k=1}^{n} b_{jk} X_k$$

则Z_i与Z_j的线性相关系数为

$$\rho_{Z_iZ_j} = \frac{\mathrm{Cov}(Z_i, Z_j)}{\sigma_{Z_i}\sigma_{Z_j}} = \frac{\sum_{k=1}^{n} a_{ik} b_{jk} \sigma_{X_k}^2}{\sigma_{Z_i}\sigma_{Z_j}} \tag{4-106}$$

式中，a_{ik}和b_{jk}为常数。

在得到$\boldsymbol{\beta}=(\beta_1, \beta_2, \cdots, \beta_m)$和$\boldsymbol{\rho}=(\rho_{ij})_{m\times m}$之后，则可计算结构体系的失效概率为

$$P_\mathrm{f} = 1 - \int_{-\infty}^{\beta_1} \int_{-\infty}^{\beta_2} \cdots \int_{-\infty}^{\beta_m} \varphi(\boldsymbol{z}, \boldsymbol{\rho}) \mathrm{d}z_1 \mathrm{d}z_2 \cdots \mathrm{d}z_m \tag{4-107}$$

其中，

$$\varphi(\boldsymbol{z}, \boldsymbol{\rho}) = \frac{1}{(\sqrt{2\pi})^m \sqrt{\det(\boldsymbol{\rho})}} \exp\left(-\frac{1}{2} \boldsymbol{z} \boldsymbol{\rho}^{-1} \boldsymbol{z}^\mathrm{T} \right) \tag{4-108}$$

式中，$\det(\boldsymbol{\rho})$为$\boldsymbol{\rho}=(\rho_{ij})_{m\times m}$的行列式值；$\boldsymbol{\rho}^{-1}$为$\boldsymbol{\rho}$的逆矩阵。

式（4-107）为多维积分形式，一般较难求解。

2. 并联结构体系

对于并联结构体系，下面讨论延性破坏两种失效模式时一般计算方法。

若两种失效模式下的各自功能函数为

$$Z_i = g_i(X_1, X_2, \cdots, X_n) \quad (i=1,2) \tag{4-109}$$

此时，结构体系的失效概率为

$$P_\mathrm{f} = P[(Z_1 < 0) \cap (Z_2 < 0)] \tag{4-110}$$

为求两种失效模式下各自的失效概率P_i，按照JC法在各自的设计验算点处做线性化处理

$$Z_{1,\mathrm{L}} = \beta_1 + \sum_{k=1}^{n} \alpha_{k_1} X_k \tag{4-111a}$$

$$Z_{2,\mathrm{L}} = \beta_2 + \sum_{k=1}^{n} \alpha_{k_2} X_k \tag{4-111b}$$

$$\alpha_{k_i}=\frac{\sum_{k=1}^{n}\frac{\partial Z_i}{\partial X_k}\Big|_{x_i^*}}{\left[\sum_{k=1}^{n}\left(\frac{\partial Z_i}{\partial X_k}\Big|_{x_i^*}\right)^2\right]^{\frac{1}{2}}} \tag{4-111c}$$

式中，β_1和β_2分别为失效模式1和2的可靠指标。

为简化起见，设基本随机变量$X_k(k=1, 2, \cdots, n)$均为独立的标准正态分布变量。由式（4-111a）～(4-111c）代入式（4-110)，则有

$$P_{\mathrm{f}}\approx P\left[\left(\sum_{k=1}^{n}\alpha_{k_1}X_k<-\beta_1\right)\cap\left(\sum_{k=1}^{n}\alpha_{k_2}X_k<-\beta_2\right)\right]=\Phi_2(-\beta_1,-\beta_2,\rho) \tag{4-112}$$

式中，$\Phi(\cdot)$为二维标准正态分布函数；ρ为两种失效模式下功能函数Z_1和Z_2之间的相关系数。

因此，结构体系的可靠指标β_{s}可表示为

$$\beta_{\mathrm{s}}=-\Phi^{-1}[\Phi_2(-\beta_1,-\beta_2,\rho)]=-\Phi^{-1}(P_{\mathrm{f}}) \tag{4-113}$$

若结构体系可能形成的机构有m种，每个机构对应的失效事件为E_j（$j=1, 2, \cdots, m$)。则该结构体系的失效事件E可定义为

$$E=E_1\cap E_2\cap\cdots\cap E_m=\bigcap_{j=1}^{m}E_j \tag{4-114}$$

此时，结构体系的失效概率为

$$P_{\mathrm{f}}=P(E)=P\left(\bigcap_{j=1}^{m}E_j\right) \tag{4-115}$$

根据式（4-112）和（4-113)，可以推知，有m种失效事件的结构体系可靠指标为

$$\beta_{\mathrm{s}}=-\Phi^{-1}[\Phi_m(-\boldsymbol{\beta},\bar{\boldsymbol{\rho}})] \tag{4-116}$$

式中，$\boldsymbol{\beta}=(\beta_1, \beta_2, \cdots, \beta_m)$为各失效模式下可靠指标向量；$\bar{\boldsymbol{\rho}}=[\rho_{ij}]_{m\times m}$为线性化后功能函数$Z_j(j=1, 2, \cdots, m)$的相关系数矩阵；$\Phi_m(\cdot)$为$m$维标准正态分布函数。

对于影响可靠度的相互独立的、任意分布随机变量，可以利用JC法的当量正态化方法将其转换为标准正态分布变量，之后利用公式（4-116）计算并联结构体系的可靠指标。

由上述讨论可知，计算结构体系可靠度，首先要计算各机构发生的概率或各失效模式下的可靠指标，之后分析各机构或失效模式之间的相关性，再进行结构体系可靠指标或失效概率的计算，其求解过程较为复杂，计算的工作量较大。

4.6.3 结构体系失效概率的区间估计

由于上述计算方法的复杂性，目前较多地采用界限范围估计法确定结构体系的可靠度，即采用结构体系失效概率的区间估计方法。

1. 宽界限区间估计

对于串联结构体系，按照式（4-100）和式（4-102)，Cornell提出了存在m种失效模式的结构体系失效概率的宽界限公式，即

$$\max P_{i,\mathrm{f}}\leqslant P_{\mathrm{f}}\leqslant 1-\prod_{i=1}^{m}(1-P_{i,\mathrm{f}}) \tag{4-117}$$

该公式只考虑了单个失效模式下的失效概率而没有考虑失效模式之间的相关性。因此，一般情况下，只用于粗略估算结构体系的失效概率。

当 $P_{i,f}$较小时，式（4-117）可近似地修改为

$$\max P_{i,f} \leqslant P_f \leqslant \sum_{i=1}^{m} P_{i,f} \tag{4-118}$$

以式（4-118）可以估算具有较少可知机构下结构体系的失效概率 P_f的范围。当机构数目较多，且 $P_{i,f}$较小时，计算得到的界限范围偏大。

2. 窄界限区间估计

设串联结构体系有 m 个失效模式，各失效模式相关，其中第 i 个失效事件为 E_i。对于此结构体系失效概率，1979 年 O. Dieleven 提出了窄界限区间的估计公式。

根据概率论，结构体系的失效概率可表示为

$$\begin{aligned} P_f &= P(E_1 \cup E_2 \cup \cdots \cup E_m) \\ &= P(E_1) + P(E_2) - P(E_1 \cap E_2) + P(E_3) - P(E_1 \cap E_3) - P(E_2 \cap E_3) + \\ &\quad P(E_1 \cap E_2 \cap E_3) + P(E_4) - P(E_1 \cap E_4) - P(E_2 \cap E_4) - P(E_3 \cap E_4) + \\ &\quad P(E_1 \cap E_2 \cap E_4) + P(E_1 \cap E_3 \cap E_4) + P(E_2 \cap E_3 \cap E_4) - P(E_1 \cap E_2 \cap E_3 \cap E_4) + \\ &\quad P(E_5) - \cdots \\ &= \sum_{i=1}^{m} P(E_i) - \sum \sum_{i<j}^{m} P(E_i \cap E_j) + \sum \sum \sum_{i<j<k}^{m} P(E_i \cap E_j \cap E_k) \cdots \end{aligned} \tag{4-119}$$

显然，$P(E_i \cap E_j) \geqslant P(E_i \cap E_j \cap E_k)$，…。若仅考虑式（4-119）的前两项，则结构体系的失效概率的下界限为

$$P_f \geqslant P(E_1) + \sum_{i=2}^{m} \max\left\{\left[P(E_i) - \sum_{j=1}^{i-1} P(E_i \cap E_j)\right], 0\right\} \tag{4-120}$$

式中，$\max\left\{\left[P(E_i) - \sum_{j=1}^{i-1} P(E_i \cap E_j)\right], 0\right\}$ 为 $P(E_i) - \sum_{j=1}^{i-1} P(E_i \cap E_j)$ 与 0 中的最大值。

为求结构体系失效概率的上界限，在式（4-119）中，令

$$\begin{aligned} U_3 &= P(E_4) - P(E_1 \cap E_4) - P(E_2 \cap E_4) - P(E_3 \cap E_4) + P(E_1 \cap E_2 \cap E_4) \\ &\quad + P(E_1 \cap E_3 \cap E_4) + P(E_2 \cap E_3 \cap E_4) - P(E_1 \cap E_2 \cap E_3 \cap E_4) \\ &= P(E_4) - P[(E_1 \cap E_4) \cup (E_2 \cap E_4) \cup (E_3 \cap E_4)] \end{aligned} \tag{4-121}$$

根据概率论，对于两个任意事件 E_i和 E_j，有

$$P(E_i \cup E_j) \geqslant \max[P(E_i), P(E_j)] \tag{4-122}$$

因此，由式（4-121）和式（4-122），有

$$U_3 \leqslant P(E_4) - \max_{j<4} P(E_j \cap E_4) \tag{4-123}$$

将式（4-123）代入式（4-119），有

$$P_f \leqslant \sum_{i=1}^{m} P(E_i) - \sum_{i=2, j<i}^{m} \max[P(E_i \cap E_j)] \tag{4-124}$$

因此，据式（4-120）和式（4-124），有串联结构体系失效概率的窄界限区间为

$$P(E_1) + \sum_{i=2}^{m} \max\left\{\left[P(E_i) - \sum_{j=1}^{i-1} P(E_i \cap E_j)\right], 0\right\}$$

$$\leqslant P_{\mathrm{f}} \leqslant \sum_{i=1}^{m} P(E_i) - \sum_{i=2, j<i}^{m} \max[P(E_i \cap E_j)] \tag{4-125}$$

式中，$P(E_i \cap E_j)$ 表示事件 E_i 和 E_j 同时发生的概率，即两个失效模式同时失效的概率。故上式考虑到了失效模式之间的相关性。

$P(E_i \cap E_j)$ 可表示为

$$P(E_i \cap E_j) = \Phi_2(-\beta_i, -\beta_j; \rho_{ij}) \tag{4-126}$$

式中，$\Phi_2(-\beta_i, -\beta_j; \rho_{ij})$ 为二维标准正态分布函数，其计算为

$$\Phi_2(-\beta_i, -\beta_j; \rho_{ij}) = \int_{-\infty}^{-\beta_i}\int_{-\infty}^{\beta_j} \varphi_2(x_i, x_j; \rho_{ij}) \mathrm{d}x_i \mathrm{d}x_j \tag{4-127}$$

而二维标准正态分布的密度函数表示为

$$\varphi_2(x_i, x_j; \rho_{ij}) = \frac{1}{2\pi\sqrt{1-\rho_{ij}^2}} \exp\left(-\frac{1}{2}\frac{x_i^2 + x_j^2 - 2\rho_{ij}x_i x_j}{1-\rho_{ij}^2}\right) \tag{4-128}$$

式（4-126）的 $\Phi_2(-\beta_i, -\beta_j; \rho_{ij})$ 也可以表示为

$$\Phi_2(-\beta_i, -\beta_j; \rho_{ij}) = \Phi(-\beta_i)\Phi(-\beta_j) + \int_0^{\rho_{ij}} \varphi_2(\beta_i, \beta_j; z) \mathrm{d}z \tag{4-129}$$

式（4-127）和（4-129）均为 $\Phi_2(-\beta_i, -\beta_j; \rho_{ij})$ 的精确表达式，但因为要求数值积分，应用并不方便。为此，实际工程结构体系失效概率计算时，一般以 $\Phi_2(-\beta_i, -\beta_j; \rho_{ij})$ 的上、下界限公式来估计。

$$\begin{cases} \max[P(A), P(B)] \leqslant \Phi_2(-\beta_i, -\beta_j; \rho_{ij}) \leqslant P(A) + P(B) & \rho_{ij} \geqslant 0 \\ 0 \leqslant \Phi_2(-\beta_i, -\beta_j; \rho_{ij}) \leqslant \min[P(A), P(B)] & \rho_{ij} < 0 \end{cases} \tag{4-130}$$

式中，

$$\begin{cases} P(B) = \Phi(-\beta_j)\Phi\left(-\dfrac{\beta_i - \rho_{ij}\beta_j}{\sqrt{1-\rho_{ij}^2}}\right) \\ P(A) = \Phi(-\beta_i)\Phi\left(-\dfrac{\beta_j - \rho_{ij}\beta_i}{\sqrt{1-\rho_{ij}^2}}\right) \end{cases} \tag{4-131}$$

当两种失效模式下的失效概率较小且相差较大时，上述近似计算的界限较窄。但当两种失效模式下的失效概率较大而且比较接近，或正相关性较强时，得到界限过宽。

为此，1989 年 Feng Y S 提出了一个较简便的近似计算公式

$$\Phi_2(-\beta_i, -\beta_j; \rho_{ij}) = [P(A) + P(B)][1 - \arccos(\rho_{ij})/\pi] \tag{4-132}$$

式中，$P(A)$ 和 $P(B)$ 仍然用式（4-131）计算。

根据计算分析，公式（4-132）能得到较好的近似结果。不过，当各失效模式下的失效概率较大时，其绝对误差较大，且在两种失效模式正相关较强时，得到的结果将低于式（4-130）的下界限。关于 $\Phi_2(-\beta_i, -\beta_j; \rho_{ij})$ 的比较精确而相对简便的计算方法，可以参考有关文献。

上述的方法是对串联结构体系失效概率的区间估计方法。对于并联结构体系，若其由 m 个失效模式（或单元）组成，$E_i(i=1, 2, \cdots, m)$ 为结构体系中第 i 个失效模式（单元）失效，则该体系的失效概率可表示为

$$P_{\mathrm{f}} = P(E_1 \cap E_2 \cap \cdots \cap E_i \cap \cdots \cap E_m) \tag{4-133}$$

若 $E_i(i=1, 2, \cdots, m)$ 相互独立，则有

$$P_{\mathrm{f}} = \prod_{i=1}^{m} P_{\mathrm{f}_i} \tag{4-134}$$

若 $E_i(i=1, 2, \cdots, m)$ 完全相关，则有

$$P_{\mathrm{f}} = \min_{i \in m} P_{\mathrm{f}_i} \tag{4-135}$$

式中，P_{f_i} 为第 i 个失效模式（单元）失效概率。

显然，该结构系统失效概率的简单界限为

$$\prod_{i=1}^{m} P_{\mathrm{f}_i} \leqslant P_{\mathrm{f}} \leqslant \min_{i \in m} P_{\mathrm{f}_i} \tag{4-136}$$

由于

$$P(E_1 \cap E_2 \cap \cdots \cap E_i \cap \cdots \cap E_m) \leqslant P(E_i \cap E_j) \tag{4-137}$$

式（4-137）对所有的 $i \in m$ 和 $j \in m$ 均成立，故有

$$P_{\mathrm{f}} \leqslant \min_{i,j=1}^{m} P(E_i \cap E_j) \tag{4-138}$$

则式（4-136）的界限范围可修订为

$$\prod_{i=1}^{m} P_{\mathrm{f}_i} \leqslant P_{\mathrm{f}} \leqslant \min_{i,j=1}^{m} P(E_i \cap E_j) \tag{4-139}$$

式中，$P(E_i \cap E_j)$ 可由式（4-112）计算。

4.6.4 结构体系失效概率的点估计方法

上述的区间估计得到的结构体系失效概率计算方法，在实际应用中较多，尤其是窄界限法。但实际计算结果表明，若结构体系的失效模式多或失效模式之间的线性相关系数较大时，窄界限法得到的计算结果使得其上、下界限之间较大，很难获得结构体系失效概率的比较准确的估计值。为此，一些理论侧重研究结构体系失效概率的点估计方法。

1. PNET 法

早期的结构体系失效概率点估计法之一的 PNET 法，可在结构体系失效概率计算时的点估计分析中适当考虑其中失效模式之间的相关性，从而提高计算精度。

PNET 法是概率网络估计技术（Probabilistic Network Evaluation Technique）简称。对于一个结构体系，该方法首先是将主要失效模式按照彼此相关的密切程度分成若干组（如 k 组)，在每组中选出一个失效概率最大的失效模式作为代表失效模式，该失效模式的失效概率记为 $P_{i,\mathrm{f}}$；之后，假设各组的代表失效模式之间相互独立，则可按照下式计算结构体系的失效概率

$$P_{\mathrm{f}} = 1 - \prod_{i=1}^{k} (1 - P_{i,\mathrm{f}}) \tag{4-140}$$

PNET 法的关键是代表失效模式的选择，即所有失效模式的分组标准相关系数 ρ_0 的选择，若 ρ_0 选取得较大，则将使得计算的结果偏于保守；反之，若 ρ_0 选取得较小，则计算结果偏于危险。只有在选择的 ρ_0 比较合适时，得到的结果较为准确，但一般情况下是根据经验选取 ρ_0。各组的代表失效模式及 ρ_0 的选取，可参考其他文献。

2. 近似数值积分法

下面介绍文献［13］的结构体系失效概率的近似积分方法。

(1) 理论公式

若结构体系存在 m 个失效模式，其第 i 个失效模式的功能函数为 Z_i（$i=1$，2，…，m），则该体系的失效概率为

$$P_{\mathrm{f}}=P[\bigcup_{i=1}^{m}(Z_i\leqslant 0)]=1-P[\bigcap_{i=1}^{m}(Z_i>0)] \tag{4-141}$$

记该体系的第 i 个失效模式对应的安全事件记为 A_i（$i=1$，2，…，m），有

$$P(A_i)=P(Z_i>0)=\Phi(\beta_i)=1-P_{i,\mathrm{f}} \tag{4-142}$$

因为 $Z_i(i=1, 2, \cdots, m)$ 相关，即事件 A_1，A_2，…，A_m之间相容。据条件概率的公式，式（4-141）表示的结构体系失效概率改写为

$$P_{\mathrm{f}}=1-P(A_1)P(\bigcap_{i=2}^{m}A_i\,|\,A_1)=\cdots=1-P(A_1)P(A_2\,|\,A_1)\cdots P(A_m\,|\,\bigcap_{i=1}^{m-1}A_i) \tag{4-143}$$

式（4-143）表明，利用条件概率，可将结构体系失效概率计算从求 m 个相容事件交的概率转换为求解一组条件概率的乘积。但是，即使求一组条件概率的乘积，也需要数值积分。为此，需要研究其近似计算方法。

(2) 近似计算

先调整 Z_1，Z_2，…，Z_m的排序，使 $P_{1,\mathrm{f}}\geqslant P_{2,\mathrm{f}}\geqslant\cdots\geqslant P_{m,\mathrm{f}}$。对于 A_i和 A_j（$i>j$），由第 2 章的条件概率公式，有

$$P(A_i\,|\,A_j)=P(A_i\cap A_j)/P(A_j) \tag{4-144}$$

式（4-144）中，$P(A_j)$ 较容易得到，关键是 A_i和 A_j交的概率 $P(A_i\cap A_j)$ 计算。$P(A_i\cap A_j)$ 的界限可由下式计算

$$P(A_i)P(A_j)\leqslant P(A_i\cap A_j)\leqslant P(A_j) \tag{4-145}$$

即

$$(1-P_{i,\mathrm{f}})(1-P_{j,\mathrm{f}})\leqslant P(A_i\cap A_j)\leqslant 1-P_{j,\mathrm{f}} \tag{4-146}$$

式（4-146）中，左端对应于 Z_i和 Z_j之间的相关系数 $\rho_{ij}=0$ 的情况，右端为 $\rho_{ij}=1$ 的情况。因为 $P(A_i\,|\,A_j)$ 只是 $P(A_i)$、$P(A_j)$ 和 ρ_{ij} 的函数，根据数值分析和拟合的计算结果发现，当 $0\leqslant\rho_{ij}\leqslant 1.0$ 时，$P(A_i\cap A_j)$ 的值可以由下式近似得到

$$P(A_i\cap A_j)=(1-P_{j,\mathrm{f}})[1-P_{i,\mathrm{f}}(1-K^{\frac{\beta_j}{2}})] \tag{4-147}$$

式中，

$$K=\frac{2}{\pi}[1+(\rho_{ij}-\rho_{ij}^2)(0.75-\rho_{ij})\exp(3\rho_{ij})]\mathrm{arctg}\left(\frac{1}{\sqrt{1-\rho_{ij}^2}}-1\right) \tag{4-148}$$

因此，根据（4-144）和（4-147），有

$$P(A_i\,|\,A_j)=1-P_{i,\mathrm{f}}(1-K^{\frac{\beta_j}{2}}) \tag{4-149}$$

对于一般的情况，有以下近似关系

$$P(A_i\,|\,\bigcap_{j=1}^{i-1}A_j)=1-P_{j,\mathrm{f}}\prod_{j=1}^{i-1}(1-K_{ij}^{\frac{\beta_j}{2}}) \tag{4-150}$$

式中，K_{ij} 由下式计算

$$K_{ij}=\frac{2}{\pi}\left[1+(\rho_{ij}-\rho_{ij}^2)\left(\frac{3}{4+\rho_{ij}\ln j}-\rho_{ij}\right)\exp(3\rho_{ij})\right]\mathrm{arctg}\left(\frac{1}{\sqrt{1-\rho_{ij}^2}}-1\right) \tag{4-151}$$

综合上述理论公式（4-143）和近似公式（4-150），可得结构体系失效概率的近似计算公式为

$$P_{\mathrm{f}} = 1 - \prod_{i=1}^{m}(1 - P'_{i,\mathrm{f}}) \tag{4-152}$$

式中，

$$P'_{1,\mathrm{f}} = P_{1,\mathrm{f}} \tag{4-153}$$

$$P'_{i,\mathrm{f}} = P_{i,\mathrm{f}} \prod_{j=1}^{i-1}(1 - K_{ij}^{\frac{\beta_j}{2}}) \tag{4-154}$$

以这种近似数值分析方法计算有 m 个失效模式的结构体系失效概率。其步骤是，首先选取结构体系的主要失效模式，并由一次二阶矩法计算各失效模式下的可靠指标 β_i 和失效概率 $P_{i,\mathrm{f}}$，以及失效模式之间的线性相关系数 ρ_{ij}（$i \neq j$）；之后，按照递减顺序排列失效模式的失效概率，使 $P_{1,\mathrm{f}} \geqslant P_{2,\mathrm{f}} \geqslant \cdots \geqslant P_{m,\mathrm{f}}$；对于每个 i，由式（4-151）计算每个 j 下的 K_{ij} 值，然后用式（4-154）计算 $P'_{i,\mathrm{f}}$ 值；最后，以式（4-152）近似计算得到该结构体系的失效概率 P_{f}。

算例的结果表明，这种计算方法的结果与数值积分的计算结果比较接近。

第 5 章　工程结构上的作用及其效应分析

工程结构在使用期间承受各种外部因素的影响，一般地，将这些使结构产生应力和变形的外部因素统称为作用。我国的《工程结构可靠性设计统一标准》GB 50153—2008 和国际标准《结构可靠性总原则》ISO 2394—1998 都将环境影响作为一种作用的形式；《建筑结构可靠性设计统一标准》GB 50068—2018 和《港口工程结构可靠性设计统一标准》GB 50158—2010 等规范或标准中，作用的定义均为施加在结构上的集中力或分布力（直接作用，也称为荷载）和引起结构外加变形或约束变形的原因（间接作用）。我国的《混凝土结构耐久性设计规范》GB/T 50476—2008 定义了环境作用等级，按五种环境类别将环境作用等级划分为六级，提出了不同级别环境下对混凝土结构的混凝土强度和钢筋材料性能的要求，反映了环境作用对混凝土结构耐久性的影响。

本章介绍了工程结构上作用的概念及其分类，作用的概率模型及统计分析方法，作用效应及其组合方法，常遇作用的统计分析，以及作用的代表值与设计值等。

5.1　工程结构上的作用

5.1.1　工程结构上的作用

工程结构上的作用，是能使结构产生效应（结构或构件的内力、应力、变形、位移、应变和裂缝等）的各种原因的总称。任何结构都因地球引力而受重力的影响，同时也受使用荷载和由自然环境因素引起的各种荷载或力的作用。例如，房屋结构要承担的自重、人群和家具及设备重量、风荷载及地震作用等；桥梁结构需承担其自重、人群荷载和各种附加的恒载，以及车辆荷载及其制动力和冲击力、风荷载、地震作用、撞击力和曲线桥梁车辆产生的离心力等；水利工程中的大坝结构承担的自重、静水压力、波浪荷载、地震作用和动水压力等。

结构上的作用包括直接作用和间接作用两类。直接作用是以力的不同集结形式（如集中力或分布荷载）施加于结构上，包括结构构件的自重、行人及车辆的重量、各种物品及设备自重、风压力、雪压力、水压力和冻胀力等，这一类作用也习惯上称为荷载。间接作用，不直接以力的某种集结形式出现，而是引起结构的振动、约束变形或外加变形，使得结构产生内力或变形等效应，包括温度变化、材料的收缩和膨胀变形、地基不均匀沉降、地震和焊接等。

在《工程结构可靠性设计统一标准》GB 50153—2008 中规定，当结构上的作用比较复杂且不能直接描述时，可根据作用的机理，建立适当的数学模型来表示作用的大小、位置、方向和持续期等性质。结构上的作用 F 的大小一般可采用以下数学模型

$$F=\varphi(F_0,\omega) \tag{5-1}$$

式中，F 为结构的作用；$\varphi(\cdot)$ 为所采用的函数；F_0 为基本作用，通常具有时间和空间的变异性（随机的或非随机的），但一般与结构的性质无关；ω 为用以将 F_0 转化为 F 的随机或非随机变量，它与结构的性质有关。

如在《建筑结构荷载规范》GB 50009—2012 中，垂直于建筑物表面的风荷载标准值为

$$w_k = \beta_z \mu_z \mu_s w_0 \tag{5-2}$$

式中，w_k 为风荷载标准值，kN/m^2；β_z 为高度 z 处的风振系数；μ_z 为风压高度变化系数；μ_s 为风荷载体型系数；w_0 为基本风压，kN/m^2。

式（5-2）中，基本风压 w_0 与结构本身无关，是根据不同的重现期得到的风压，相当于公式（5-1）中的 F_0；而 β_z、μ_z 和 μ_s 则与结构的动力特性、结构迎风面的体型及结构的高度等有关，相对于公式（5-1）的 ω。

由于结构的形式和作用类型不同，式（5-1）作用的数学模型具体形式各异。结构的安全性分析时，作用的描述以式（5-1）比较适合，但结构耐久性和适用性分析时可能并不适合。如氯盐环境下混凝土结构耐久性分析中，钢筋的初始锈蚀时间与钢筋表面处积累的氯离子浓度 $C(x, t)$ 有关，此时的 $C(x, t)$ 是其耐久性分析中的一种自然因素（广义作用），并不能以公式（5-1）形式的数学模型描述。

一些结构上的作用，如果各自出现与否及数值大小在时间和空间上均彼此互不相关，称这些作用为在时间上和空间上相互独立的作用，如建筑结构楼面活荷载与风荷载之间就是时间上和空间上相互独立的两种作用。但一些结构上的作用，在时空上可能相关，如水工结构或港工结构中的水压力与其波浪荷载，因为都与结构物前的水位（或水深）有关，这两种作用是时空相关的。由于基本随机变量的相关性将影响结构可靠度的计算结果，因此，在计算这些结构或构件可靠度时，应该考虑这些基本随机变量之间的相关性。

5.1.2 作用的分类

由于工程结构上作用的种类或形式多，为方便研究时以统一的数学模型描述，需将作用分类。作用的分类方法很多，不同的分类方法反映了作用的某些基本性质或作用效应重要性的不同。

作用的分类主要方法包括按随时间的变异分类、按随空间位置的变异分类、按结构的反应特性分类及按有无界限分类。

1. 按随时间的变异分类

按随时间的变异分类方法，是作用的基本分类方法，也是研究结构随机可靠度时处理作用的随机模型的需要。按设计规范的极限状态设计时，其中的作用代表值一般与其出现的持续时间长度有关，与这种按随时间的变异分类一致。

（1）永久作用

在设计基准期内量值不随时间变化，或其变化与平均值相比可以忽略不计的作用。如结构的自重、土压力、水位不变的水压力、预加压力、地基变形、钢材焊接、混凝土收缩变形等。不同功能的工程结构上，永久作用具体表现形式有所不同。

永久作用的特征是其统计规律与时间参数无关，随机性只表现在空间的变异上，因此，可采用随机变量概率模型来描述。

（2）可变作用

在设计基准期内其量值随时间变化，且其变化与平均值相比不可忽略的作用。如结构施工过程中的人员和物件产生的重力、车辆重力、吊车荷载、结构使用过程中的人员和设备重力、风荷载、雪荷载、屋面活荷载、积灰荷载、冰荷载、波浪荷载、水位变化的水压力、温度变化等。

可变作用的统计规律则不仅仅与空间变异性有关，也与时间参数有关，故必须采用随机过程概率模型来描述。

（3）偶然作用

在设计基准期内不一定出现，而一旦出现其量值很大，且持续时间很短的作用。如地震作用，爆炸力，汽车、船舶或漂浮物的撞击力，火灾和龙卷风等。偶然作用不容易统计其规律，不同功能的工程结构其偶然作用的形式不同，如水工结构中的偶然作用包括校核洪水位时的静水压力，而其他工程结构中的静水压力一般作为可变作用处理。

在结构可靠度分析时，永久作用、可变作用和偶然作用的出现概率及其出现的持续时间长度不同，则其可靠度的水准也不同。如建筑结构上的作用，在设计阶段时，统计的持续时长一般为设计基准期 50 年，而既有建筑结构的可靠性评价时，其作用的统计持时则不一定是 50 年，故其得到的可靠度水准是不同的。

2. 按随空间位置的变异分类

（1）固定作用

在结构空间位置上具有固定的分布，但其量值可能具有随机性的作用。如结构的自重、工业厂房楼面固定的设备荷载等。

（2）自由作用

在结构空间位置上的一定范围内可以任意分布，出现的位置及量值可能具有随机性的荷载。若楼面上的人群和家具荷载、桥面上的车辆荷载、厂房中的吊车荷载等。在《水利水电工程结构可靠性设计统一标准》GB 50199—2013 中，自由作用也称为可动作用。

3. 按结构的反应特性分类

（1）静态作用

对结构或构件不产生动力效应，或其产生的动力效应与静态效应相比可以忽略不计的作用。如结构自重、雪荷载、土压力、建筑结构的楼面活荷载、温度变化等。

（2）动态作用

对结构或构件产生不可忽略的动力效应的作用。如地震作用、风荷载、大型设备的振动、爆炸、车辆冲击荷载或漂浮物的碰撞作用等。

《建筑结构可靠性设计统一标准》GB 50068—2018 定义的静态作用是，使结构产生的加速度可以忽略不计的作用；动态作用是使结构产生的加速度不可忽略不计的作用。

结构在动态作用下的分析，按结构动力学的方法进行。如果作用的效应有动力特性，当作用产生的结构动力效应的影响不可忽略时，则其为动态作用；否则，可将其划分为静态作用。如建筑结构楼面的人群荷载，其本身是具有动力特性的荷载，但一般情况下其对楼面产生的动力效应很小，可以作为静态荷载。水工结构中的挡水建筑物，如大坝和水闸等，风成波产生的波浪荷载具体动力特性，但其动力效应较小一般也作为静态荷载。

4. 按有无界限分类

(1) 有界作用

具有不可能超过的，且可以确切或近似地掌握界限值的作用。如水工结构中挡水建筑物水闸或大坝的水位或静水压力，桥梁上列车的静载效应等属于有界作用。

(2) 无界作用

具有不明（上限和下限）界限值的作用。工程结构设计中的作用，大多数属于无界作用，如桥梁设计中的车辆荷载，建筑结构的楼面活荷载等。

工程结构设计中的作用可能具有多方面的特性，上述分类方法是按照一种特征来划分作用的类型。如结构构件的自重，如果按随时间的变异性区分，则属于永久作用；按空间位置的变异性划分属于固定作用；按照结构的反应特性分类，则属于静态作用，而自重也是一种无界作用。

5.2 作用的概率模型及统计分析方法

一般地，作用是时间的函数。对结构作用的统计分析结果表明，对于任一特定时刻 $t=t_0$ 而言，作用并非定值，而是一个随机变量。因此，对任一特定时刻的作用，可以用随机变量来描述；但因为作用与时间有关，因此，在设计基准期内，作用的描述应该是随机过程。对于一些作用，如果还考虑其空间的变异性，则应该用随机场来描述作用。

5.2.1 平稳二项随机过程

1. 随机过程的基本概念

随机变量是在每次试验中仅取一个事先不能确知其数值的变量。如第 2 章所述，随机变量的函数仍然是随机变量。

如果某随机量在每次试验中，不是一个事先不能确知的数值，而是一个事先不能确知的函数，则此随机量为随机函数。随机函数每次试验的结果称为抽样函数或样本函数，也称为随机函数的“实现”。随机函数的抽样函数是一个很复杂的变化过程。但任一抽样函数，无论如何复杂，均为一个确定性函数；复杂函数不一定是随机函数，变化规律很简单的函数也可能是随机函数。

随机函数的自变量仅为一个时，称其为一维随机函数；当有多个自变量时，称为多维随机函数。当随机函数 $X(t)$ 的自变量为时间时，一般称 $X(t)$ 为随机过程，但通常并不区分随机函数和随机过程。工程结构上的作用是时间的函数，因此，结构上的作用是随机过程，也即时间的一维随机函数。如建筑物受的风荷载，它是随时间 t 变化的，即每次大风的风速是时间 t 的函数，而这个函数是不能预先确知的，因而是一个随机过程。但是，每次大风的瞬时最大风速或一定时距（一定时间内）的平均最大风速则是一个随机变量。

2. 随机过程的定义和概率分布

随机过程 $X(t)$，$t \in T$（T 称为指标集），是变量 t 的一族样本函数。因此，基于样本理论给出的随机过程的定义是，设随机试验的样本空间为 S，若对于每一个 $s \in S$，有一个确定的函数 $y(t)=x(t,s)$ 与之对应，从而对于所有的 $s \in S$。可以得到一族定义在 S 上的关于参数 t 的函数，记为 $X(t)$，并称其为随机变量。

若干随机过程主要依赖于空间坐标，则称为随机场，记为 $X(u, t)$。当 u 具有一个、两个或三个分量时，则 $X(u, t)$ 分别称为一维、二维和三维随机场。随机场也可以不依赖于时间 t。

如果对于 $t \in T$ 的任一有限集 $\{t_1, t_2, \cdots, t_n\}$ 有相应的随机变量的集合，$X_1=X(t_1)$，$X_2=X(t_2)$，…，$X_n=X(t_n)$，且有联合概率分布函数

$$F_{X_1,X_2,\cdots,X_n}(x_1,t_1;x_2,t_2;\cdots;x_n,t_n)=P\{(X_1 \leqslant x_1) \cap (X_2 \leqslant x_2) \cap \cdots \cap (X_n \leqslant x_n)\}$$

$$(n=1,2,\cdots,n) \tag{5-3}$$

则这族联合分布函数定义了一个随机过程 $X(t)$，$t \in T$。$X(t)$ 的概率密度函数为

$$f_{X_1,X_2,\cdots,X_n}(x_1,t_1;x_2,t_2;\cdots;x_n,t_n)=\frac{\partial^n F_{X_1,X_2,\cdots,X_n}(x_1,t_1;x_2,t_2;\cdots;x_n,t_n)}{\partial x_1 \partial x_2 \cdots \partial x_n} \tag{5-4}$$

当 $n=1$，2，…，n 时，分别称 $F_{X_1,X_2,\cdots,X_n}(x_1, t_1; x_2, t_2; \cdots; x_n, t_n)$ 和 $f_{X_1,X_2,\cdots,X_n}(x_1, t_1; x_2, t_2; \cdots; x_n, t_n)$ 为 $X(t)$ 的一维、二维、…n 维分布函数和密度函数。

一个随机过程 $X(t)$，若在时域 $t \in [a, b]$ 内取 $t=t_j$，则 $X(t_j)$ 为一个随机变量，称为随机过程 $X(t)$ 对应于 t_j 的截口，或截口随机变量。显然，随机过程 $X(t)$ 在时域 $t \in [a, b]$ 内有无穷多个截口随机变量。随机过程的任一截口随机变量必然有一个分布函数，称任一时刻 $t=t_j$ 的截口随机变量 $X(t_j)$ 的分布函数 $F_{X(t_j)}$ 为随机过程 $X(t)$ 的任意时点分布函数。

如果结构上的作用是一个平稳随机过程，那么，在设计基准期 T 内，这个随机过程在 $t \in T$ 内的任意时点值的截口随机变量的分布是相同的。

3. 平稳随机过程

按照参数与随机过程的连续性，随机过程可分为四类：（1）离散参数的离散随机过程；（2）离散参数的连续随机过程；（3）连续参数的离散随机过程；（4）连续参数的连续随机过程。如果结构上的作用是随时间变异的，则其应该用连续的随机过程描述。如按照统计规律性，随机过程可分为平稳随机过程和非平稳随机过程。

若一个随机过程 $X(t)$，$t \in T$，有

$$F_{X_1,X_2,\cdots,X_n}(x_1,t_1;x_2,t_2;\cdots;x_n,t_n)=F_{X_1,X_2,\cdots,X_n}(x_1,t_1+\tau;x_2,t_2+\tau;\cdots;x_n,t_n+\tau)$$

$$(t_j+\tau \in T, j=1,2,\cdots,n) \tag{5-5}$$

则称 $X(t)$ 为平稳或严格平稳随机过程。

公式（5-5）表明，一个严格平稳随机过程的任意阶概率分布函数不随时间的任意平移而改变。因为公式（5-5）必须对所有的正整数成立，以此检验随机过程 $X(t)$ 是否具有平稳性较困难。以此，工程应用中一般用到的是弱平稳随机过程或广义平稳随机过程。

若随机过程 $X(t)$，$t \in T$，有

$$|E\{X(t)\}|=\text{const}<\infty, E\{X^2(t)\}<\infty \tag{5-6}$$

且对于任意的 t，$t+\tau \in T$，满足

$$E\{X(t)X(t+\tau)\}=R_{XX}(\tau) \tag{5-7}$$

则称 $X(t)$ 是弱平稳随机过程或广义平稳随机过程，也称其为二阶平稳随机过程。公式（5-6）和（5-7）中的 $E(\cdot)$ 和 $R_{XX}(\tau)$ 分别为均值和自相关函数。

因此，广义平稳随机过程的均值为常数，其自相关函数 $R_{XX}(\tau)$ 是偶函数，且总是有限的，仅依赖于时间差 τ，$|R_{XX}(\tau)| \leqslant R_{XX}(0) = E\{X^2(t)\}$。

二阶矩有限的严格平稳随机过程必定为广义平稳随机过程，而广义平稳随机过程则不一定是严格平稳的。凡是不满足公式（5-6）和（5-7）的随机过程称为非平稳随机过程。

平稳随机过程的样本曲线的特点是，所有的样本曲线大体上都在某一水平直线周围随机波动。因此，在工程应用中常从直观上判断一个随机过程的平稳性。例如，结构物承受的风荷载，其作用于结构上是从小到大，而又从大到小，应该是一个非平稳随机过程。但在风力最强的时段内，风压总是围绕其平均值变化。因此，一般是将风压分为平均风压和脉动风压之和，其中的平均风压作为随机变量，而脉动风压则视为平稳随机过程。

4. 平稳二项随机过程

对于一个随机过程 $\{Q(t), 0 \leqslant t \leqslant T\}$，如结构上某种随时间变异的作用，若满足以下条件：

（1）在时域［0，T］内可划分为 r 个相等的时段，即 $r = T/\tau$。

（2）在任意时段 $\tau_i = t_i - t_{i-1}$（$i=1$，2，…，r）内，$Q(t) > 0$（$t \in \tau_i$），即 $Q(t)$ 在本时段出现的概率为 p；$Q(t) \leqslant 0$（$t \in \tau_i$），即 $Q(t)$ 在本时段不出现的概率为 $q = 1 - p$。

（3）$Q(t)$ 在时域［0，T］内任意时点随机变量 $Q(t_i)$（$t \in \tau_i$，$i=1$，2，…，r）相互独立且服从同一分布 $F_i(x)$。

（4）在每一个时段 τ_i 内，$Q(t)$ 出现与否与截口随机变量相互独立。

则称该随机过程为平稳二项随机过程。

平稳二项随机过程 $Q(t)$ 的样本函数可以表示为等时段矩形波函数，如图 5-1 所示。

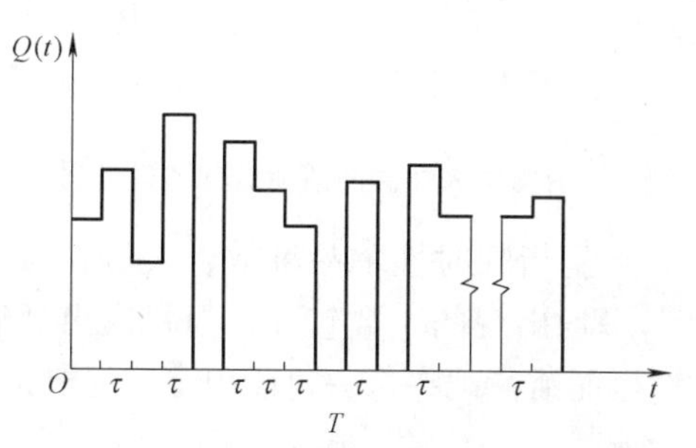

图 5-1　平稳二项随机过程的样本函数

结构上随时间变异的作用，可用平稳二项随机过程模型的样本函数模型化为等时段的矩形波函数。矩形波幅值的变化规律，采用随机过程中任意时点作用的概率分布函数来描述。

5.2.2　作用的随机过程模型

1. 永久作用

结构设计基准期为 T，则永久作用在时域［0，T］内必然出现，其量值不随时间而变。利用上述平稳二项随机过程模型，永久作用的样本函数可表示为一平行于时间轴的直线，如图 5-2 所示。

永久作用的量值不随时间变化，但其不是一个确定的值，而是一个取决于工程结构建

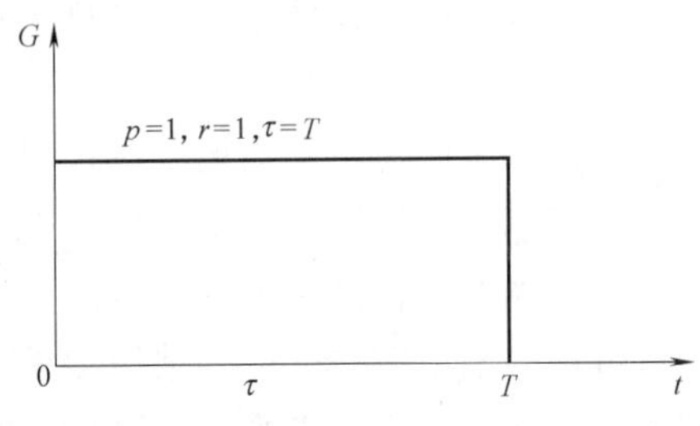

图 5-2　永久作用的随机过程样本函数

造时的初始状态的随机变量。由于永久作用的性质多样，描述永久作用的随机变量分布也不同。

2. 可变作用

工程结构上的可变作用，其样本函数模型化为等时段的矩形波函数时，其时段的长度根据可变作用的特点划分。下面以建筑结构的楼面活荷载为例，说明可变作用的随机过程模型。

根据荷载变动特点，建筑结构的楼面活荷载划分为持续时间较长的持久性活荷载和持续时间较短的临时性活荷载。

持久性楼面活荷载 $L_i(t)$ 主要是指家具、固定设备、办公用品及其正常使用情况下人员体重等，其特点是在整个设计基准期内［0，T］必然出现，且每次出现均持续较长时间。根据我国对办公楼及住宅用户搬迁情况的调查、统计和分析，每次搬迁后的平均持续使用时间大约为 10 年。因此，可取时段 $\tau=10$。若设计基准期 T 为 50 年，则时段数 $r=T/\tau=5$。利用平稳二项随机过程模型，持久性楼面活荷载 $L_i(t)$ 的样本函数可表示为图 5-3 的形式。

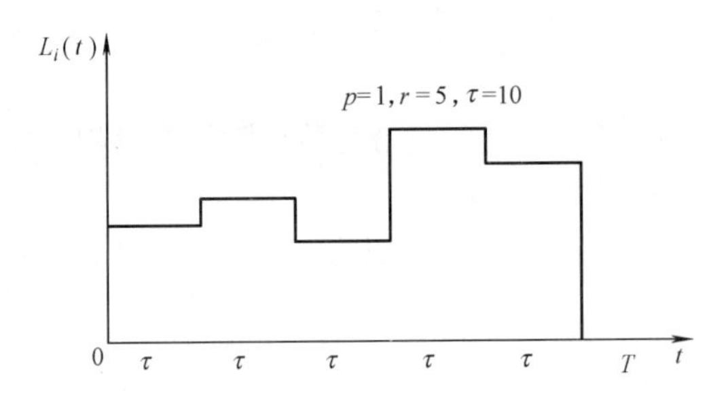

图 5-3　建筑结构持久性楼面活荷载的随机过程样本函数

临时性楼面活荷载 $L_r(t)$ 是指临时性物品堆放、人员临时聚集等产生的作用，其特点是设计基准期内［0，T］平均出现的次数较多，但每次出现后持续的时间较短，如几小时或几天的时间。临时性楼面活荷载在每一时段内出现的概率较小，则利用平稳二项随机过程模型，临时性楼面活荷载 $L_r(t)$ 的样本函数可表示为图 5-4 的形式。

由于临时性楼面活荷载的样本函数 $L_r(t)$ 统计参数的精确数据取得较为困难，从实用角度出发将其再简化，并偏安全地取 10 年时段的荷载最大值为统计对象，则 $L_r(t)$ 的实用样本函数如图 5-5 所示。

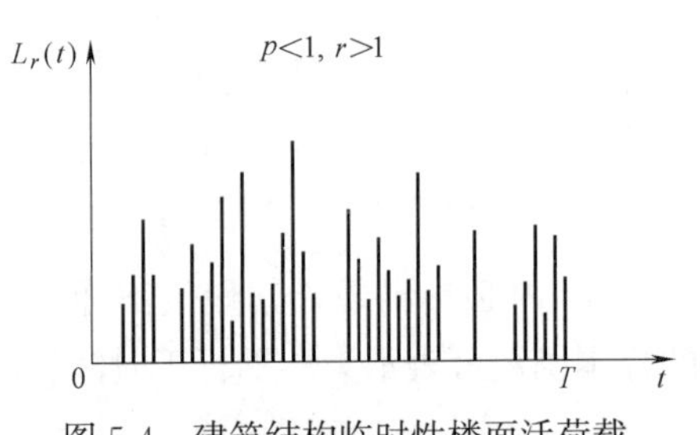

图 5-4　建筑结构临时性楼面活荷载的随机过程样本函数

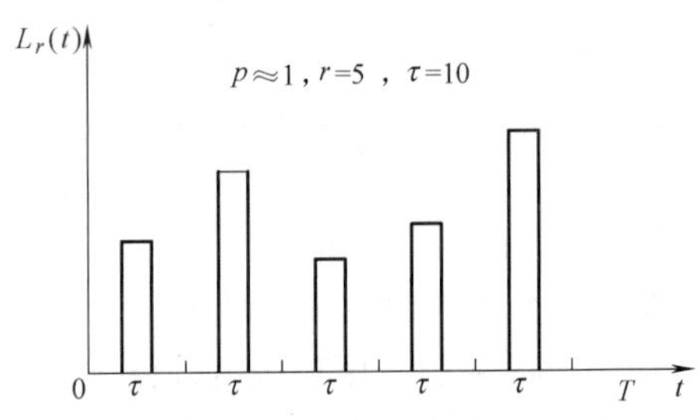

图 5-5　建筑结构临时性楼面活荷载实际采用的随机过程样本函数

图 5-5 中，脉冲波为每个时段（10 年）中出现的若干脉冲波中最大者，即用时段 $\tau=10$ 内的最大值概率分布函数来描述临时性楼面活荷载随机过程的样本函数。

类似于建筑结构的楼面活荷载样本函数，对于风荷载、雪荷载也是以最大值为统计对象，但其时段长度 $\tau=1$ 年，即以年最大值概率分布函数描述风、雪荷载随机过程的样本函数。风、雪荷载的随机过程样本函数如图 5-6 所示。

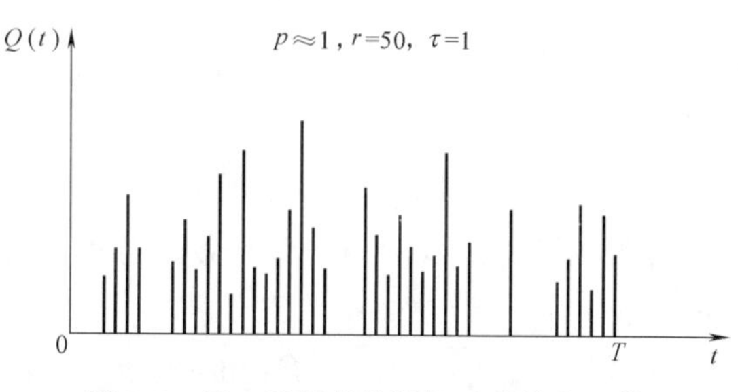

图 5-6 风、雪荷载的随机过程样本函数

5.2.3 作用的随机变量模型

1. 作用的参数统计要素

第 4 章所述的一次二阶矩方法分析结构可靠度时，采用的是随机变量模型。因为结构在使用过程中的作用随时间变化，结构可靠度分析中会采用到任意时点值、任意时段内的最大值和设计基准期内的最大值等随机变量。如果作用是平稳随机过程，则其时点值的概率分布是相同的。对于结构承载能力极限状态的可靠度分析，结构安全与否取决于设计基准期内的作用的最大值是否被超越。如果结构在设计基准期内的作用最大值的概率分布确定下来，就可以采用一次二阶矩法分析其可靠度。因此，需将作用的随机过程模型转换为随机变量模型，也就是取设计基准期 $[0, T]$ 内的作用最大值 Q_T 这个随机变量代表设计基准期的作用，即

$$Q_T=\max_{0\leqslant t<T} Q(t) \tag{5-8}$$

Q_T 是一个与时间参数 t 无关的随机变量。

为分析设计基准期 $[0, T]$ 内的作用最大值 Q_T，需调查结构上作用的统计参数，包括其平均水平和分散程度的数字特征，如均值、标准差或变异系数等。一般以实测数据为基础，按照数理统计的参数估计方法确定。

根据平稳二项随机过程模型，进行每种作用的统计时，必须确定的三个统计要素是：

（1）作用出现一次的平均持续时间，即出现一次作用的时段长度 $\tau=T/r$；

（2）在每一时段 τ 上，荷载 $Q(t)$ 出现的概率 p；

（3）荷载随机过程的任意时点分布函数 $F_{Q_i}(x)$。

对于某种荷载，参数 τ 和 p 通过调查确定或经验判断得到。任意时点荷载的概率分布函数 $F_{Q_i}(x)$ 应根据实测数据，选择典型的概率分布，如正态分布、对数正态分布和极值Ⅰ型分布等进行概率分布优度拟合与假设检验等分析推断。

2. 设计基准期内作用的最大值随机变量

根据上述等时段矩形波随机过程模型，利用全概率定理和二项定理可推导出作用在设

计基准期内的最大值概率分布函数。

先求在任意时段 $\tau_i(i=1,2,\cdots,r)$ 上的荷载概率分布函数 $F_{Q_{\tau_i}}(x)$。根据平稳二项随机过程的条件之（2）和（3）条，当 $x\geqslant 0$ 时，任意时点分布函数为 $F_{Q_i}(x)$，则任意时段 τ_i 上的荷载概率分布函数 $F_{Q_{\tau_i}}(x)$ 为

$$
\begin{aligned}
F_{Q_{\tau_i}}(x)&=P\{Q(t)\leqslant x,t\in\tau_i\}=P\{Q(t)>0\}P\{Q(t)\leqslant x,t\in\tau_i\mid Q(t)>0\}+\\
&\quad P\{Q(t)=0\}P\{Q(t)\leqslant x,t\in\tau_i\mid Q(t)=0\}=p\times F_{Q_i}(x)+(1-p)\times 1\\
&=1-p[1-F_{Q_i}(x)]\qquad(x\geqslant 0)
\end{aligned}\tag{5-9}
$$

当 $x<0$ 时，任意时段 τ_i 上的荷载概率分布函数 $F_{Q_{\tau_i}}(x)=0$。

再根据平稳二项随机过程的条件之（1）和（4）条，可得设计基准期 T 内最大荷载值 Q_T 的概率分布函数 $F_{Q_T}(x)$ 为

$$
\begin{aligned}
F_{Q_T}(x)&=P\{Q_T\leqslant x\}=P\{\max_{0\leqslant t\leqslant T}Q(t)\leqslant x\}\\
&=\prod_{j=1}^{r}P\{Q(t_i)\leqslant x,t\in\tau_j\}=\prod_{j=1}^{r}P\{1-p[1-F_{Q_i}(x)]\}\\
&=\{1-p[1-F_{Q_i}(x)]\}^r\qquad(x\geqslant 0)
\end{aligned}\tag{5-10}
$$

式中，$r=T/\tau$ 为设计基准期内的总时段数。

设计基准期内作用出现的平均次数为 m，则 $m=pr$。显然，当 $p=1$，即任意时段上荷载必然出现，有 $m=r$。此时，式（5-10）的设计基准期 T 内最大荷载值 Q_T 的概率分布函数 $F_{Q_T}(x)$ 为

$$F_{Q_T}(x)=[F_{Q_i}(x)]^m\tag{5-11}$$

对于 $p\neq 1$，即 $p<1$ 时，表示任意时段上荷载不是必然出现，如建筑结构的临时性楼面活荷载、风和雪荷载等。此时，如果式（5-10）中的 $p[1-F_{Q_i}(x)]$ 项充分小，则可利用 e^{-x} 展开为幂级数关系式（近似取前两项），即 $e^x\approx 1-x$，可由式（5-10）得

$$
\begin{aligned}
F_{Q_T}(x)&=\{1-p[1-F_{Q_i}(x)]\}^r\approx\{e^{-p[1-F_{Q_i}(x)]}\}^r\\
&=\{e^{-[1-F_{Q_i}(x)]}\}^{pr}\approx\{1-[1-F_{Q_i}(x)]\}^{pr}\approx[F_{Q_i}(x)]^m\qquad(x\geqslant 0)
\end{aligned}\tag{5-12}
$$

式（5-12）表明，平稳二项随机过程 $\{Q(t),t\in[0,T]\}$ 在 $[0,T]$ 上的最大值 Q_T 的概率分布 $F_{Q_T}(x)$ 是任意点分布 $F_{Q_i}(x)$ 的 m 次方。

式（5-12）也可以求任意时段长度上的最大荷载变量的概率分布，此时将设计基准期 T 改为该时段长度即可。因此，只要有荷载的任意时点概率分布函数 $F_{Q_i}(x)$ 和作用出现的平均次数 m，就可以求得任意时段内最大荷载的概率分布函数。这种根据平稳二项随机过程推求作用的方法，为使不同性质和种类作用参与结构（构件）可靠度的计算提供了便利。

一般情况下，利用式（5-12）确定的设计基准期 T 内最大荷载的概率分布函数 $F_{Q_T}(x)$ 比式（5-10）简单，结果偏安全，且与国际结构安全度联合委员会（JCSS）推荐的近似公式一致。

3. 作用的最大值概率模型

在设计基准期内假定在某个时段 τ 内的荷载为恒定（也即矩形波模型），对持续性荷

载比较合适，但对于风、雪的最大值或临时性活荷载等短期瞬时荷载来说，这个假定过分脱离实际。因为按照矩形波过程，取 $\tau=1$ 年时，是认为一年时段内的雪压或风压均为恒定的年最大值，显然与实际情况不符。而且，矩形波过程中的时段数 r 及某个时段是否出现荷载或出现荷载的概率 p 是很难得到的，一般地，在荷载统计时是认为确定的。为此，有研究提出作用的最大值概率模型。

以最大值概率模型确定设计基准期作用的最大值概率分布的思路是，将设计基准期 T 年分为 m 个时段，每个时段为 τ，则 $\tau=T/m$。调查统计在 τ_i 时段内作用的最大值 Q_i 的概率分布函数为 $F_{Q_i}(x)$，如时段 τ_i 的大小不同，则作用的最大值 Q_i 不同，其分布函数 $F_{Q_i}(x)$ 也不同。假设各时段上的 Q_i 均相互独立且具有相同的分布函数 $F_{Q_i}(x)$，则按最大项的极值分布原理，有连续 m 个时段（也就是设计基准期 T 内）作用最大值 Q_T 的分布函数 $F_{Q_T}(x)$ 为

$$\begin{aligned}F_{Q_T}(x) &= P(Q_T \leqslant x) = P\{\max_{1\leqslant i\leqslant m} Q_i \leqslant x\} \\ &= P(Q_1 \leqslant x)P(Q_2 \leqslant x)\cdots P(Q_m \leqslant x) \\ &= \prod_{i=1}^{m} P(Q_i \leqslant x) = [F_{Q_i}(x)]^m \end{aligned} \tag{5-13}$$

式（5-13）与式（5-11）在形式上是相同的，但其统计意义不同。我国原《水利水电工程结构可靠度设计统一标准》GB 50199—94 和《铁路工程结构可靠度设计统一标准》GB 50216—94 中均采用这种极值统计方法分析设计基准期内的作用最大值概率分布函数。

原《水利水电工程结构可靠度设计统一标准》GB 50199—94 对可变作用在设计基准期内最大值的概率分布的分析方法规定，对于风、雪压力以及天然河道、湖泊的静水压力等无人为控制的可变作用，在设计基准期内最大值的概率分布可用极值统计方法确定。下面以该标准为例，说明具体的步骤。

（1）将设计基准期分为 m 个时段，$\tau=T/m$；时段的选择宜使每时段的作用最大值相互独立，即时段不要太短，以减少相邻时段内作用最大值之间的相关性。

（2）对时段 τ 内的作用最大值 Q_i 进行调查统计，每个时段选一个作用最大值 Q_i，取得 Q_i 的数据样本。

（3）对 Q_i 的样本进行统计分析，计算统计参数估计值，作出样本的频数直方图，估计概率分布模型，并经概率分布模型的优度拟合检验，选定时段 τ 内的作用最大值概率分布函数 $F_{Q_i}(x)$。

（4）根据时段概率分布 $F_{Q_i}(x)$，按式（5-13）计算设计基准期内作用最大值 Q_T 的概率分布 $F_{Q_T}(x)$。

当 $F_{Q_i}(x)$ 符合正态分布时，$F_{Q_T}(x)$ 也近似地认为服从正态分布，其统计参数为

$$\mu_{Q_T} \approx \mu_{Q_i} + 3.5(1-1/\sqrt[4]{m})\sigma_{Q_i} \tag{5-14}$$

$$\sigma_{Q_T} \approx \sigma_{Q_i}/\sqrt[4]{m} \tag{5-15}$$

当 $F_{Q_i}(x)$ 符合极值Ⅰ型分布时，$F_{Q_T}(x)$ 也服从极值Ⅰ型分布，其统计参数为

$$\mu_{Q_T} = \mu_{Q_i} + (\ln m)/\alpha \tag{5-16}$$

$$\sigma_{Q_T} = \sigma_{Q_i} \tag{5-17}$$

式中，μ_{Q_i}和σ_{Q_i}分别为Q_i的均值与标准差；式（5-16）中，α为Q_i服从极值Ⅰ型分布时的分布参数，$\alpha=1.2825/\sigma_{Q_i}$。

此时，$F_{Q_T}(x)$为$F_{Q_T}(x)=\exp\{-\exp[-\alpha(x-u)]\}$。其中，$\alpha=1.2825/\sigma_{Q_T}$，$u=\mu_{Q_T}-0.45005\sigma_{Q_T}$。

【例题 5-1】 已知某地区最近 25 年的历年标准最大风压（kN/m^2）为：0.1114，0.1381，0.1431，0.4367，0.3529，0.3744，0.2142，0.1980，0.2396，0.2225，0.3144，0.2183，0.1980，0.1604，0.1482，0.1381，0.2042，0.2020，0.1980，0.1189，0.1980，0.1604，0.1267，0.0798，0.1012。试推求该地区设计基准期为 50 年的标准最大风压的统计特征。（本例题选自文献［13］）

【解】（1）由于年最大风压Q_i比较符合独立同分布的假定，取$\tau=1$年。将观测的历史数据分组，计算其频数并绘制直方图，其分布是正偏态型，取其为极值Ⅰ型分布。

（2）计算统计参数。均值与标准差分别为$\mu_{Q_i}=0.1999$、$\sigma_{Q_i}=0.0881$。而其分布参数分别为$\alpha=1.2825/\sigma_{Q_i}=14.5573$，$u=\mu_{Q_i}-0.5772/\alpha=0.1999-0.5772/14.557=0.1603$。

（3）统计假设的时段τ内的分布函数为$F_\tau(x)=\exp\{-\exp[-14.5573(x-0.1603)]\}$。经 K-S 检验，该地区年最大风压$Q_i$的分布$F_\tau(x)$不拒绝极值Ⅰ型分布的假设。

（4）按式（5-16）和（5-17），计算设计基准期$T=50$年内标准最大风压Q_T的分布函数$F_T(x)$的统计参数，$\mu_{Q_T}=\mu_{Q_i}+(\ln m)/\alpha=0.4686$，$\sigma_{Q_T}=\sigma_{Q_i}=0.0881$。

分布参数为$\alpha_T=1.2825/\sigma_{Q_T}=14.5573$，$u_T=\mu_{Q_T}-0.5772/\alpha_T=0.4290$。因此，$T=50$年内标准最大风压$Q_T$的分布函数$F_{Q_T}(x)$为$F_{Q_T}(x)=\exp\{-\exp[-14.5573(x-0.4290)]\}$。

5.3 作用效应及其组合

5.3.1 作用效应

作用是能使结构产生效应的因素，而作用效应是作用施加于结构上，结构产生的反应，如内力、变形和裂缝等。因此，作用效应即是作用产生的结果。由于结构的性质不同，相同的作用在不同的结构上产生的反应，也就是效应是不同的。如相同的均布荷载作用下，简支梁与两端固定的梁，即使其跨度和材料性能等均相同，但各自产生的跨中弯曲、挠度或支座的剪力肯定不同。作用不一定可以叠加，但作用效应一般可以叠加。

作用与其效应之间的关系，与结构构件的材料、支座等性能有关，一般无法给出作用与其效应之间的关系。对于线弹性结构，结构的作用效应S与作用Q之间有简单的线性关系

$$S=CQ \tag{5-18}$$

式中，S为作用效应，如内力、变形或应变等；Q为作用；C为作用效应系数，与结构形式、作用形式和效应类型有关。

C一般为随机变量，若C的变异系数显著小于Q的变异性时，也可以近似取C为常数。如跨度为l的简支梁承受均布荷载q时，跨中截面的弯矩$S_1=C_1Q_1=ql^2/8$，其中作

用效应系数 $C_1=l^2/8$；而支座处的剪力 $S_2=CQ=ql/2$，其中作用效应系数 $C_2=l/2$。一般而言，l 也为随机变量，但因为其变异性远小于 q 的变异性，故实际上常常取 l 为常数。因此，作用效应系数 C_1 和 C_2 均为常数。

若结构或构件是静定的，则即使结构进入非线性阶段，其作用效应与作用之间也是线性关系；但若为超静定结构，作用效应与作用之间不再是线性关系。当作用效应与作用之间是式（5-18）的线性关系时，它们的概率分布是相同的；否则，无法用统一的分析方法由作用的概率分布确定作用效应的概率分布。一般情况下，都假定作用效应与作用之间是线性关系，这样的简化计算是为方便工程应用。

5.3.2 作用效应的组合

工程结构设计时考虑的作用往往不止一个，在结构服役期间可能承受两种及其以上的可变作用，必须考虑多种荷载同时作用于结构上的可能性及其取值问题，也就是作用效应的组合问题。如果各种作用不会同时出现，在承载能力极限状态设计中，仅需要考虑每个作用设计基准期内可能出现的最大值后，作用效应是否超过其抵抗能力即可；若一些作用会同时出现，则必须考虑这些同时出现的作用产生的效应在叠加后于设计基准期内的最大值。

由于施加于结构上的各种作用在设计基准期内同时达到各自最大值的概率很小，因此，为保证结构的安全，除考虑单个作用效应的概率分布之外，需要研究多个作用效应组合后的概率分布。从统计的意义上分析，作用效应组合后的超越概率应该与这些参与组合的作用效应单独出现时的超越概率一致，或作用效应组合后使结构具有与各自单独出现时相同的可靠性。

作用效应的组合需要解决在设计基准期各作用效应同时出现的概率大小，以及作用效应组合后的叠加效应的概率模型。实际上，由于工程结构上的受力比较复杂，既有均布荷载又有集中荷载，有水平荷载也有垂直荷载，或许还有温度、变形等。由于非线性的作用效应组合后的概率模型相当复杂，根据概率统计的方法分析各种作用效应在组合后的分布很难实现，因此，作用效应组合后的概率模型研究很少。为工程设计方便，一般是按照一定的规则确定可能出现的组合形式，将其中的最不利组合确定为设计中需要考虑的组合，并不直接研究多个作用效应随机过程叠加后最大值的概率分布问题。如《建筑结构可靠性设计统一标准》GB 50068—2018 对荷载的组合做出了规定，要求根据使用过程中对可能出现的荷载进行组合，并取其最不利组合进行设计。其中，荷载组合值是当结构承受两种或两种以上可变荷载时，承载能力极限状态按基本组合设计和正常使用极限状态按标准组合设计采用的可变荷载代表值。

作用效应的组合或叠加，一般以下面的两种规则进行，它们都是国际标准《结构可靠性总原则》ISO 2394—1998 和我国《工程结构可靠性设计统一标准》GB 50153—2008 等规范中推荐的组合规则。

1. Turkstra 组合规则

从直觉出发，加拿大 Turkstra C. J. 最早提出一个易于被工程设计人员理解的简单的组合规则，并没有严格的理论基础。不过，利用随机过程理论对这种组合结果的分析表明，大多情况下能给出合理的组合结果。

该组合规则的基本过程是，如有 n 个参与组合的作用效应，轮流以其中的一个作用效应 S_i 在设计基准期 T 内的最大值与其余参与组合的作用的任意时点值 S_j（$j=1$，2，…，n，$j\neq i$）组合，然后取所有的 n 种组合中的最大值为设计基准期 T 内所有参与组合的作用组合效应。

若取作用效应 S_i 在设计基准期 T 内的最大值，其余的作用效应为任一时点值，则

$$S_{Ci}=\max_{t\in[0,T]}S_i(t)+S_1(t_0)+\cdots+S_{i-1}(t_0)+S_{i+1}(t_0)+\cdots S_n(t_0)\quad (j=1,2,\cdots,n) \tag{5-19}$$

式中，t_0 为 $S_i(t)$ 达到最大值的时刻；$S_j(t_0)$ 为 S_j（$j=1$，2，…，n，$j\neq i$）在 t_0 的时点值；$\max\limits_{t\in[0,T]}S_i(t)$ 为设计基准期 T 内作用效应 $S_i(t)$ 的最大值。

因此，设计基准期 T 内，作用效应组合的最大值 S_C 为上述诸组合的最大值，即

$$S_C=\max(S_{C1},S_{C2},\cdots,S_{Cn}) \tag{5-20}$$

其中，任一组组合后的概率分布，理论上可以根据式（5-19）等号后各求和项的概率分布通过卷积运算得到。

图 5-7 为三个作用效应随机过程按 Turkstra 组合规则的组合情况。

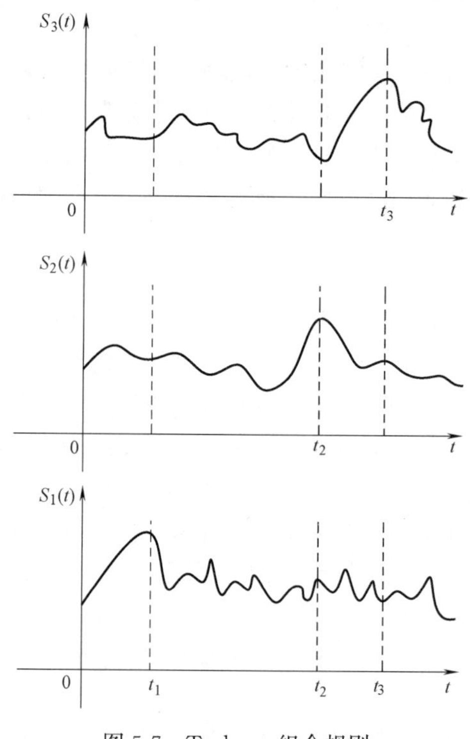

图 5-7　Turkstra 组合规则

显然，Turkstra 组合规则并不是偏于保守的，理论上还有更不利的组合。但由于该规则简单，且是一种较好的近似组合方法，因此在工程实践中被广泛地应用。如我国的《水利水电工程结构可靠性设计统一标准》GB 50199—2013、《港口工程结构可靠性设计统一标准》GB 50158—2010、《铁路工程结构可靠度设计统一标准》GB 50216—94 中均采用了 Turkstra 组合规则。

2. JCSS组合规则

这种作用组合模式是国际结构安全度联合委员会（JCSS）在《结构统一标准规范的国际体系》第一卷中首次推荐的，国际标准《结构可靠性总原则》ISO 2394—1998、我国的《工程结构可靠性设计统一标准》GB 50153—2008、《建筑结构可靠性设计统一标准》GB 50068—2018 也采用了这种近似的作用效应组合概率模型。这种组合规则与工程经验判断结合来处理作用效应组合，也适应于结构可靠度计算的一次二阶矩方法。

JCSS组合规则的基本假定是：(1) 作用 $Q_i(t)(i=1, 2, \cdots, n)$ 是等时段的平稳二项随机过程；(2) 作用 $Q_i(t)$ 与其作用效应 $S_i(t)(i=1, 2, \cdots, n)$ 之间为线性关系，即 $S_i(t)=C_{Q_i}Q_i(t)$，$t\in[0, T]$，C_{Q_i} 为 $Q_i(t)$ 的作用效应系数；(3) 互相排斥的随机作用不考虑其间的组合，仅考虑在 $[0, T]$ 内可能相遇的各种可变作用的组合，并结合一定的经验判断，确定相遇的作用种类；(4) 当一种作用取其设计基准期最大值或时段最大值时，其他参与组合的作用仅在该最大值的持续时段内取相对最大值，或取任意时点值。

JCSS组合的基本过程是，设有 n 种可变作用效应 $S_i(t)$ $(i=1, 2, \cdots, n)$ 参与组合，将模型化后的各种作用 $Q_i(t)$ 在设计基准期 T 内的总时段数 r_i，按顺序由小到大排列，即 $r_1\leqslant r_2\leqslant\cdots\leqslant r_n$。取任意一种作用 $Q_i(t)$ 在 $[0, T]$ 内的最大作用效应 $\max S_i(t)$ 与其他作用效应进行组合，可得出 n 种组合的最大作用效应 $S_{T_i}(i=1, 2, \cdots, n)$，即

$$\begin{cases} S_{T_1}=\max\limits_{t\in[0,T]}S_1(t)+\max\limits_{t\in\tau_1}S_2(t)+\max\limits_{t\in\tau_2}S_3(t)+\cdots+\max\limits_{t\in\tau_{n-1}}S_n(t) \\ S_{T_2}=S_1(t_0)+\max\limits_{t\in[0,T]}S_2(t)+\max\limits_{t\in\tau_2}S_3(t)+\cdots+\max\limits_{t\in\tau_{n-1}}S_n(t) \\ \quad\vdots \\ S_{T_i}=S_1(t_0)+S_2(t_0)+\cdots+S_{i-1}(t_0)+\max\limits_{t\in[0,T]}S_i(t)+\cdots+\max\limits_{t\in\tau_{n-1}}S_n(t) \\ S_{T_n}=S_1(t_0)+S_2(t_0)+S_3(t_0)+\cdots+\max\limits_{t\in[0,T]}S_n(t) \end{cases} \tag{5-21}$$

式中，$S_i(t_0)$ 为第 i 种作用效应 $S_i(t)$ 的任意时点随机变量，其概率分布函数为 $F_{S_i}(x)$；τ_i 为第 i 种作用效应的持续时段长度。

图 5-8 为三个可变作用效应的 JCSS 规则的组合过程。

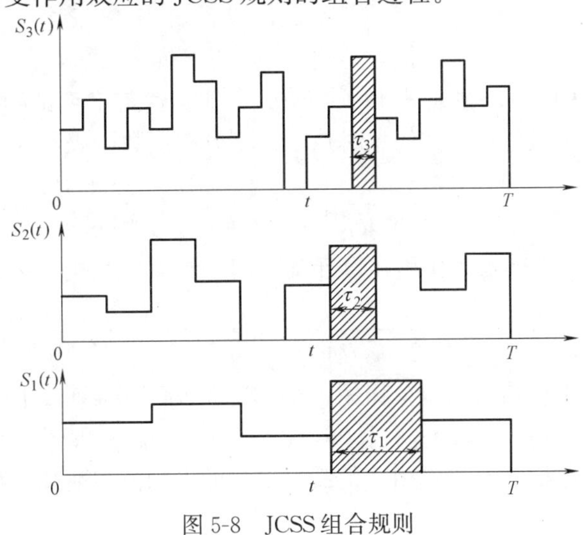

图 5-8　JCSS组合规则

在上面各组合表达式中，按所考虑的极限状态计算结构构件的可靠度指标 $\beta_i(i=1, 2, \cdots, n)$，其中可靠指标值最小的荷载效应组合（对应于荷载效应组合最大）即为控制结构构件设计的组合。对于 n 种可变作用效应参与的组合，一般有 2^{n-1} 种可能的不利组合。如果两种可变作用效应组合，则结果与按 Turkstra 组合规则的结果一致。

5.4 常遇作用的统计分析

5.4.1 永久作用

工程结构的永久作用为不随时间变化或变化幅度很小的作用，其不随时间变化的特性转化为与时间无关的随机变量。

以上述平稳二项随机过程描述，对于永久作用（恒载）$\{Q(t_0)\}$，$t_0\in[0, T]$，其样本函数的图像是平行于时间轴的一条直线，如图 5-9 所示。

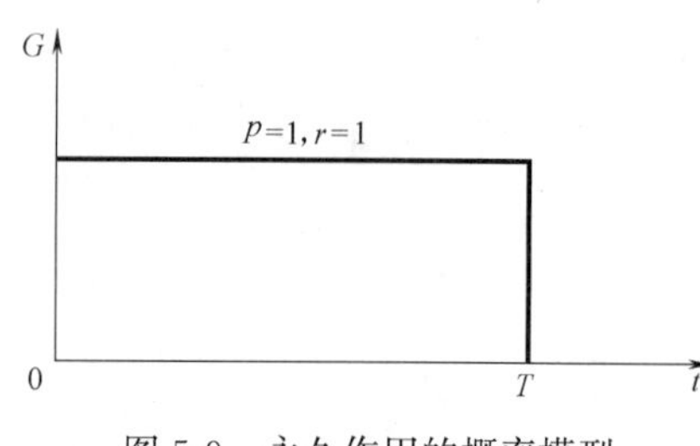

图 5-9 永久作用的概率模型

因此，永久作用可以直接用随机变量描述，记为 G。此时，永久作用一次出现的持续时间为 $\tau=T$，即在设计基准期 T 内的时段数为 $r=1$，且在每一时段内出现的概率 $p=1$。

为了简便并统一分析，采用 $K_G=G/G_k$ 这个量纲为 1 的参数作为永久作用的统计变量。其中 G 为实测重量，G_k 为荷载规范规定的永久荷载标准值。

我国在颁布《建筑结构设计统一标准》GBJ 68—84 时，对建筑工程结构的永久作用（恒载）做了大量的调查和统计分析工作，于全国六大区 17 个省、市和自治区实测了大型屋面板、空心板、槽形板、F 形板和平板等钢筋混凝土构件共 2667 块，以及找平层、垫层、保温层、防水层等 1 万多个测点的厚度和部分重度，总面积达到 2 万多平方米。通过对有代表性永久作用的实测数据的统计，得到了代表全国钢筋混凝土材料永久荷载的随机变量 K_G 的统计参数为

$$\mu_{K_G}=1.06, \sigma_{K_G}=0.074 \tag{5-22}$$

用 χ^2 检验或 K-S 检验，在显著水平 $\alpha=0.05$ 下，建筑工程结构的永久作用（恒载）的随机变量 K_G 服从正态分布，其任意时点的概率分布函数可表示为

$$F_{G_i}(x)=\frac{1}{\sqrt{2\pi}0.074G_k}\int_{-\infty}^{x}\exp\left[-\frac{(u-1.06G_k)^2}{0.011G_k^2}\right]du \tag{5-23}$$

按式（5-12）可以求得永久作用在设计基准期 T 内最大值的概率分布函数为

$$F_{G_T}(x)=F_{G_i}(x)\frac{1}{\sqrt{2\pi}0.074G_k}\int_{-\infty}^{x}\exp\left[-\frac{(u-1.06G_k)^2}{2\times(0.074G_k)^2}\right]du \tag{5-24}$$

由此可得，建筑工程结构的永久作用（恒载）在设计基准期 T 内的统计参数为

$$\mu_{K_G}=\mu_G/G_k=1.06, \sigma_{K_G}=0.074, \delta_{K_G}=0.07 \tag{5-25}$$

可见，建筑工程结构的永久作用（恒载）实测的平均值与荷载规范规定的永久荷载标准值之比为

$$K=\mu_G/G_k=1.06 \tag{5-26}$$

上述统计分析表明，建筑结构的永久作用实测平均值为标准值 G_k 的 1.06 倍，说明建筑结构的永久作用（恒载）存在超重现象。《建筑结构荷载规范》GB 50009—2012 中，结构或非承重构件的自重是建筑结构的主要永久荷载，由于其变异性不大，而且多为正态分布，一般以其均值作为荷载标准值。

在编制原《水利水电工程结构可靠度设计统一标准》GB 50199—94 过程中，通过对水利水电工程结构的恒载实测与统计分析，得到的恒载设计基准期 T 内的统计参数为 $\mu_{K_G}=1.05$、$\delta_{K_G}=0.06$。

编制《港口工程结构可靠性设计统一标准》GB 50158—2010 时，对天津等多个码头的钢筋混凝土构件的重度实测、统计分析表明，港口工程的混凝土结构恒载均服从正态分布，得到其在设计基准期 T 内的统计参数为 $\mu_{K_G}=1.02$、$\delta_{K_G}=0.04$。

编制《公路工程结构可靠度设计统一标准》GB/T 50283—1999 时，对钢筋混凝土和预应力混凝土 T 型梁、箱梁和板的自重，桥面沥青混凝土和水泥混凝土的重度及厚度进行了调查统计，调查包括全国六大片区的十多个省、市和自治区的 42 个桥梁工地、预制构件厂，获得的 1488 根梁、板自重数据；对 36 座不同建成年代的桥梁，测得水泥混凝土和沥青混凝土桥面铺装层厚度共 4140 个，重度数据 804 个。分析的结果表明，公路工程结构的恒载不拒绝正态分布，在设计基准期 T 内的统计参数为 $\mu_{K_G}=1.0148$、$\delta_{K_G}=0.0431$。

编制《铁路工程结构可靠度设计统一标准》GB 50216—94 时，对铁路桥梁自重及其上部建筑和设备自重进行了统计。统计检验的结果表明，铁路桥梁结构的恒载总体上服从正态分布。混凝土桥自重的统计参数为 $\mu_{K_G}=1.020$、$\sigma_{K_G}=0.022$；人行道加线构重的统计参数为 $\mu_{K_G}=1.321$、$\sigma_{K_G}=0.068$；钢桥自重的统计参数为 $\mu_{K_G}=1.019$、$\sigma_{K_G}=0.011$。

上述的调查、统计和分析表明，所有的 $\mu_{K_G}>1.00$，我国工程结构的永久作用（恒载）均存在超重现象。

5.4.2 可变作用

可变作用的种类较多，主要有建筑工程结构中楼面荷载、屋面荷载、风荷载和雪荷载等；港口工程中的码头堆货荷载、公路和铁路工程结构中的车辆荷载、水利水电工程中的楼面荷载及起重机垂直作用等。在各行业的可靠度设计统一标准及相应的荷载设计规范编制过程中，对这些可变作用进行了大量的调查、统计和分析，确定了可变作用的随机变量模型及其统计参数。

以下以民用建筑结构的楼面荷载、风和雪荷载为例，说明可变作用的统计分析过程。

1. 民用建筑结构办公楼的楼面活荷载

民用建筑楼面活荷载一般可划分为持久性活荷载 $L_i(t)$ 和临时性活荷载 $L_r(t)$ 两类。前者是在设计基准期 T 内经常出现的荷载，如办公楼内的家具、设备、办公用具和文件资料等的重量以及正常办公人员的体重，住宅中的家具、日用品等重量以及常住人员的体重。后者是指暂时出现的活荷载，如办公室内开会时人员的临时集中、临时堆放的物品重量、住宅中家庭成员和亲友的临时聚会时的活荷载。

持久性活荷载由现场实测得到，临时性活荷载一般通过口头询问调查，要求用户提供他们在使用期内的最大值。《建筑结构荷载规范》GB 50009—2012 对《建筑结构荷载规范》GBJ 9—87 进行了修订，在其条文说明中对楼面均布荷载的统计数据来源进行了说明。《建筑结构荷载规范》GB 50009—2012 条文说明中说明，《建筑结构荷载规范》GBJ 9-87 根据《建筑结构设计统一设计标准》GBJ 68—84 对标准值的定义，重新对住宅、办公室和商店的楼面活荷载作了调查和统计，并考虑荷载随空间和时间的变异性，采用了适当的概率统计模型，模型中直接采用房间面积平均荷载来代替等效均布荷载。

出于分析上的方便，对各类活荷载的分布类型采用了极值Ⅰ型分布，根据持久性活荷载 $L_i(t)$ 和临时性活荷载 $L_r(t)$ 的统计参数，分别求出 50 年设计基准期的最大荷载值 $L_{iT}(t)$ 和 $L_{rT}(t)$ 的统计分布和参数；再根据 Turkstra 组合原则，得到设计基准期 50 年内的总荷载 L_T 最大值的统计参数。

为编制《建筑结构设计统一设计标准》GBJ 68—84，在 1977 年以后的三年里，曾对全国某些城市的办公室、住宅和商店的活荷载情况进行了调查，其中：在全国 25 个城市实测了 133 栋办公楼共 2201 间办公室，总面积为 63700m^2；同时调查了 317 栋用户的搬迁情况；对全国 10 个城市的住宅实测了 556 间，总面积 7000m^2，同时调查了 229 户的搬迁情况；在全国 10 个城市实测了 21 家百货商店共 214 个柜台，总面积为 23700 m^2。根据上述调查数据，可分析持久性和临时性荷载的统计参数。

下面以办公楼为例说明民用建筑结构在设计基准期 50 年内，楼面总荷载 L_T 最大值的统计分析过程。

（1）办公楼的楼面持久性活荷载

办公楼持久性活荷载 $L_i(t)$ 在设计基准期 T 内任何时刻都存在，故出现的概率 $p=1$。平均持续使用时间，即时段 τ 接近 10 年，亦即在设计基准期 50 年内，总时段数 $r=5$，荷载出现次数 $m=pr=5$，这样平稳二项随机过程的样本函数如图 5-3 所示。

通过对实测数据经 χ^2 分布假设检验，在显著水平 0.05 下，任意时点的持久性活荷载 $L_i(t)$ 的概率分布不拒绝极值Ⅰ型分布，且其子样本的均值 $\mu_{L_i}=38.62\text{kg/m}^2$，标准差 $\sigma_{L_i}=17.81\text{kg/m}^2$。

由于不拒绝极值Ⅰ型分布，依据其分布参数与其统计参数之间关系，可计算出任意时点持久性活荷载 $L_i(t)$ 的概率分布的分布参数为

$$\alpha=\sigma_{L_i}/1.2825=13.89\text{kg/m}^2, \beta=\mu_{L_i}-0.5772\alpha=30.60\text{kg/m}^2$$

则其任意时点持久性活荷载 $L_i(t)$ 的概率分布函数为

$$F_{L_i}(x)=\exp\left[-\exp\left(-\frac{x-30.6}{13.89}\right)\right] \tag{5-27}$$

根据任意时点分布，并利用式（5-12），可以求得在 50 年设计基准期内，办公楼楼面的持久性活荷载 $L_{iT}(t)$ 的最大值概率分布函数为

$$\begin{aligned}F_{L_{iT}}(x)&=\left\{\exp\left[-\exp\left(-\frac{x-30.6}{13.89}\right)\right]\right\}^5\\&=\exp\left[-\exp\left(-\frac{x-30.6-13.89\ln5}{13.89}\right)\right]=\exp\left[-\exp\left(-\frac{x-52.96}{13.89}\right)\right]\end{aligned} \tag{5-28}$$

式中，极值Ⅰ型分布的分布参数为 $\alpha_T=\alpha=13.89\text{ kg/m}^2$，$\beta_T=\beta+\alpha\ln5=52.96\text{kg/m}^2$。

由此，可以得出设计基准期 50 年内，办公楼的楼面持久性活荷载 $L_{iT}(t)$ 的统计

参数为：

均值 $\mu_{L_{iT}}=\beta_T+0.5772\alpha_T=60.98\text{kg/m}^2$；

标准差 $\sigma_{L_{iT}}=\sigma_{L_i}=17.81\text{kg/m}^2$；

变异系数 $\delta_{L_{iT}}=17.81/60.98=0.29$。

（2）办公楼的楼面临时性活荷载

办公楼的临时性活荷载在设计基准期 T 内的平均出现次数很多，持续时间较短，其样本函数经模型化后如图 5-4 所示。

对临时性活荷载的统计特征，包括荷载的变化幅度、平均出现次数 m、持续时段长度 τ 等，要取得精确的资料是困难的。因此，实际采用的样本函数如图 5-5 所示。即临时性活荷载调查测定时，按用户在使用期（平均取 10 年）内的最大值计算，10 年内的最大临时性活荷载记为 $L_{rs}(t)$。统计参数分别为平均值 $\mu_{L_{rs}}=35.52\text{kg/m}^2$，标准差 $\sigma_{L_{rs}}=24.37\text{kg/m}^2$，变异系数 $\delta_{L_{rs}}=0.69$。

经 χ^2 统计假设检验，办公楼的临时性活荷载 $L_{rs}(t)$ 的概率分布服从极值Ⅰ型分布

$$F_{L_{rs}}(x)=\exp\left[-\exp\left(-\frac{x-24.55}{19.00}\right)\right] \tag{5-29}$$

仍利用公式（5-12），则民用建筑的办公楼楼面临时性活荷载，在设计基准期 50 年内的最大值 $L_{rT}(t)$ 分布为

$$F_{L_{rT}}(x)\approx[F_{L_{rs}}(x)]^5=\exp\left[-\exp\left(-\frac{x-55.13}{19.00}\right)\right] \tag{5-30}$$

式中，极值Ⅰ型分布的分布参数为 $\alpha_T=\alpha=19\text{kg/m}^2$，$\beta_T=\beta+\alpha\ln5=55.13\text{kg/m}^2$。

由此，设计基准期 50 年内，办公楼的楼面临时性活荷载 $L_{rT}(t)$ 的统计参数为：

均值 $\mu_{L_{rT}}=66.10\text{kg/m}^2$；

标准差 $\sigma_{L_{rT}}=24.37\text{kg/m}^2$；

变异系数 $\delta_{L_{rT}}=0.37$。

（3）办公楼的楼面总活荷载

由 Turkstra 组合规则，有两种组合。

第一种组合是由 10 年内的最大临时性活荷载 $L_{rs}(t)$ 与设计基准期 50 年内持久性活荷载 $L_{iT}(t)$ 的组合，得设计基准期 50 年内办公楼楼面活荷载的统计参数为

$$\begin{cases}\mu_{L_T}=\mu_{rs}+\mu_{L_{iT}}=(35.52+60.98)=96.50\text{kg/m}^2\\ \sigma_{L_T}=\sqrt{\sigma_{rs}^2+\sigma_{L_{iT}}^2}=\sqrt{24.37^2+17.81^2}=30.18\text{kg/m}^2\\ \delta_{L_T}=\sigma_{L_T}/\mu_{L_T}=30.18/96.50=0.313\end{cases} \tag{5-31}$$

第二种组合是由任意时点持久性活荷载 $L_i(t)$ 与设计基准期 50 内最大临时性活荷载 $L_{rT}(t)$ 的组合，也可得设计基准期 50 年内办公楼楼面活荷载的统计参数为

$$\begin{cases}\mu_{L_T}=\mu_{L_i}+\mu_{L_{rT}}=(36.62+66.10)=104.72\text{kg/m}^2\\ \sigma_{L_T}=\sqrt{\sigma_{L_i}^2+\sigma_{L_{rT}}^2}=\sqrt{17.81^2+24.37^2}=30.18\text{kg/m}^2\\ \delta_{L_T}=\sigma_{L_T}/\mu_{L_T}=30.18/104.72=0.288\end{cases} \tag{5-32}$$

由于第二种组合后的均值大于第一种的，故采用第二种组合值作为办公楼的楼面总活

荷载。

若用 $K_L=\mu_{L_T}/L_k$ 作为办公楼楼面活荷载的统计变量，则办公楼楼面活荷载的统计参数为

$$\begin{cases}K_{L_k}=104.72/200=0.524\\ \delta_k=0.288\end{cases} \tag{5-33}$$

式中，L_k 为办公楼楼面活荷载的标准值，是设计基准期 50 年内荷载最大值分布的某个分位值。

《建筑结构荷载规范》GB 50009—2012 虽然没有对这个分位值的百分数做具体的规定，但对性质相同的可变荷载，要求尽量使其取值在保证率上保持相同的水平。

2. 民用建筑结构住宅楼的楼面活荷载

类似地，民用建筑的住宅楼楼面活荷载的统计分析方法与办公楼相同。

住宅楼的楼面持久性活荷载，其任意时点值 $L_i(t)$ 服从极值Ⅰ型分布，均值 $\mu_{L_i}=50.35\text{kg/m}^2$，标准差 $\sigma_{L_i}=16.18\text{kg/m}^2$；设计基准期 50 年内最大值 $L_{iT}(t)$ 的统计参数，均值 $\mu_{L_{iT}}=70.65\text{kg/m}^2$，标准差 $\sigma_{L_{iT}}=16.18\text{kg/m}^2$，变异系数 $\delta_{L_{iT}}=0.23$。

住宅楼的楼面临时性活荷载，10 年内的最大临时性活荷载 $L_{rs}(t)$ 也服从极值Ⅰ型分布，均值 $\mu_{L_{rs}}=46.79\text{kg/m}^2$，标准差 $\sigma_{L_{rs}}=25.21\text{kg/m}^2$；设计基准期 50 年内最大值 $L_{rT}(t)$ 的统计参数，均值 $\mu_{L_{rT}}=78.43\text{kg/m}^2$，标准差 $\sigma_{L_{rT}}=25.21\text{kg/m}^2$，变异系数 $\delta_{L_{rT}}=0.32$。

根据 Turkstra 组合规则，也有两种组合。其中，由任意时点持久性活荷载 $L_i(t)$ 与设计基准期 50 内最大临时性活荷载 $L_{rT}(t)$ 的组合，得到的设计基准期 50 年内住宅楼的楼面活荷载均值最大，故取该组合为其总活荷载。因此，对于住宅楼面活荷载，有

$$\begin{cases}\mu_{L_T}=\mu_{L_i}+\mu_{L_{rT}}=(50.35+78.43)=128.78\text{kg/m}^2\\ \sigma_{L_T}=\sqrt{\sigma_{L_i}^2+\sigma_{L_{rT}}^2}=\sqrt{16.18^2+25.21^2}=29.96\text{kg/m}^2\\ \delta_{L_T}=\sigma_{L_T}/\mu_{L_T}=29.96/128.78=0.233\end{cases} \tag{5-34}$$

若仍然采用 $K_L=\mu_{L_T}/L_k$ 作为住宅楼的楼面活荷载的统计变量，则有

$$\begin{cases}K_{L_T}=128.78/200=0.644\\ \delta_k=0.233\end{cases} \tag{5-35}$$

式中，L_k 为住宅楼的楼面活荷载的标准值，也是设计基准期 50 年内荷载最大值分布的某个分位值。

《建筑结构荷载规范》GB 50009—2012 中，民用建筑结构的楼面活荷载取的标准值均远大于其统计得到的荷载最大值的均值，都是设计基准期 50 年内荷载最大值分布的某个分位值。

3. 民用建筑结构的风、雪荷载

（1）民用建筑结构的风荷载

《建筑结构荷载规范》GB 50009—2012 中风荷载的标准值，是根据全国六大区 18 个省、市、自治区沿海和内陆地区 29 个气象台站，共收集到的 656 年次的年标准风速和风向记录，以及 27 个模型风洞试验的资料作为依据统计得到的。

风荷载根据风压确定，而风压是按照气象台站的风速资料换算得到的。按照《建筑结构荷载规范》GB 50009—2012 中规定，风速是标准地貌、标准高度（10m）、公称风速的时距 10 min 测得的平均最大风速。按伯努利（Bernoulli）运动方程得到单位面积上的静压力即为计算所需要的风压。为使统计结果对全国各地区具有普遍适用性，以 $k_w = W'_{oy}/W_{ok}$ 作为风压的基本统计对象，其中 W'_{oy} 为实测的不按风向的最大稳定风压值，而 W_{ok} 为当时《建筑结构荷载规范》GBJ 9—1987 规定的基本风压（30 年重现期）。根据 29 个气象台站的不考虑风向的年最大风压的资料，经 K-S 法检验，在显著水平 $\alpha=0.05$ 下，认为年最大风压服从极值Ⅰ型分布，平均值 $\mu_{W'_{oy}}=0.455W_{ok}$，标准差 $\sigma_{W'_{oy}}=0.202W_{ok}$。

在设计基准期 50 年，年最大风荷载接近每年出现一次。取得年最大风压的统计参数之后，按照式（5-12），$m=50$，则可得设计基准期内最大风压值（服从极值Ⅰ型分布）的统计参数。

《建筑结构荷载规范》GB 50009—2012 是在《建筑结构荷载规范》GB 50009—2001 基础上，取得全国 672 个地点的基本气象台（站）的最大风速资料，在原来的规范基础上补充了全国各台站自 1995 年至 2008 年的年极值风速数据，进行了基本风压的重新计算，并提供了 50 年重现期的基本风压值。

（2）民用建筑结构的雪荷载

在制定《建筑结构荷载规范》GB 50009—2001 时，在东北、新疆北部及长江中下游和淮河流域地区及北京市共 16 个城市的气象台站，共收集了 384 年次的年最大地面雪压的记录资料。以 $k_s=S_{oy}/S_{ok}$ 作为基本统计对象，其中 S_{oy} 为实测的年最大地面雪压，S_{ok} 为各地区统计所得的平均“三十年一遇”（30 年重现期）的最大雪压。根据各地气象台站的雪压的统计参数，取算术平均值可得代表全国有雪地区的统计参数。

与基本风压类似，在设计基准期 50 年，年最大雪荷载接近每年出现一次。取得年最大雪压的统计参数之后，按照式（5-12），$m=50$，则可得设计基准期内最大雪压值（服从极值Ⅰ型分布）的统计参数。

现行的《建筑结构荷载规范》GB 50009—2012 中，提供的 50 年设计重现期的基本雪压值是根据全国 672 个地点的基本气象台（站）的最大雪压或雪深资料，在原《建筑结构荷载规范》GB 50009—2001 基础上，补充了全国各台站 1995～2008 年的年极值雪压数据，进行了基本雪压的重新统计。

4. 其他工程结构的常遇可变作用

（1）原《水利水电工程结构可靠度设计统一标准》GB 50199—94 规定，结构上的可变作用是随时间变化的随机过程，可采用可变作用在设计基准期或年（时段）内的最大（小）值作为随机变量来处理。对于风、雪压力以及天然河道、湖泊的静水压力等无人为控制的可变作用，在设计基准期内最大值的概率分布可用极值统计方法确定。可变作用在设计基准期内最大值的概率分布分析方法，可参考上述“作用的最大值概率模型”。

值得注意的是，由于水利水电工程结构中一些作用，在结构分析中既为可变作用，也为偶然作用（或为永久作用）。如作为最主要作用的静水压力，在混凝土坝、水闸、水工闸门、土石坝和堤防等主要工程结构的分析时，设计洪水位时为可变作用，校核洪水位时则为偶然作用。而泥沙压力，在混凝土坝、水闸、水电站厂房、泵站、塔式进水口、升船机塔架等分析时既为可变作用也可为永久作用，而水工闸门的设计分析时只作为可变作用处理。

(2)《公路工程结构可靠度设计统一标准》GB/T 50283—1999编制过程中，对不同桥型和各种跨度的桥梁进行了大量统计分析，求得了具有控制作用的各类效应。其中，汽车荷载的实测是利用“公路车辆动态测试仪”进行，对各测点连续五天测量记录，并获得六万辆汽车的相关数据；汽车荷载效应以 $k_{S_Q}=S_Q/S_{Qk}$ 作为分析对象，其中 S_Q 为根据实测的汽车荷载计算的效应值，分为一般运行状态（汽车—20级）和密集运行状态（汽车—超20级）；S_{Qk} 为根据当时的规范规定的汽车荷载标准计算的对应于 S_Q 的效应值。之后以K-S检验或小样本 W^2 检验法进行了截口分布的拟合检验。因此，公路工程结构设计时的汽车荷载是根据截口分布求得的两种设计基准期内的最大值分布。

人群荷载的调查以城市或市郊区的桥梁为对象，在全国六大片区的沈阳、北京、广州、上海、天津和昆明等10余座城市进行了30多座桥梁调查。以K-S检验法进行的截口分布拟合检验显示，人群荷载均不拒绝极值Ⅰ型分布。

通过动态测试系统经12h的连续观测，收集了各种桥梁的6000多个汽车荷载冲击系数的样本。对样本进行的参数估计和概率分布拟合优度检验表明，各种桥梁的汽车荷载冲击系数也均不拒绝极值Ⅰ型分布。

公路工程的桥梁风荷载，则是选择了全国490个气象台站的全部风速资料作为依据统计分析，按照《公路桥涵设计通用规范》JTG D60—2015的要求（空旷平坦地面、离地面20m、重现期100年、平均最大风速时距10min）换算，并以 $\Omega_W=W_{oy}/W_{ok}$ 为分析对象得到的年最大风压概率分布参数。其中，W_{oy} 为实测的年最大风压值；W_{ok} 为规范规定的基本风压值。经统计假设检验，认为公路工程桥涵设计的年最大风压概率分布服从极值Ⅰ型分布；再以上述的“最大值概率模型”分析得到设计基准期内最大风荷载的分布及其统计参数。另外，环境平均气温变化产生的温度作用调查和统计结果显示，年最高和最低日平均气温均不拒绝极值Ⅰ型分布。

(3) 编制《铁路工程结构可靠度设计统一标准》GB 50216—94时，对我国铁路列车活荷载进行了实测和统计，认为其可用三参数的Beta分布（有界函数）描述。编制《港口工程结构可靠性设计统一标准》GB 50158—2010时，对码头堆货荷载、集装箱箱角作用力等进行的实测、调查及统计，认为均不拒绝极值Ⅰ型分布。

5.4.3 偶然作用与地震作用

1. 偶然作用

偶然作用在设计基准期内出现的概率很小，持续的时间短，其统计很困难或不可统计。

《建筑结构荷载规范》GB 50009—2012中，除爆炸、撞击之外，将罕遇出现的风、雪、洪水等列为偶然荷载。在一般规定中的偶然荷载设计原则规定，建筑结构设计中，主要依靠优化结构方案、增加结构冗余度和强化结构构造等措施，避免因偶然荷载作用引起结构发生连续倒塌；给出了爆炸力的等效均布静力荷载的标准值和顺行方向汽车撞击力的标准值等。

原《水利水电工程结构可靠度设计统一标准》GB 50199—94规定，对承载能力极限状态，应按作用效应的基本组合和偶然组合设计，但偶然组合中只考虑一个偶然作用。静水压力和地震作用在某些组合时作为偶然作用。

2. 地震作用

由于在某个时间段内地震发生与否、发生后地面运动的强烈程度及其对结构物的影响程度等存在很强的随机性，因此，工程结构上地震作用的随机性非常强。对于位于地震设防地区的建筑结构，地震作用是必须考虑的主要作用之一。

地震危险性分析内容包括某一场地地震发生的可能性及其强度的概率，但目前的模型（如较为广泛采用的均匀 Poisson 模型）并不完善。地震烈度与地震时地面运动的最大加速度、频谱特性及持续时间有关，是对地震灾害的综合评定。《中国地震烈度表》GB/T 17742—2008 将烈度划分为Ⅰ～Ⅻ共 12 级。

《建筑抗震设计规范》GB 50011—2010 对某些结构的地震作用提出简化的计算方法，如底部剪力法（高度不超过 40m，以剪切变形为主，且质量和刚度沿高度分布比较均匀的结构）。现有的研究结论认为，设计基准期 50 年内，随机地震产生的结构基底剪力服从极值Ⅱ型分布；在确定烈度下结构的基底剪力则服从极值Ⅰ型分布。

5.5 作用代表值

在结构设计中要考虑不同的设计状况和不同的极限状态，因此要用到作用的不同取值。作用的代表值是指在设计中用以验证极限状态的作用量值。

作用代表值包括作用的标准值、组合值、频遇值和准永久值。工程结构设计时，应根据各种不同极限状态的设计要求采用不同的代表值。一般地，永久作用应采用标准值为代表值；可变作用则可采用标准值、组合值、频遇值和准永久值作为作用的代表值；偶然作用则按照结构的使用特点确定其代表值。《建筑结构可靠性设计统一标准》GB 50068—2018 规定，承载能力极限状态设计时采用的各种偶然作用的代表值，可根据观测和试验数据或工程经验经综合分析判断确定；偶然作用的代表值不乘以分项系数。原《水利水电工程结构可靠度设计统一标准》GB 50199—94 中规定，采用分项系数极限状态设计方法时，永久作用和可变作用的代表值应采用作用的标准值；偶然作用的代表值按有关规范确定。

5.5.1 作用标准值

作用的标准值是作用的基本代表值，是确定其他代表值的基础，因为其他代表值是以标准值为基础换算（乘以适当的系数）后得到的。作用的标准值是设计基准期内在结构上可能出现的最大作用概率分布的某一分位值；或根据作用的重现期确定标准值。

若作用 Q 在设计基准期 T 内的最大值概率分布函数 $F_{Q_T}(x)$，其密度函数为 $f_{Q_T}(x)$，如图 5-10 所示。

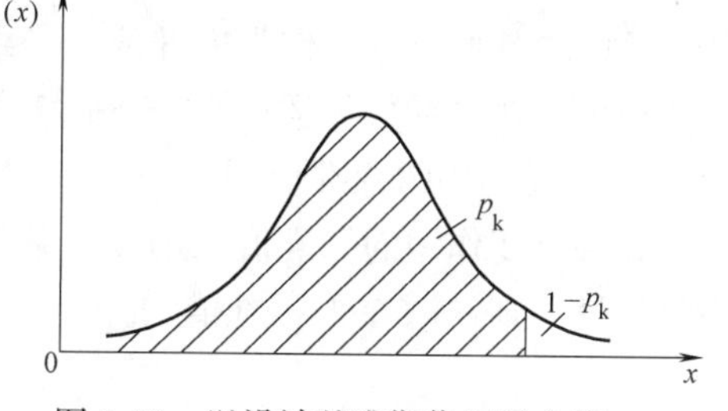

图 5-10　以设计基准期作用最大值某个分位值确定其标准值

则在设计基准期 T 内，作用的最大值小于 Q_k 的概率 p_k 为

$$F_{Q_T}(Q_k)=p_k \tag{5-36}$$

因此，作用的标准值 Q_k 在设计基准期 T 内最大值分布上被超越的概率为 $1-p_k$。

对于自然因素的作用，如洪水位、暴雨强度、波浪或地震等作用，则可根据这些作用的重现期 T_k 表达可变作用的标准值 Q_k。所谓的重现期为连续超过某个值的平均间隔时间，工程上习惯称为“T_k一遇”。如，建筑结构设计中的基本风压和基本雪压的重现期为 50 年，或称为“五十年一遇”的风压或雪压。若作用 Q 的重现期为 T_k，则作用的年分布 Q_i 中可能大于标准值 Q_k 的概率为 $1/T_k$，由此有

$$F_{Q_i}(Q_k)=1-1/T_k \tag{5-37}$$

取 $\tau=1$，根据上述“作用的随机变量模型”的式（5-11），有

$$F_{Q_i}(Q_k)=[F_{Q_T}(Q_k)]^{\frac{1}{T}}=1-1/T_k \tag{5-38}$$

由式（5-36）和式（5-38），得

$$T_k=\frac{1}{1-[F_{Q_T}(Q_k)]^{\frac{1}{T}}}=\frac{1}{1-p_k^{1/T}} \tag{5-39}$$

式（5-39）是设计基准期 T 与重现期 T_k 之间的关系。若设计基准期 $T=50$ 年，作用 Q 的标准值 Q_k 被超越的概率为 $1-p_k=0.1$（即 Q_k 大于作用的最大值的概率 $p_k=0.9$），则 $T_k=475$ 年。显然，尽管设计基准期与重现期都是用于确定可变作用的标准值的，但两者含义是不同的。

《工程结构可靠性设计统一标准》GB 50153—2008 中，给出的重现期 T_k、作用的最大值小于 Q_k 的概率 p_k 和设计基准期之间的近似关系是

$$T_k\approx\frac{T}{\ln(1/p_k)} \tag{5-40}$$

式（5-39）和式（5-40）计算结果是相近的。

1. 永久作用的标准值

永久作用的标准值一般相当于永久作用概率分布的 0.5 分位值。若结构自重的变异性很小，可按设计尺寸与材料重度标准值计算；自重一般服从正态分布，则自重的标准值取为该正态分布的平均值。

对某些变异性较大的材料或结构构件（如现场制作的保温材料、混凝土薄壁构件等）自重，当其增加对结构不利时，其标准值采用高分位值作为其标准值；当其增加对结构有利时，则取其低分位值作为标准值。当结构受自重控制且变异性的影响很显著时，即使变异性很小（变异系数不超过 0.05～0.10）也必须采用两个标准值（0.05 和 0.95 分位值）。

2. 可变作用的标准值

如果可变作用的标准值采用设计基准期内在结构上可能出现的最大作用概率分布的某一分位值，则作用 Q 的标准值 Q_k 为

$$Q_k=\mu_{Q_T}+\alpha\sigma_{Q_T} \tag{5-41}$$

式中，μ_{Q_T} 和 σ_{Q_T} 分别为作用 Q 在设计基准期 T 内最大值（随机变量）的均值和标准差；α 为保证率系数。

例如，办公楼的楼面活荷载的标准值 L_k 为 2.0kN/m^2，相当于办公楼在设计基准期最大活荷载 L_T 概率分布的平均值 μ_{L_T} 加 3.16 倍的标准差 σ_{L_T}，利用式（5-32）的统计结果，即有

$$L_k = \mu_{L_T} + \alpha\sigma_{L_T} = 104.72 + 3.16 \times 30.18 \approx 2.0\text{kN/m}^2 \tag{5-42}$$

住宅楼在设计基准期最大活荷载 L_T 概率分布的平均值 μ_{L_T} 加 2.38 倍的标准差 σ_{L_T}，根据式（5-34）的统计结果，即有

$$L_k = \mu_{L_T} + \alpha\sigma_{L_T} = 128.78 + 2.38 \times 29.96 \approx 2.0\text{kN/m}^2 \tag{5-43}$$

从式（5-42）和（5-43）可知，办公楼和住宅楼的楼面活荷载标准值的取值保证率是不同的，尽管其标准值均为 2.0kN/m^2，但办公楼的保证率高于住宅楼。实际上，并非所有的作用均可以得到充分的统计资料，并以合理的统计分析确定其分布的特征。因此，在现行的规范中，如《建筑结构可靠性设计统一标准》GB 50068—2018 等，没有对分位值做具体的规定，但对性质相似的可变作用，应尽量使其标准值的取值在保证率上保持相同的水平。

《水利水电工程结构可靠性设计统一标准》GB 50199—2013 中规定，可变作用的标准值可按年（或时段）内最大（小）值概率分布较不利的某个分位值确定。对那些有传统的取值或有显著特征的，以及难以依靠统计资料按概率分布的分位值确定其标准值的可变作用，可采用定义形式规定其标准值。有明确额定限值的可变作用，应规定该额定限值为标准值。

5.5.2 作用组合值

作用的组合值是考虑到施加在结构上的各种可变作用不可能同时达到各自最大值，因此，其取值不仅与作用本身有关，也与作用效应组合后所采用的概率模型有关。一般情况下，组合值应根据两种及其以上的可变作用在设计基准期的相遇情况及其组合的最大作用效应的概率分布，并考虑不同作用效应组合时结构构件可靠指标具有一致的原则确定；也可以根据使组合后产生的作用效应值超越概率与考虑单个作用效应时的超越概率基本相同的原则确定。

作用的组合值为作用的组合值系数 Ψ_c 与其标准值 Q_k 的乘积，即 $\Psi_c Q_k$。由于可变作用的标准值 Q_k 是设计基准期内可变作用 Q 可能出现的最大值，如果与其他作用相遇（组合）时，另外一个可变作用也出现最大值的可能性（概率）很小，直接以两种及以上的最大值叠加并不合理，故以组合值系数 Ψ_c 对其中一个或多个作用效应折减。作用的组合值主要用于承载能力极限状态和不可逆的正常使用极限状态的验算。

5.5.3 作用频遇值

作用频遇值是对可变作用而言的，是正常使用极限状态下的频遇组合时的代表，以及用于承载能力极限状态的偶然设计状况。作用频遇值在设计基准期内被超越的总时间仅为设计基准期的一小部分，或其超越频率限于某一给定值，为频遇值系数 Ψ_f 与其标准值 Q_k 的乘积，即 $\Psi_f Q_k$。

作用频遇值确定方法一般有两种：

(1) 根据可变作用超越频遇值的持续期来确定。设计基准期 T 内，可变作用的随机过程分析中，用可变作用达到或超过频遇值的总持续时间 T_1（$T_1=\sum\Delta t_i$），来表示频遇值作用的短暂程度。建议的 T_1 与 T 之比不大于 0.1，即

$$\lambda=\frac{T_1}{T}\leqslant 0.1 \tag{5-44}$$

设可变作用 Q 在非零时域内的任意时点分布作用值 Q_i 的概率分布函数为 $F_{Q_i}(x)$，则 Q 超过频遇值 Q_x 的概率为

$$p_x=1-F_{Q_i}(Q_x) \tag{5-45}$$

对于具有各态历经性的平稳随机过程，有 $\lambda=p_xq$（q 为可变作用 Q 的非零概率）。若给定 T_1 与 T 之比 λ 值，则相应的频遇值 Q_x 为

$$Q_x=F_{Q_i}^{-1}(1-\lambda/q) \tag{5-46}$$

在分析与时间有关的正常使用极限状态时，可采用该方法考虑作用的频遇值取值。

(2) 根据可变作用 Q 超越频遇值 Q_x 的频率或以设计基准期 T 内的平均上跨阈率不超过规定值来确定。即

$$\omega\leqslant\omega_s \tag{5-47}$$

式中，ω 为平均上跨阈率（或超越频率）；ω_s 为上跨阈率限值（或超越频率限值）。

跨阈率可通过直接观察确定，或用随机变量的某些特性间接确定。若已知可变作用 Q 的任意时点的概率分布均值 μ_{Q_i}，则对应于上跨阈率（或超越频率）ω 的频遇值 Q_x 为

$$Q_x=\mu_{Q_i}+\sigma_{Q_i}\sqrt{\ln(\omega_s/\omega)} \tag{5-48}$$

在分析与超越次数有关的正常使用极限状态时，可采用该方法考虑作用的频遇值取值，如分析结构振动时舒适性（适用性）的极限状态。

5.5.4 作用准永久值

作用准永久值是设计基准期内在结构上经常出现的可变作用值，是对结构进行正常使用极限状态按准永久值和频遇组合设计时采用的可变作用代表值。根据国际标准《结构可靠性总原则》ISO 2394—1998 中的建议，其取值标准是

$$T_2/T=0.5 \tag{5-49}$$

式中，T_2 为可变作用达到和超过作用准永久值的总持续时间；T 为设计基准期。

显然，对于办公楼和住宅楼的楼面活荷载及风雪荷载等，这相当于是其任意时点荷载概率分布的 0.5 分位值。因此，作用的准永久值为总作用期限较长的可变作用取值，是作用的时间段在指定的时间段（设计基准期）内所占的比例达到相当可观的程度（占一半）。作用的准永久值为准永久值系数 Ψ_q 与其标准值 Q_k 的乘积，即 Ψ_qQ_k。对于一些作用，准永久值系数 Ψ_q 可能很小。

由于设计状况不同，采用的代表值也不同。可变作用的标准值 Q_k、频遇值 Ψ_fQ_k 和准永久值 Ψ_qQ_k 等几种代表值和其设计值 γ_QQ_k 之间的关系如图 5-11 所示。

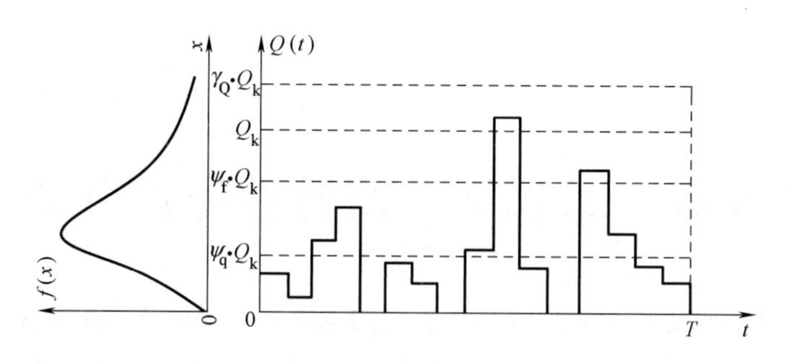

图 5-11　作用的设计值与代表值

准永久值主要用于考虑荷载长期效应的影响。

第 6 章　工程结构及构件的抗力分析

结构及其构件能承受作用效应及环境影响的能力称为结构及构件的抗力。《建筑结构可靠性设计统一标准》GB 50068—2018 抗力的定义是，结构或结构构件承受作用效应的能力，如承载能力等。工程结构可靠度计算的关键问题之一是建立合适的抗力与荷载效应的模型。

本章介绍了工程结构构件抗力的概念及其主要影响因素、结构抗力的不确定性、构件抗力的统计参数及概率分布、材料的标准强度及设计取值等。

6.1　结构抗力及主要影响因素

6.1.1　工程结构及构件的抗力

工程结构或构件的抗力是一个广义的概念，其与结构的极限状态对应，不同的极限状态及不同形式的极限状态方程，其形式也各异。

基于承载能力极限状态的分析时，抗力多数以力的形式表现，如结构构件或连接的强度、结构整体或某一个部分的抗倾覆能力，或结构（构件）的稳定性、地基承载力以及构件抗疲劳能力等。其中，结构构件或连接的强度是结构设计中最常用的抗力指标。在某些承载能力极限状态下，结构的抗力表现形式可以是高度（高程）、结构的几何尺寸或材料的其他非强度指标等。如水利工程结构中的大坝（堤防），以漫顶破坏形式为研究对象的承载能力极限状态下，其抗力可以是坝（堤）顶高度或高程；而土坝或坝质堤防、边坡等岩土工程中，以渗透破坏的承载能力极限状态分析其安全性时，渗径长度、铺盖长度、排水盖重厚度等结构尺寸，以及岩土材料的允许渗透水力渗透比降等就是其抗力。

对于正常使用极限状态，为保持结构正常使用或抵抗变形的刚度、抵抗局部破坏的抗裂（限裂宽度）、抵抗振动的某阶频率等均为抗力。对于结构构件的变形、裂缝宽度（或限裂宽度）等抗力，各类结构的设计规范中均有明确的规定。正常使用极限状态下的混凝土结构构件耐久性分析中，抗碳化和抗有害气体（或有害液体）侵蚀的能力也为构件可靠度的抗力。如混凝土构件中钢筋的初始锈蚀时间的临界氯离子浓度，在构件耐久性寿命预测的极限状态下也为抗力。

与结构上的作用不同，即使是由如砂、石或其他天然材料建造的结构或构件，其抗力一般情况是可以控制的。因此，结构或构件抗力可通过试验与理论分析的方法研究其统计特性，并确定概率分布及参数。另外，抗力包括结构的整体和构件抗力两类，前者是指结构发生整体破坏（如挡土墙结构的整体倾覆，土质边坡的整体滑动）时表现的抗力；后者是指构件的一部分或一个截面发生破坏（如梁截面的抗弯和抗剪能力、细长杆件的抗失稳能力）时的抗力。

6.1.2 抗力的主要影响因素

影响结构或构件抗力的主要因素可概括为环境因素、内部因素和受荷状况三个方面，这三个方面的影响，按时间或阶段则包括结构的施工阶段、正常使用阶段和老化阶段。结构性能随时间的变化是一个复杂的物理、化学和力学损伤过程，是上述三类影响因素的函数，而各种影响因素都是复杂的随机过程。例如，仅在考虑水池、水厂和水处理结构的化学腐蚀因素时就达 52 种，这些因素均影响结构构件的抗力或其随时间变化的规律。以目前的理论研究水平，要完整全面地反映这些影响的因素并建立结构（构件）抗力的随机过程模型是很难实现的，重要的原因之一是一些影响因素的作用机制并不完全清楚；且不同的使用环境与工作条件，结构的抗力变化规律也不相同。例如，不同自然环境下混凝土中钢筋锈蚀过程中钢筋初始锈蚀的临界氯离子浓度。

由于结构或构件在制备过程中存在的诸多不确定性，从随机因素及其统计的角度分析，影响结构或构件抗力及其随机性的主要因素包括三类。

（1）结构或构件抗力固有的变异性。这些固有的变异性是由于组成抗力的材料性能及几何参数的变异性，将引起抗力的变异性。

（2）知识不完备性引起的不确定性。因为材料的性能组成结构（构件）抗力的机理有些还不清楚，致使抗力的计算方法或公式不完备，并引起抗力出现不确定性。

（3）统计不确定性。结构（构件）抗力的随机特性及其统计参数的估计出现偏差，引起其抗力产生不确定性。这些统计不确定性包括对统计对象的总体缺乏认识，实测数据量偏少导致统计参数的估计偏差，忽略（无法考虑）各因素之间存在的相关性及其对统计结果的影响。

结构（构件）抗力随机特性分析时，可以通过适当增加试验数量获得更多的实测资料等方法降低这些因素对统计结果的影响，尤其对于由变异性大的天然材料组成的结构，如土坝、土质堤防和挡土墙后回填的砂石料等。如在《水利水电工程结构可靠性设计统一标准》GB 50199—2013 及《港口工程结构可靠性设计统一标准》GB 50158—2010 中，影响结构抗力不定性的因素既包括结构人工材料，也包括岩、土、地基等天然材料的性能，要求按每个工程现场取样或现场试验数据确定试件性能的统计参数与概率分布模型。

6.2 结构抗力的不确定性分析

由于组成结构构件抗力的各种参数一般会随着结构服役时间而变化，对结构或构件抗力的随机性描述，用以时间为参数的随机过程比较合适，抗力的随机时变概率特性可通过随机过程的各阶矩近似地描述，而且所考虑的矩阶数越高越完整，对抗力随机时变的概率特性的描述则越全面。一般而言，结构抗力随时间的变化是一维或多维非平稳非齐次随机过程。现有研究表明，结构抗力随机过程的均值函数为单调下降，并可假定其为平稳随机过程。

但是，由于结构或构件抗力随时间的变化并不显著而且缓慢，为简便实用，转而寻找能基本满足抗力退化特征，并能提供实现途径的各种简化与实用模型。其中，最为常用的是将结构构件抗力视为与时间无关的随机变量。下面在视结构抗力为随机变量的基础上，讨论结构抗力在材料性能、构件几何特征及计算模式等三个方面的不确定性及其统计参数。

6.2.1 材料性能的不确定性

结构或构件的材料性能包括材料的各种强度、弹性模量及应变等物理力学参数；在一些工程结构中还包括特定的性能，如岩土工程中填土的渗透系数或水力渗透坡降，混凝土中钢筋锈蚀的临界氯离子浓度等。

一般地，构件材料性能的不确定性产生的原因，包括材料质量因素、生产和加工工艺、加载、环境及尺寸等。要完全考虑这些引起材料性能不确定性的原因是很困难的，有的材料性能的影响因素有几十种之多。为统计分析材料性能的随机性，一般以标准试件及标准试验方法测试，以同期全国有代表性的生产单位的材料性能统计结果为代表。

工程结构材料性能（如各种强度、弹性模量等）的测试，是以标准小试件为对象，而实际工程中的构件与标准试验条件下的小试件之间存在尺寸效应。因此，实际工程结构构件的材料性能与标准小试件的性能之间存在差异。故材料性能的不确定性包括两部分，一部分是标准小试件测试结果差异测试的随机性，另外就是标准小试件与实际工程构件的材料性能之间的差异。

将材料性能的不确定性用随机变量 K_m 表示，则有

$$K_m=\frac{f_m}{k_0 f_k}=\frac{1}{k_0}\frac{f_m}{f_s}\frac{f_s}{f_k} \tag{6-1}$$

式中，f_m 和 f_s 分别为结构构件的实际材料性能值和试件的材料性能值；f_k 为规范规定的试件的材料性能标准值；k_0 为规范规定的反映结构构件材料性能与试件材料性能的差别系数，如考虑缺陷、尺寸、施工质量、加荷速度、试验方法、时间、温度和湿度等因素影响的各种系数或其函数。

设 $K_0=f_m/f_s$，$K_{f_s}=f_s/f_k$，则式（6-1）改写为

$$K_m=\frac{1}{k_0}\frac{f_m}{f_s}\frac{f_s}{f_k}=\frac{1}{k_0}K_0K_{f_s} \tag{6-2}$$

式（6-2）中，K_0 为构件材料性能与试件材料性能差别的随机变量；K_{f_s} 为试件材料性能不确定性的随机变量。

这样，随机变量 K_m 的均值和变异系数分别为

$$\mu_{K_m}=\frac{\mu_{K_0}\mu_{K_{f_s}}}{k_0}=\frac{\mu_{K_0}\mu_{f_s}}{k_0 f_k} \tag{6-3}$$

$$\delta_{K_m}=\sqrt{\delta_{K_0}^2+\delta_{K_{f_s}}^2} \tag{6-4}$$

式中，μ_{f_s}、μ_{K_0} 和 $\mu_{K_{f_s}}$ 分别为试件性能 f_s、随机变量 K_0 和 K_{f_s} 的均值；δ_{K_0} 和 $\delta_{K_{f_s}}$ 分别为随机变量 K_0 和 K_{f_s} 的变异系数。

【例题 6-1】 确定某种木材顺纹受弯构件抗弯强度的不确定性系数 K_m 的统计参数。（本例题选自文献［21］）

【解】 受自然环境的影响，木材具有如木节、裂缝及斜纹等天然缺陷。因此，将木材的标准受弯的小试件瞬时强度换算为实际受弯木构件的持久强度时，需要考虑这些天然缺陷、干燥缺陷、长期荷载及截面尺寸等因素的影响。将式（6-2）中的 K_0 表示为四个方面因素的影响，并假设各影响系数为相互独立的随机变量，则

$$K_0 = K_1 K_2 K_3 K_4$$

其中，K_1表示天然缺陷影响因素；K_2表示干燥缺陷的影响系数；K_3表示长期荷载的影响系数；K_4表示构件截面尺寸的影响系数。

经试验测试与分析，可得上述 4 个随机变量的统计参数分别为

$$\mu_{K_1} = 0.75, \delta_{K_1} = 0.16$$

$$\mu_{K_2} = 0.85, \delta_{K_2} = 0.04$$

$$\mu_{K_3} = 0.72, \delta_{K_3} = 0.12$$

$$\mu_{K_4} = 0.89, \delta_{K_4} = 0.06$$

则有构件的材料性能与试件的材料性能的差别的随机变量 K_0的统计参数为

$$\mu_{K_0} = \mu_{K_1}\mu_{K_2}\mu_{K_3}\mu_{K_4} = 0.409,\ \delta_{K_0} = \sqrt{\delta_{K_1}^2 + \delta_{K_2}^2 + \delta_{K_3}^2 + \delta_{K_4}^2} = 0.213$$

若已知木材试件的材料性能的不确定性的随机变量 K_{f_s} 的统计参数为 $\mu_{K_{f_s}} = 1.00$、$\delta_{K_{f_s}} = 0.13$。设 $k_0 = 1.0$，则由式（6-2），该木材的抗弯强度的不确定性系数 K_m的统计参数为

$$\mu_{K_m} = \mu_{K_0} \cdot \mu_{K_{f_s}} = 0.409,\ \delta_{K_m} = \sqrt{\delta_{K_0}^2 + \delta_{K_{f_s}}^2} = 0.247$$

根据我国建筑工程结构中各种材料强度性能的统计资料，按照式（6-3）和式（6-4）求得的统计参数（部分）见表 6-1。

建筑结构（部分）材料强度 K_m的统计参数 **表 6-1**

结构材料种类	材料品种及受力状况		μ_{K_m}	δ_{K_m}	概率分布
型钢	受拉	A_3F	1.08	0.08	—
		$16M_n$	1.09	0.07	—
薄壁型钢	受拉	A_3F	1.12	0.10	—
		A_3	1.27	0.08	—
		$16M_n$	1.05	0.08	—
钢筋	受拉	A_3	1.02	0.08	正态分布
		$20M_nS_i$	1.14	0.07	正态分布
		$25M_nS_i$	1.09	0.06	正态分布
混凝土	轴心受压	C20	1.66	0.23	正态分布
		C30	1.45	0.19	正态分布
		C40	1.35	0.16	正态分布
砖砌体	轴心受压		1.15	0.20	—
	小偏心受压		1.10	0.20	—
	齿缝受剪		1.00	0.22	—
	受剪		1.00	0.24	—
木材(黑龙江红松)	轴心受拉		1.48	0.32	—
	轴心受压		1.28	0.22	—
	受弯		1.47	0.25	—
	顺纹受剪		1.32	0.22	—

《建筑结构可靠性设计统一标准》GB 50068—2018 中规定，对材料和岩土的强度、弹性模量、变形模量、压缩模量、内摩擦角和黏聚力等物理力学性能，应根据有关的试验方法和标准经试验确定。至于材料性能的概率模型，规定宜采用随机变量概率模型描述，材料性能的各种统计参数和概率分布函数，应以试验数据为基础，运用参数估计和概率分布的假设检验方法确定。检验的显著性水平可采用 0.05。《水利水电工程结构可靠性设计统一标准》GB 50199—2013 中规定，当确定材料性能的概率分布模型所需的统计资料不充分时，人工材料性能可采用正态分布，岩、土材料、地基和围岩性能可采用对数正态分布或其他分布。由于天然材料的变异性，还规定岩、土材料和地基、围岩试件性能的统计参数与概率分布模型，应按每个工程现场取样或现场试验数据确定。当数据较少时，可按照岩、土分类并结合其他工程同类试验数据进行统计分析确定。另外，按试件确定的材料、地基、围岩的性能，应通过（与上述类似的方法）换算系数或函数转换为结构中材料和现场地基、围岩的性能。

6.2.2 构件几何特征参数的不确定性

工程结构构件在制作及安装等过程中，由于制作的尺寸偏差及安装误差等原因引起的结构构件几何参数的变异性，称为构件几何特征参数的不确定性。构件的几何特征参数一般指其截面的几何特征，如截面高度、宽度、面积、惯性矩、抵抗矩和混凝土保护层厚度等，以及构件的长度、跨度、偏心距等，还包括由这些几何参数构成的函数。

构件制作过程中的尺寸误差与时间无关，反映的是工程结构实际尺寸偏离设计要求尺寸的程度，为一个受多种不确定性因素影响的随机变量。构件几何特征参数的不确定性以 K_a 表示

$$K_a=\frac{a}{a_{\mathrm{k}}} \tag{6-5}$$

式中，a 为几何参数的实际值；a_{k}为几何参数的标准值，一般情况下可取为其设计值。

因此，如果变量 a 的均值和变异系数分别为 μ_a 和 δ_a，则有 K_a 的均值与变异系数

$$\mu_{K_a}=\mu_a/a_{\mathrm{k}},\ \delta_{K_a}=\delta_a \tag{6-6}$$

结构构件的几何特征参数应以正常生产情况下的实测数据为基础，经参数估计和概率分布的假设检验方法确定。《建筑结构可靠性设计统一标准》GB 50068—2018 中规定，当测试数据不足时，几何参数的统计参数可根据有关标准中规定的公差，经分析判断确定。一般地，几何尺寸越大，其变异性越小。故钢筋混凝土和砖石砌体结构的几何尺寸的变异性小于钢结构和薄壁型钢结构的尺寸变异性。因此，在《水利水电工程结构可靠性设计统一标准》GB 50199—2013 中规定，当结构截面最小尺寸大于 3m 时，其制作尺寸偏差与截面尺寸相比可忽略不计，故其几何参数可视作常量。

在编制各行业工程结构可靠性设计统一标准时，都对结构或构件的几何尺寸进行了统计分析，结论是几何尺寸的变异性总体很小。表 6-2 是编制《建筑结构设计统一标准》GBJ 68—84 时对建筑结构的几何参数变异性统计分析的结果。

建筑结构构件几何特征参数 K_a 的统计参数　　表 6-2

结构构件种类	项目	μ_{K_a}	δ_{K_a}	概率分布
型钢构件	截面面积	1.00	0.05	—
薄壁型钢构件	截面面积	1.00	0.05	—
钢筋混凝土构件	截面高度、宽度	1.00	0.02	正态分布
	截面有效高度	1.00	0.03	正态分布
	纵筋截面面积	1.00	0.03	—
	纵筋重心到截面	—	—	—
	近边距离	0.85	0.03	—
	箍筋平均间距	0.99	0.07	—
	纵筋锚固长度	1.02	0.09	—
砖砌体	单向尺寸(37cm)	1.00	0.02	—
	截面面积(37cm×37cm)	1.00	0.02	—
木构件	单向尺寸	0.98	0.03	—
	截面面积	0.96	0.06	—
	截面模量	0.94	0.08	—

6.2.3　构件抗力计算模式的不确定性

确定结构构件抗力时，一般都采用一定的基本假定及近似的计算公式，由此将引起的计算得到抗力与实际结构构件抗力之间的差异，这种差异产生的计算不定性即构件抗力计算模式的不确定性。

构件抗力计算模式的不确定性，主要来源于人们对结构构件抗力的认识和了解的欠缺。如一般情况下，构件承载力的计算公式中往往采用均质、各向同性的理想弹性或塑性模型，这些模型与实际工程构件的状态之间并是不完全一致，从而引起构件抗力的计算值与实际值之间的差异。可用随机变量 K_P 表示这种差异

$$K_P=\frac{R}{R_c} \tag{6-7}$$

式中，R 为结构构件的实际抗力值，一般情况下可取其试验值或精确计算值；R_c 为按规范公式，以材料性能和几何尺寸的实际值计算的抗力值，其排除了材料性能及几何尺寸不确定性的影响。

K_P 的均值与变异系数为

$$\mu_{K_P}=\mu_R/R_c,\ \delta_{K_P}=\delta_R \tag{6-8}$$

【例题 6-2】 确定无粘结预应力混凝土梁极限承载力计算模式的不确定性 K_P 的统计参数。根据《无粘结预应力混凝土结构技术规程》JGJ 92—2016，无粘结预应力混凝土梁极限承载力计算公式考虑了极限应力及其增量的影响。按该规程制备的试验梁均为 16cm ×28cm 矩形截面，梁全长 440cm，试验跨度 420cm，用三分点加集中荷载。无粘结筋采用直线束，每根梁一束，由 2～8 根 ϕ5 高强钢丝组成。16 根试验梁于试验前张拉，实测有效应力。测试的试验值和按照规范计算的极限承载力值列于表 6-3，其中计算值为按照

规程并根据实测的有效应力计算。

无粘结预应力混凝土梁极限承载力试验与计算值　　表 6-3

编号	试验值(kN・m)	计算值(kN・m)	K_P
1	46.80	36.32	1.289
2	63.60	50.55	1.258
3	38.30	28.60	1.339
4	51.20	42.77	1.197
5	72.40	65.18	1.111
6	41.50	36.64	1.133
7	59.40	52.77	1.126
8	30.30	25.13	1.206
9	50.40	39.38	1.280
10	61.00	56.80	1.074
11	53.40	46.65	1.145
12	75.80	69.67	1.088
13	42.50	38.87	1.093
14	89.70	89.91	0.998
15	67.30	53.80	1.251
16	44.60	42.75	1.043

【解】 根据试验和计算值，按照数理统计确定子样的均值与标准差公式，有

$$\mu_{K_P}=\frac{\sum_{i=1}^{n}K_{P_i}}{n}=1.164\text{ , }\sigma_{K_P}=\frac{\sqrt{\sum_{i=1}^{n}(K_{P_i}-\mu_{K_P})^2}}{n-1}=0.099\text{ , }\delta_{K_P}=\sigma_{K_P}/\mu_{K_P}=0.085$$

上述是 16 根试验梁的统计。有研究表明，以 59 根试验梁的数据统计表明，$\mu_{K_P}=1.175$、$\delta_{K_P}=0.096$，说明该规程的计算极限承载能力方法在统计意义上是偏安全的。

编制《建筑结构设计统一标准》GBJ 68—84 时，对建筑结构各种构件的计算模式不确定性进行了分析，其统计参数见表 6-4。

建筑结构构件 K_P 的统计分析结果　　表 6-4

结构构件种类	受力状态	μ_{K_P}	δ_{K_P}	概率分布
钢结构构件	轴心受拉	1.05	0.07	—
	轴心受压(A_3F)	1.03	0.07	—
	偏心受压(A_3F)	1.12	0.10	—
薄壁型钢结构构件	轴心受压	1.08	0.10	—
	偏心受压	1.14	0.11	—
钢筋混凝土结构构件	轴心受拉	1.00	0.04	正态分布
	轴心受压	1.00	0.05	正态分布
	偏心受压	1.00	0.05	正态分布
	受弯	1.00	0.04	正态分布
	受剪	1.00	0.15	正态分布

续表

结构构件种类	受力状态	μ_{K_P}	δ_{K_P}	概率分布
砖结构砌体	轴心受压	1.05	0.15	—
	小偏心受压	1.14	0.23	—
	齿缝受剪	1.06	0.10	—
	抗剪(烧结普通砖)	1.02	0.13	—
木结构构件	顺纹轴心受拉	1.00	0.05	—
	顺纹轴心受压	1.00	0.05	—
	受弯	1.00	0.05	—
	顺纹受剪	0.97	0.08	—

6.3 构件抗力的统计参数及概率分布

如前所述，构件的抗力实际上是随时间变化的随机过程。目前，结构构件的抗力常用的简化和实用的是时变模型，一种是用某类确定性函数或不确定性函数表示的随时间变化的衰减，将非平稳随机过程平稳化的平稳随机过程模型。其中，可用多参数形式的衰减函数并考虑各构件抗力相关性。另外一种就是直接转化为各阶段的随机变量，直接转化成随机变量的抗力模型，是用随机过程的截口随机变量替代随机过程。这种模型简便实用，但不能充分反映抗力各时刻相关性等概率特征。

如根据随机时变剩余强度模型，结构构件抗力 $R(t)$ 可表示为

$$R(t)=g(t)K_P R_P(t) \tag{6-9}$$

$$R_P(t)=R_P[g_{K_m}(t), K_m, g_{K_a}(t), K_a] \tag{6-10}$$

式中，$g(t)$ 为抗力 $R(t)$ 的确定性时变函数；K_P 为考虑计算模式不确定的随机变量，$K_P=R(t)/R_P(t)$；$R_P(t)$ 为计算抗力；$R(t)$ 为各时刻的抗力；K_m 为考虑材料实际强度与设计值之间不确定性的随机变量；$g_{K_m}(t)$ 为 K_m 的确定性时变函数；K_a 为考虑构件几何尺寸不确定性的随机变量；$g_{K_a}(t)$ 为 K_a 的确定性时变函数。

式（6-9）中的 $g(t)$，在假定疲劳性能不随结构性能变化而改变时，有

$$g(t)=1-\frac{tR_d\Delta}{E[R_P(t)K_P]} \tag{6-11}$$

式中，Δ 为初始时刻相对于抗力设计值的年损伤度（%）；R_d 为初始时刻抗力的设计值。

若各随机时变变量之间相互独立，则 $R(t)$ 的统计量为

$$E[R(t)]=g(t)E[K_P]E[R_P(t)] \tag{6-12}$$

$$\delta[R(t)]=\sqrt{(\delta[K_P])^2+(\delta[R_P(t)])^2} \tag{6-13}$$

式中，$E[\cdot]$ 和 $\delta[\cdot]$ 分别为各变量的均值与变异系数函数。

上述模型的实际应用是很困难的，因为其中的各随机变量的时变函数要通过大量工程统计后获得；抗力的均值、标准差（或方差）和变异系数，即使可通过实际工程资料统计确定，但任意时点抗力之间的相关性，则需要对结构（构件）抗力进行长期跟踪测试才可获得。另外，上述模型中均假定各变量之间相互独立，也与实际有较大出入。为此，实际

工程应用中的模型是直接将抗力转化成随机变量，下面分析的构件抗力统计参数时采用的是随机变量模型。

6.3.1 构件抗力的统计参数

1. 单一材料组成的结构构件抗力的统计参数

工程上由钢材、木材、砖、素混凝土等其中一种材料制作的构件，称为单一材料组成的结构构件，其抗力 R 可表示为

$$R=R_{\mathrm{k}}K_{z}K_{P}K_{\mathrm{m}}K_{a} \tag{6-14}$$

式中，R_{k}为结构构件抗力的标准值；K_{z}为实际结构构件抗力 R 与试验测试试件的抗力试验值R_{s}之比，均为随机变量；K_{P}为试验值R_{s}与计算值 R_{P}之比，均为随机变量，反映的是计算模式的不确定性；K_{m}为材料实际强度 f_{s}（随机变量）与标准值 f_{sk}（确定量）之比，反映的是材料性能的不确定性；K_{a}为构件实际截面尺寸与截面尺寸标准值之比，反映的是截面几何参数的不确定性。

由于获得 K_{z}的统计参数非常困难，目前一般只能凭经验对不同材料的构件，采用估计的平均值 $\mu_{k_{Z}}\approx1.0$、$\delta_{k_{Z}}\approx0$。这样的估计值说明，构件的试验测试值可近似地代表实际构件的抗力 R。但实际结构的截面尺寸、施工制作质量及条件等与试验室制备的试件往往有较大的差别，并不能认为 $\mu_{k_{Z}}\approx1.0$ 及 $\delta_{k_{Z}}\approx0$。

为实用简便，对于单一材料结构构件，其抗力设为

$$R=K_{\mathrm{m}}K_{a}K_{P}R_{\mathrm{k}} \tag{6-15}$$

式中，R_{k}为结构抗力的标准值，也就是按照规范设计计算得到的抗力值；K_{m}、K_{a}和 K_{P}分别为构件材料性能、几何尺寸及计算模式的不确定性参数。

设 K_{m}、K_{a}和 K_{P}之间相互独立，则抗力 R 的统计参数为

$$\mu_{R}=R_{\mathrm{k}}\mu_{K_{\mathrm{m}}}\mu_{K_{a}}\mu_{K_{P}} \tag{6-16}$$

$$\delta_{R}=\sqrt{\delta_{K_{\mathrm{m}}}^{2}+\delta_{K_{a}}^{2}+\delta_{K_{P}}^{2}} \tag{6-17}$$

令 K_{R}为构件抗力均值与其标准值之比，则有

$$K_{R}=\mu_{R}/R_{\mathrm{k}}=\mu_{K_{\mathrm{m}}}\mu_{K_{a}}\mu_{K_{P}} \tag{6-18}$$

【例题 6-3】 试分析砖砌柱承载力 R 的统计参数。从表 6-1、表 6-2 和表 6-4 已知，砌体结构轴心受压时，$\mu_{K_{\mathrm{m}}}=1.15$，$\delta_{K_{\mathrm{m}}}=0.20$；$\mu_{K_{a}}=1.00$，$\delta_{K_{a}}=0.02$；$\mu_{K_{P}}=1.05$，$\delta_{K_{P}}=0.15$。

【解】 采用式（6-18）有

$$K_{R}=\mu_{K_{\mathrm{m}}}\mu_{K_{a}}\mu_{K_{P}}=1.21$$

用式（6-16）和式（6-17），有

$$\mu_{R}=R_{\mathrm{k}}\mu_{K_{\mathrm{m}}}\mu_{K_{a}}\mu_{K_{P}}=1.208R_{\mathrm{k}},\ \delta_{R}=\sqrt{\delta_{K_{\mathrm{m}}}^{2}+\delta_{K_{a}}^{2}+\delta_{K_{P}}^{2}}=0.249$$

上述砖砌柱承载力 R 的统计参数，即为建筑结构设计规范中所采用的砖砌体轴心受压构件的抗力参数统计值。

2. 多种材料组成的结构构件抗力的统计参数

多种材料（复合材料）组成的结构构件，如钢筋混凝土结构构件，其抗力的计算值 R_{P}由多种（两种或两种以上）材料性能和几何参数组成。多种材料组成的结构构件抗力

R 可表示为

$$R=K_P R_P=K_P R(f_{m_i}, a_i) \quad (i=1, 2, \cdots, n) \tag{6-19}$$

式中，R_P为由计算公式确定的构件抗力，$R_P=R(\cdot)$，其中 $R(\cdot)$ 为抗力函数；f_{m_i}为结构构件中第 i 种材料的性能；a_i为与构件中第 i 种材料相应的几何参数。f_{m_i}和 a_i均为随机变量。

因此，多种材料组成的结构构件抗力 R 为基本随机变量的非线性函数。利用误差传递公式（即将 R 线性化，并取线性项），并假设各变量之间相互独立，求得随机变量函数 R 的均值和变异系数为

$$\mu_R=\mu_{K_P}\mu_{R_P}=\mu_{K_P}R(\mu_{f_{m_i}}, \mu_{a_i}) \tag{6-20}$$

$$\delta_R=\sqrt{\delta_{K_P}^2+\delta_{R_P}^2} \tag{6-21}$$

式中，R_P的标准差和变异系数分别为

$$\sigma_{R_P}=\left[\sum_{j=1}^{n}\left(\left.\frac{\partial R_P}{\partial X_i}\right|_{\mu_{X_i}}\sigma_{X_i}\right)^2\right]^{\frac{1}{2}} \tag{6-22}$$

$$\delta_{R_P}=\frac{\sigma_{R_P}}{\mu_{R_P}} \tag{6-23}$$

仍令 K_R为多种材料组成的构件抗力均值与其标准值之比，则有

$$K_R=\mu_R/R_k=(\mu_{K_P}\mu_{R_P})/R_k \tag{6-24}$$

若 R 的表现形式为

$$R=X_1\pm X_2\pm\cdots\pm X_n \tag{6-25}$$

则

$$\mu_{R_P}=\mu_{X_1}\pm\mu_{X_2}\pm\cdots\pm\mu_{X_n}, \ \sigma_{R_P}=\sqrt{\sigma_{X_1}^2\pm\sigma_{X_2}^2\pm\cdots\pm\sigma_{X_n}^2} \tag{6-26}$$

若 R 的表现形式为

$$R=X_1X_2\cdots X_n \tag{6-27}$$

则

$$\mu_{R_P}=\mu_{X_1}\mu_{X_2}\cdots\mu_{X_n}, \ \delta_{R_P}=\sqrt{\delta_{X_1}^2+\delta_{X_2}^2+\cdots+\delta_{X_n}^2} \tag{6-28}$$

【例题 6-4】 试确定钢筋混凝土轴心受压短柱承载力 R 的统计参数。

已知 C20 混凝土的轴心抗压强度标准值 $f_{ck}=13.50$MPa，强度统计参数 $\mu_{K_{mc}}=1.66$，$\delta_{K_{mc}}=0.23$。HRB335 钢筋的强度标准值 $f_{y'k}=335$MPa，强度统计参数为 $\mu_{K_{my'}}=1.14$，$\delta_{K_{my'}}=0.07$；钢筋面积统计参数 $\mu_{K_{ay'}}=1.00$，$\delta_{K_{ay'}}=0.03$。柱截面尺寸为 $b\times h$，尺寸标准值 $b_k\times h_k=300\times500\text{mm}^2$，$\mu_{K_{ab}}=\mu_{K_{ah}}=1.00$，$\delta_{K_{ab}}=\delta_{K_{ah}}=0.03$。计算模式不确定性统计参数 $\mu_{K_P}=1.00$，$\delta_{K_P}=0.05$。配筋率 $\rho=0.015$；钢筋混凝土轴压短柱承载力计算公式为 $R=f_c bh+f'_y A_s$。

【解】 因为

$\mu_{f_c}=\mu_{K_{mc}}f_{ck}=1.66\times13.5=22.41\text{MPa}$，$\mu_{f_{y'}}=\mu_{K_{my'}}f_{y'k}=1.14\times335=381.90\text{MPa}$，

$\mu_b=\mu_{K_{ab}}b_k=1.00\times300=300.00\text{mm}$，$\mu_h=\mu_{K_{ah}}h_k=1.00\times500=500.00\text{mm}$，

$\mu_{A_s}=\rho\times\mu_b\times\mu_h=0.015\times300\times500=2250.00\text{mm}^2$

用式（6-20）和短柱承载力计算公式，有

$$\mu_R=\mu_{K_P}\mu_{R_P}=\mu_{K_P}(\mu_{f_c}\mu_b\mu_h+\mu_{f_y'}\mu_{A_s})=4220.775\text{kN}$$

因 $\sigma_{f_c}=\mu_{f_c}\delta_{k_{mc}}=22.41\times0.23=5.15\text{MPa}$，$\sigma_{f_y'}=\mu_{f_y'}\delta_{K_{my'}}=381.90\times0.07=26.73\text{MPa}$，$\sigma_b=\mu_b\delta_{K_{ab}}=300\times0.03=9.00\text{mm}$，$\sigma_h=\mu_h\delta_{K_{ah}}=500\times0.03=15.00\text{mm}$，$\sigma_{A_s}=\mu_{A_s}\times\delta_{K_{ay'}}=2250\times0.03=67.50\text{mm}^2$

根据式（6-22）和短柱承载力计算公式，有

$$\sigma_{R_P}=\sqrt{\mu_b^2\mu_h^2\sigma_{f_c}^2+\mu_{f_c}^2\mu_h^2\sigma_b^2+\mu_{f_c}^2\mu_b^2\sigma_h^2+\mu_{A_s}^2\sigma_{f_y'}^2+\mu_{f_y'}^2\sigma_{A_s}^2}=787.919\text{kN}$$

由式（6-23），有

$$\delta_{R_P}=\frac{\sigma_{R_P}}{\mu_{R_P}}=\frac{787.919}{4220.775}=0.187$$

根据式（6-21）和式（6-24），有

$$\delta_R=\sqrt{\delta_{K_P}^2+\delta_{R_P}^2}=\sqrt{0.05^2+0.187^2}=0.194$$

$$K_R=\mu_R/R_k=4220.775\times10^3/(13.50\times300\times500+335\times2250)=1.519$$

对于各种材料组成的结构构件抗力的统计，可以根据上述例题的方法进行。在编制《建筑结构设计统一标准》GBJ 68—84 时，对建筑结构各种构件抗力的统计参数进行了分析，其统计参数见表 6-5。

建筑结构构件抗力的统计参数 **表 6-5**

<table>
<tr><th>结构构件种类</th><th colspan="3">受力状态</th><th>k_R</th><th>δ_R</th></tr>
<tr><td rowspan="3">钢结构构件</td><td colspan="3">轴心受拉(A_3F)</td><td>1.13</td><td>0.12</td></tr>
<tr><td colspan="3">轴心受压(A_3F)</td><td>1.11</td><td>0.12</td></tr>
<tr><td colspan="3">偏心受压(A_3F)</td><td>1.21</td><td>0.15</td></tr>
<tr><td rowspan="10">冷弯薄壁型钢结构构件</td><td rowspan="4">轴心受压</td><td rowspan="2">弯曲失稳</td><td>Q235</td><td>1.21</td><td>0.150</td></tr>
<tr><td>Q345</td><td>1.14</td><td>0.138</td></tr>
<tr><td rowspan="2">弯扭失稳</td><td>Q235</td><td>1.36</td><td>0.135</td></tr>
<tr><td>Q345</td><td>1.28</td><td>0.121</td></tr>
<tr><td rowspan="4">偏心受压</td><td rowspan="2">弯矩作用平面内失稳</td><td>Q235</td><td>1.34</td><td>0.137</td></tr>
<tr><td>Q345</td><td>1.26</td><td>0.124</td></tr>
<tr><td rowspan="2">弯矩作用平面外失稳</td><td>Q235</td><td>1.28</td><td>0.157</td></tr>
<tr><td>Q345</td><td>1.20</td><td>0.145</td></tr>
<tr><td rowspan="2">受弯</td><td rowspan="2">整体失稳</td><td>Q235</td><td>1.17</td><td>0.140</td></tr>
<tr><td>Q345</td><td>1.10</td><td>0.127</td></tr>
<tr><td rowspan="6">钢筋混凝土结构构件</td><td colspan="3">轴心受拉</td><td>1.10</td><td>0.10</td></tr>
<tr><td colspan="3">轴心受压(短柱)</td><td>1.33</td><td>0.17</td></tr>
<tr><td colspan="3">小偏心受压(短柱)</td><td>1.30</td><td>0.15</td></tr>
<tr><td colspan="3">大偏心受压(短柱)</td><td>1.16</td><td>0.13</td></tr>
<tr><td colspan="3">受弯</td><td>1.13</td><td>0.10</td></tr>
<tr><td colspan="3">受剪</td><td>1.24</td><td>0.19</td></tr>
</table>

续表

结构构件种类	受力状态	k_R	δ_R
砖结构砌体	轴心受压	1.21	0.25
	小偏心受压	1.26	0.30
	齿缝受弯	1.06	0.24
	受剪	1.02	0.27
木结构构件	轴心受拉	1.42	0.33
	轴心受压	1.23	0.23
	受弯	1.38	0.27
	顺纹受剪	1.23	0.25

应该指出的是，无论是《建筑结构可靠度设计统一标准》GB 50068—2001、《建筑结构可靠性设计统一标准》GB 50068—2018，还是原《水利水电工程结构可靠度设计统一标准》GB 50199—94 及《港口工程结构可靠性设计统一标准》GB 50158—2010 等，都未给出各种结构构件抗力的统计参数；而表 6-5 是 20 世纪 80 年代初期获得的统计参数，由于材料质量提高及施工技术进步等原因，现有的各种材料性能及几何参数等可能发生变化，因此，这些统计数据可能有变化。

另外，相对于建筑工程结构的构件抗力，其他工程结构的抗力形式不一定以力的形式表现，即广义抗力。如，按照《堤防工程设计规范》GB 50286—2013，土质堤防（或土坝）抵抗渗透破坏的极限状态，其广义抗力的形式包括基于允许渗透比降的双层地基广义抗力、基于排水盖重层厚度的广义抗力和基于渗径长度的广义抗力等形式，后两种情况下的抗力分别是排水盖重层厚度、渗径长度。而基于允许渗透比降的双层地基广义抗力为

$$R=\gamma_{nk}d_{ks}+\gamma_{sb}t_{sb} \tag{6-29}$$

式中，γ_{nk}为黏土的浮容重；d_{ks}为堤下水渠（塘）下黏土层的有效厚度；γ_{sb}为压盖土体的容重；t_{sb}为透水压盖的厚度。

土质工程的土体允许渗透比降的抗力，表示的是在汛期高水位长期作用下，黏性土层的薄弱处抵抗有可能被承压水顶穿而形成集中出水口的能力。上述三种土质堤防（或土坝）抵抗渗透变形破坏的广义抗力，适用的条件不同，可根据工程的具体情况选择使用。

6.3.2 构件抗力的概率分布

从式（6-19）或式（6-27）可知，结构构件抗力是多个随机变量的函数。如果已知各随机变量的概率分布，则在理论上可通过多维积分求得抗力的概率分布。不过，在数学上处理起来比较困难；而且，即使能得到抗力的概率分布函数，其形式也较为复杂，不利于采用一次二阶矩方法计算可靠指标。

结构构件抗力的计算模式，多数为$Y=X_1X_2X_3+X_4X_5X_6+\cdots$或$Y=X_1X_2X_3\cdots$之类的形式。根据第 2 章的林德伯格（Lindburg）中心极限定理，如果X_1，X_2，…，X_n是一个独立同分布的随机变量序列，且有限的方差$D(X_n)=\sigma^2>0(i=1，2，\cdots，n)$，其中任何一个$X_i$也不占优势，则无论各随机变量$X_i$（$i=1，2，\cdots，n$）具有怎样的分布，只要

当 n 很大时，那么它的和 $Y=\sum_{j=1}^{n}X_j$ 服从或渐近服从正态分布。因此，对于形式为 $Y=X_1X_2X_3\cdots$ 的抗力，有 $\ln Y=\ln X_1+\ln X_2+\cdots+\ln X_n$，当 n 充分大时，$\ln Y$ 近似于服从正态分布，而 Y 则服从对数正态分布。

所以，为简便实用，无论 X_i（$i=1, 2, \cdots, n$）具有怎样的分布，均可近似认为结构构件的抗力服从对数正态分布。这是一种根据抗力表达式的特点得到的抗力分布类型，并非严格意义上假设检验的分析结果，但比较简单，且可满足采用一次二阶矩方法分析结构可靠度的精度要求。

对于其他形式或比较复杂形式的抗力，可通过 Monte Carlo 方法模拟，对假定的概率分布进行检验后确定其概率分布。

6.4 材料的标准强度及设计取值

如混凝土的强度和弹性模量等材料性能是随机变量，分析构件的安全与设计时需要采用其代表值。如上述，最基本的代表值是材料性能的标准值，其最主要的标准值之一是各种材料的强度标准值。

6.4.1 材料强度的标准值

工程结构材料的强度，是指材料或构件抵抗破坏的能力，其值是在一定的受力条件和工作状态下，材料所能承受的最大应力或构件所能承担的最大力（即承载能力），包括材料的抗拉强度、抗压强度、抗弯强度、抗剪及抗扭强度等。

我国的《工程结构可靠性设计统一标准》GB 50153—2008 和国际标准《结构可靠性总原则》ISO 2394—1998 将材料性能和岩土性能的标准值定义为材料性能（随机变量）概率分布的某一分位值。而对于材料的强度，其标准值以 0.05 的分位值确定；材料的弹性模量及泊松比等物理性能，以 0.50 的分位值确定。《建筑结构可靠性设计统一标准》GB 50068—2018 等同时规定，当观测和试验数据不足时，荷载标准值可结合工程经验，经分析判断确定。

材料的强度采用正态分布时，其标准值 f_{mk} 为

$$f_{\mathrm{mk}}=\mu_{f_{\mathrm{m}}}-1.645\sigma_{f_{\mathrm{m}}}=\mu_{f_{\mathrm{m}}}(1-1.645\delta_{f_{\mathrm{m}}}) \tag{6-30}$$

式中，$\mu_{f_{\mathrm{m}}}$、$\sigma_{f_{\mathrm{m}}}$ 和 $\delta_{f_{\mathrm{m}}}$ 分别为材料强度的均值、标准差和变异系数。

式（6-30）表明，在材料强度实测值总体中，材料强度的标准值应具有不小于 95% 的保证率，1.645 是对应于 0.05 的分位值。

例如，《普通混凝土拌合物性能试验方法标准》GB/T 50080—2016 规定，混凝土的立方体抗压强度的标准值为按照标准方法制作的边长 150mm×150mm×150mm 标准试件，在 (20±3)℃的温度和相对湿度 90%以上的潮湿空气中养护 28d 龄期时，用标准试验方法（以每秒 0.2～0.3N/mm^2 的加荷速度）测得的具有 95%保证率（相当于 $\mu_{f_{\mathrm{m}}}-1.645\sigma_{f_{\mathrm{m}}}$）的抗压强度值。该标准强度也称为混凝土强度等级，一般以 $f_{\mathrm{cu,k}}$ 表示，即

$$f_{\mathrm{cu,k}}=\mu_{f_{\mathrm{m}}}-1.645\sigma_{f_{\mathrm{m}}} \tag{6-31}$$

根据大量实测资料和统计分析，我国的不同等级混凝土强度的变异系数见表 6-6。

我国不同等级混凝土的强度变异系数 **表 6-6**

$f_{cu,k}$	C15	C20	C25	C30	C35	C40	C45	C50	C55	C60～C80
$\delta_{f_{cu}}$	0.21	0.18	0.16	0.14	0.13	0.12	0.12	0.11	0.11	0.10

不过，对于水利水电工程等大体积混凝土，其抗压强度的变异系数较大，如《水工混凝土结构设计规范》DL/T 5057—2009 中列出了大体积混凝土抗压强度变异系数，见表 6-7。

大体积混凝土抗压强度的变异系数 **表 6-7**

$f_{cu,k}$	C10	C15	C20	C25	C30
$\delta_{f_{cu}}$	0.24	0.22	0.20	0.18	0.16

混凝土的立方体试件测试方便，且试验结果稳定，混凝土的其他各种强度指标是假定与立方体强度具有相同的变异系数，由立方体抗压强度标准值推算得到的。不过，这种试件与实际结构中的混凝土有一定的差别。为此，我国《混凝土结构设计规范》（2015 年版）GB 50010—2010 用 150mm×150mm×300mm 棱柱体试件测得的具有 95％保证率的抗压强度确定为混凝土抗压强度标准值，称为混凝土的轴心抗压强度 f_{ck}。根据试验，当试件截面尺寸相同时，给出了 f_{ck} 和 $f_{cu,k}$ 之间的线性关系为

$$f_{ck}=0.88\alpha_{c1}\alpha_{c2}f_{cu,k} \tag{6-32}$$

式中，α_{c1} 为棱柱体试件强度与立方体试件强度之比，C50 及其以下混凝土取 0.76，C80 的混凝土取 0.82，之间为线性内插值；α_{c2} 为脆性折减系数，C40 及其以下取 1.0，C80 取 0.87，之间为线性内插值。其中的系数 0.88 是强度修正系数，为考虑结构中的混凝土强度与试件混凝土强度之间的差异。

试验表明，混凝土的轴心抗拉强度均值 f_{tm} 与其立方体抗压强度均值 $f_{cu,m}$ 之间关系为

$$f_{tm}=0.88\times0.395f_{cu,m}^{0.55} \tag{6-33}$$

式中，系数 0.395 和指数 0.55 为轴心抗拉强度与其立方体抗压强度的折算关系，是根据试验数据统计分析后确定的。

在《混凝土结构设计规范》（2015 年版）GB 50010—2010 中，假定混凝土抗拉强度的变异系数与抗压强度的变异系数相同，则根据式（6-31）和式（6-33），有混凝土抗拉强度的标准值 f_{tk} 与其立方体抗压强度的标准值 $f_{cu,k}$ 之间关系为

$$f_{tk}=0.88\times0.395f_{cu,k}^{0.55}(1-1.645\delta_{f_{cu}})^{0.45}\alpha_{c2} \tag{6-34}$$

同时说明，C80 以上的高强混凝土，目前虽偶有工程应用但数量很少，且对其性能的研究尚不够，故暂未列入。

表 6-8 为《混凝土结构设计规范》（2015 年版）GB 50010—2010 根据上述公式确定的混凝土轴心抗压强度标准值、轴心抗拉强度标准值以及设计值。

建筑结构混凝土轴心抗压和抗拉强度标准值与设计值（单位：MPa） **表 6-8**

强度种类	混凝土强度等级													
	C15	C20	C25	C30	C35	C40	C45	C50	C55	C60	C65	C70	C75	C80
抗压标准值	10.0	13.4	16.7	20.1	23.4	26.8	29.6	32.4	35.5	38.5	41.5	44.5	47.4	50.2
抗拉标准值	1.27	1.54	1.78	2.01	2.20	2.39	2.51	2.64	2.74	2.85	2.93	2.99	3.05	3.11

续表

强度种类	混凝土强度等级													
	C15	C20	C25	C30	C35	C40	C45	C50	C55	C60	C65	C70	C75	C80
抗压设计值	7.2	9.6	11.9	14.3	16.7	19.1	21.1	23.1	25.3	27.5	29.7	31.8	33.8	35.9
抗拉设计值	0.91	1.10	1.27	1.43	1.57	1.71	1.80	1.89	1.96	2.04	2.09	2.14	2.18	2.22

值得注意的是，由于立方体试件尺寸不同，在不同的规范中混凝土抗拉强度的标准值 f_{tk} 与其立方体抗压强度的标准值 $f_{cu,k}$ 之间关系，即公式（6-33）有所不同。如《水工混凝土结构设计规范》DL/T 5057—2009 中，f_{tk} 和 $f_{cu,k}$ 的关系为

$$f_{tk}=0.23f_{cu,k}^{2/3}(1-1.645\delta_{f_{cu}})^{1/3} \tag{6-35}$$

但经过比较，式（6-35）的取值与式（6-34）的基本一致。

钢筋的抗拉强度的标准值取用国家标准中已规定的每一种钢筋的废品限值。国家标准中，钢筋及预应力筋的强度按现行国家标准《钢筋混凝土用钢》GB/T 1499、《钢筋混凝土用余热处理钢筋》GB 13014—2013、《预应力混凝土用螺纹钢筋》GB/T 20065—2016、《预应力混凝土用钢丝》GB/T 5223—2014、《预应力混凝土用钢绞线》GB/T 5224—2014 等的规定给出，其应具有不小于 95%的保证率。统计表明，废品限值总体上在 $\mu_f-2\sigma_f$（μ_f 与 σ_f 分别为其强度的均值与标准差），即相当于具有 97.3%的保证率，高于 95%。如普通钢筋 HPB300（公称直径 6～22mm）的屈服强度标准值 f_{yk} 和极限强度标准值 f_{stk} 分别为 300MPa 和 420MPa。

6.4.2 材料强度的设计值

材料性能设计值是指材料强度的标准值 f_k 除以材料的分项系数 γ_f，即

$$f=f_k/\gamma_f \tag{6-36}$$

1. 混凝土强度的设计值

混凝土强度的设计值包括其抗压强度设计值和抗拉强度设计值，分别由上述混凝土轴心抗压强度标准值和轴心抗拉强度标准值除以混凝土强度的分项系数 γ_f 得到。《混凝土结构设计规范》GB 50010—2010 给出了以分项系数 $\gamma_f=1.40$ 时的混凝土强度设计值，见表 6-8。

《公路钢筋混凝土及预应力混凝土桥涵设计规范》JTG 3362—2018 中混凝土强度标准值与设计值见表 6-9。

公路桥涵结构混凝土轴心抗压和抗拉强度标准值与设计值（单位：MPa）　　表 6-9

强度种类	混凝土强度等级												
	C20	C25	C30	C35	C40	C45	C50	C55	C60	C65	C70	C75	C80
抗压标准值	13.4	16.7	20.1	23.4	26.8	29.6	32.4	35.5	38.5	41.5	44.5	47.4	50.2
抗拉标准值	1.54	1.78	2.01	2.20	2.40	2.51	2.65	2.74	2.85	2.93	3.00	3.05	3.10
抗压设计值	9.2	11.5	13.8	16.1	18.4	20.5	22.4	24.4	26.5	28.5	30.5	32.4	34.6
抗拉设计值	1.06	1.23	1.39	1.52	1.65	1.74	1.83	1.89	1.96	2.02	2.07	2.10	2.14

对表 6-9 的取值，该规范还规定，在计算现浇钢筋混凝土轴心受压和偏心受压构件

时，如截面的长边或直径小于 300 mm，表中的值应乘以系数 0.8。当构件质量（混凝土成型、截面和轴线尺寸等）确有保证时，可不受此限。

2. 砌体强度设计值

砌体结构的材料强度设计值由其强度标准值除以材料分项系数确定，《砌体结构设计规范》GB 50003—2011 给出的是砌体强度的设计值是其强度的分项系数为 1.6 的情况。

3. 岩土材料的不确定性与设计值

岩土为天然材料，与混凝土、钢筋等人工材料相比，岩土材料具有明显的空间变异性。岩土性能的不确定性主要是岩土材料本身的不确定性和计算模式的不确定性。岩土材料本身的不确定性包括岩土材料本身的固有不确定性，由于取样的方法、设备和操作等引起的测量不确定性，以及以测量结果转换为设计参数时产生的不确定性等三个方面；而计算模式的不确定性，主要是由于现有的力学模型对土体反应进行计算时所产生的不准确等引起的。

一般认为，岩土材料的黏聚力与内摩擦角之间是负相关的，但具体的相关系数与岩土性能有关。对于人工填土边坡而言，容重与内摩擦角（或摩擦系数）和黏聚力之间相关。根据实际测试数值进行统计的结论表明，容重与摩擦系数和黏聚力之间的相关系数分别是 0.285 和 0.708，而摩擦系数和黏聚力的相关系数为 0.661。不过，这些相关系数只是对某种土体在某一边坡情况下的结论，并没有普遍意义，但这些相关性必然影响岩土工程的可靠性计算结论。

《建筑结构可靠性设计统一标准》GB 50068—2018 规定，岩土性能指标和地基、桩基承载力等，应通过原位测试、室内试验等直接或间接的方法确定，并应考虑由于钻探取样扰动、室内外试验条件与实际工程结构条件的差别以及所采用公式的误差等因素的影响。岩土性能的标准值宜根据原位测试和室内试验的结果，按有关标准的规定确定。当有条件时，岩土性能的标准值可按其概率分布的某个分位值确定。

《水利水电工程结构可靠性设计统一标准》GB 50199—2013 规定，水工结构大体积混凝土的强度和岩基、围岩强度标准值可采用概率分布的 0.2 分位值；岩、土材料和土基强度的标准值可采用概率分布的 0.1 分位值。材料、地基、围岩的变形模量、泊桑比以及物理性能的标准值一般可采用概率分布的 0.5 分位值。设计上有特殊要求时，经专门论证，可按概率分布较不利的分位值确定。另外还规定，水工结构材料和地基、围岩长期在有害介质或其他不良环境的影响下，其性能可能恶化时，在确定其标准值时应予折减。

第7章　工程结构的极限状态设计

结构的极限状态，是整个结构或结构的一部分超过某一特定状态就不能满足设计规定的某一功能要求的临界状态。工程结构设计的目的就是保证结构的工作状态不超过该临界状态，而不超过该临界状态的标志或定量描述就是不超过该状态的概率。因此，无论是结构的安全性、适用性还是耐久性，结构的极限状态是一个阈值状态，超过极限状态的概率（或对应的可靠指标）是极限状态设计的一个阈值。按照极限状态设计，在各种工程结构可靠度设计标准中，明确了以一次二阶矩法计算的结构可靠指标要达到的阈值，也即目标可靠指标。

本章介绍了工程结构构件的设计目标及其对应的可靠指标、基于目标可靠指标的直接概率设计方法、分项系数表达的极限状态设计模式、设计规范中以分项系数表示的设计方法和表达式等。

7.1　构件的目标可靠指标

7.1.1　设计状况

设计状况，是代表一定时段的一组物理条件，设计应做到结构在该时段内不超越有关的极限状态，故设计状况是一种极限状态。按照结构设计要求，这种极限状态不应该被超越，也就是设计时必须验算的状况。结构的极限状态，一般包括承载能力极限状态和正常使用极限状态两种，如第3章的介绍。

1. 设计状况

根据《工程结构可靠性设计统一标准》GB 50153—2008规定了四种设计状况：

（1）持久设计状况，适用于结构使用时的正常情况；

（2）短暂设计状况，适用于结构出现的临时情况，包括结构施工和维修时的情况等；

（3）偶然设计状况，适用于结构出现的异常情况，包括结构遭受火灾、爆炸、撞击时的情况等；

（4）地震设计状况，适用于结构遭受地震时的情况，在抗震设防地区必须考虑地震设计状况。

上述统一标准规定了对于不同的设计状况，可采用相应的结构体系、可靠度水平、基本变量和作用组合等。统一标准还具体规定了上述四种工程结构设计状况应分别进行下列极限状态设计：

（1）对于四种设计状况，均应进行承载能力极限状态设计；

（2）对于持久设计状况，尚应进行正常使用极限状态设计；

（3）对于短暂设计状况和地震设计状况，可根据需要进行正常使用极限状态设计；

（4）对于偶然设计状况，可不进行正常使用极限状态设计。

2. 作用组合与设计状况

《工程结构可靠性设计统一标准》GB 50153—2008 给出了用于不同设计状况时的作用组合。

进行承载能力极限状态设计时，应根据不同的设计状况采用下列作用组合：

（1）基本组合，用于持久设计状况或短暂设计状况；

（2）偶然组合用于偶然设计状况；

（3）地震组合用于地震设计状况。

进行正常使用极限状态设计时，可采用下列作用组合

（1）标准组合，宜用于不可逆正常使用极限状态设计；

（2）频遇组合，宜用于可逆正常使用极限状态设计；

（3）准永久组合，宜用于长期效应是决定性因素的正常使用极限状态设计。

根据上述统一标准，《建筑结构可靠性设计统一标准》GB 50068—2018 等标准中规定了有关设计工作状况，并明确了设计状况与极限状态的关系。

例如，原《建筑结构可靠度设计统一标准》GB 50068—2001 和《建筑结构可靠性设计统一标准》GB 50068—2018 中都规定，设计时应根据结构在施工和使用中的环境条件和影响，区分下列三种设计状况，并对不同的设计状况采用相应的结构体系、可靠度水准和基本变量等。

（1）持久状况。在结构使用过程中一定出现，其持续期很长的状况。持续期一般与设计使用年限为同一数量级。

（2）短暂状况。在结构施工和使用过程中出现概率较大，而与设计使用年限相比，持续期很短的状况，如施工和维修等。

（3）偶然状况。在结构使用过程中出现概率很小，且持续期很短的状况，如火灾、爆炸、撞击等。

建筑结构要求采用相应的结构作用效应的最不利组合，对三种设计状况分别进行下列极限状态设计：

（1）对三种设计状况，均应进行承载能力极限状态设计；

（2）对持久状况，尚应进行正常使用极限状态设计；

（3）对短暂状况，可根据需要进行正常使用极限状态设计。

同时规定了建筑结构设计时，对所考虑的不同极限状态时采用的作用组合：

（1）进行承载能力极限状态设计时，应考虑作用效应的基本组合，必要时尚应考虑作用效应的偶然组合。

（2）进行正常使用极限状态设计时，应根据不同设计目的，分别选用下列作用效应的组合：标准组合，主要用于当一个极限状态被超越时将产生严重的永久性损害的情况；频遇组合，主要用于当一个极限状态被超越时将产生局部损害、较大变形或短暂振动等情况；准永久组合，主要用在当长期效应是决定性因素时的一些情况。

对偶然状况，建筑结构可采用下列原则之一按承载能力极限状态进行设计：（1）按作用效应的偶然组合进行设计或采取防护措施，使主要承重结构不致因出现设计规定的偶然

事件而丧失承载能力；(2) 允许主要承重结构因出现设计规定的偶然事件而局部破坏，但其剩余部分具有在一段时间内不发生连续倒塌的可靠度。

对于水利水电工程结构，《水利水电工程结构可靠性设计统一标准》GB 50199—2013中规定，结构设计时，应根据结构在施工、安装、运行和检修不同时期可能出现的不同作用、结构体系和环境条件，按持久状况、短暂状况和偶然状况三种设计状况设计。该统一标准中规定，对三种设计状况均应按承载能力极限状态进行设计；对持久状况，尚应按正常使用极限状态设计；对短暂状况，可根据需要按正常使用极限状态设计；对偶然状况，可不按正常使用极限状态设计。但规定对于偶然状况，对主要水工建筑物的主要承载结构，应按作用效应的偶然组合进行设计或采取防护措施，使其不致丧失承载能力；对次要水工建筑物及主要水工建筑物的非主要承载结构，允许产生局部破坏，但不得影响主要水工建筑物的主要承载结构的安全。

《公路工程结构可靠度设计统一标准》GB/T 50283—1999 也规定按持久状况、短暂状况和偶然状况三种设计状况设计。当需要考虑偶然设计状况时，可仅按承载能力极限状态对主要承重结构采用下列原则之一进行设计或采取防护措施：(1) 主要承重结构不致因非主要承重结构发生破坏而导致丧失承载能力；(2) 允许主要承重结构发生局部破坏，但其剩余部分在一段时间内不发生连续倒塌。

7.1.2 目标可靠指标确定方法

设计目标可靠指标是各设计规范中规定的作为设计依据的可靠指标，代表的是设计所预期达到的最低结构可靠度。目标可靠度应针对结构设计基准期定义，其选用是编制各类工程结构设计标准的主要问题之一，反映的是设计规范中某类结构的安全度水平。

设定目标可靠指标应综合考虑结构失效后果（如失效后引起的寿命损失、经济损失、环境与社会影响等）、失效方式（有无预兆）及降低失效概率所耗费的费用等。因此，目标可靠指标的选用，是工程结构安全与经济性之间的平衡结果。目标可靠指标的选定方法，包括类比法、最优化法和校准法等。

1. 事故类比法

事故类比法也称为协商给定法，是参照人类在日常生活中所遇到的各种涉及生命的风险程度（即危险概率），确定一个合适的、可为公众所能接受的失效概率，以其作为工程结构的目标可靠度水准。

人类从事各种活动时均存在一定的生命或安全风险，但一般情况下并不会因为存在这些风险就停止活动，即表明人们可接受这种风险，并继续从事相应的活动。这些人们能接受的最低风险水平称为风险的可接受水平，与一个国家的经济发展水平与文化传统等多因素有关。因此，在这些可接受的风险水平基础上，可确定工程结构的目标可靠度。

表 7-1 是人们一些日常活动面临的风险水平（以参加人数计算的年残废人数比率）统计。

人们参加的日常活动面临的风险水平（以参加活动人数计） 表 7-1

从事的活动	风险水平	从事的活动	风险水平
乘汽车旅行	$2.0\times10^{-4}\sim2.5\times10^{-4}$	游泳	$3.0\times10^{-5}\sim1.7\times10^{-4}$
乘飞机旅行	$1.0\times10^{-5}\sim2.4\times10^{-5}$	攀岩登山	$1.5\times10^{-3}\sim5.0\times10^{-3}$
建筑物火灾	$8.0\times10^{-6}\sim2.4\times10^{-5}$	暴风	4.0×10^{-7}
建筑施工	$1.5\times10^{-4}\sim4.4\times10^{-4}$	赛车	5.0×10^{-3}
雷击	5.0×10^{-7}	划船	1.2×10^{-4}

由于传统习惯等因素，人们对于日常活动中出现的风险水平接受程度或反应是不同的，但大致有一个风险可接受的范围。表 7-2 是人们对危险程度的反应与接受程度。

人们对危险程度的反应与接受程度 表 7-2

每年每人发生的概率	人们的反应	接受程度
1.0×10^{-3}（千分之一）	较大危险，必须立即采取措施降低风险	断然不能接受
1.0×10^{-4}（万分之一）	需要花费一定的资金控制风险	加强警惕采取措施
1.0×10^{-5}（十万分之一）	如父母警告孩子失火、毒药的危险性	关心程度不那么大
1.0×10^{-6}（百万分之一）	一般人有意识，但不太关心，认为人不可能控制	不怎么为人们所注意

根据统计，当前综合的个人致命事故率为 10^{-4}/年。考虑到人们生活与工作的绝大部分时间在房屋内进行，故房屋失效导致的个人致命事故率应该更小才合理。为此，有人建议建筑结构的年失效概率为 1.0×10^{-5}，相当于在设计基准期 50 年内的失效概率为 $P_f=5.0\times10^{-4}$，即相当于功能函数为线性，且变量均为正态分布时的可靠指标 $\beta=3.29$ 的水平。

国际标准《结构可靠性总原则》ISO 2394—1998 建议取结构失效导致人致命的事故概率为 10^{-6}/年，即基于人的生命安全的结构最大可接受的失效概率为

$$P(f|\mathrm{a})P(d|f)<10^{-6}/\mathrm{a} \tag{7-1}$$

式中，$P(f|\mathrm{a})$ 为结构的年最大允许失效概率；$P(d|f)$ 为倒塌破坏时人在房屋中的概率。

式（7-1）为人身安全的最低要求。如果房屋中很少有人进入，则式（7-1）中引入一个折减系数。从减少和避免造成大量人员伤亡角度考虑，应增加下面的附加要求

$$P(f|\mathrm{a})<AN^{-\alpha} \tag{7-2}$$

式中，N 为事故伤亡人数的期望值；A 和 α 为常数，A 视要求可取为 0.01 或 0.1，而 $\alpha=2$。在特殊情况下，如有紧急疏散计划，上述取值可做适当调整。

显然，式（7-1）和式（7-2）为经验公式，是从减少人员生命损失的角度控制工程结构的最低安全标准。但由于工程结构的规模、破坏后的影响程度及疏散时间等均影响人员的伤亡期望值，且不同的人群对风险水平的接受程度不同，因此，这种方法直接确定的工程结构可靠指标不易被人们接受。如，水利工程中的大坝或堤防工程失效后，其人员伤亡人数与工程规模、下游人口密度及报警和疏散时间等有关，用事故类比法给出适用于不同地区实际情况的失效概率（或可靠指标）比较困难。

2. 最优化法

上述事故类比法确定的目标可靠指标，是以减少人员生命损失为最低标准的可靠指

标。结构失效（倒塌或其他破坏）不仅将造成人员伤亡损失，还将造成经济损失。因此，设计结构的可靠度水平，除考虑人员伤亡之外，还应该考虑到结构的建造成本、维护费用及失效之后的经济损失。最优化法确定结构（构件）目标可靠指标的基本思想是，综合考虑结构失效后果和采取措施降低其失效概率所需费用之间的平衡，力求降低结构在其全寿命过程中的总费用。

最优化法确定目标可靠指标的示意图如图 7-1 所示。

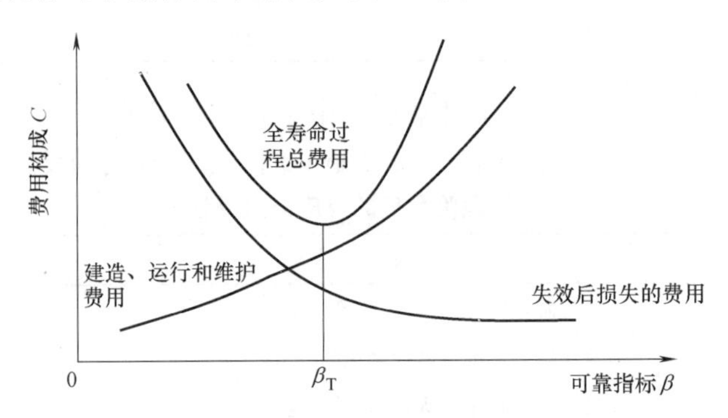

图 7-1 最优化法确定目标可靠指标的示意图

结构在其服役全寿命过程中的总费用构成（C_{total}）为

$$C_{total}=C_b+C_m+\sum P_fC_f \tag{7-3}$$

式中，C_b为工程结构建造的费用；C_m为预计维护及拆除的费用；P_f和C_f分别为在设计基准期内，结构某种失效模式发生的概率（即失效概率）及相应的费用。

式（7-3）中，$\sum P_fC_f$可称为工程结构的风险值，即风险发生的概率与其后果的乘积。C_f可能不一定以费用的形式表现，如工程结构破坏之后产生的环境影响和社会影响等。一般地，也可将$\sum P_fC_f$称为风险。

如果能考虑到式（7-3）中的所有可能失效模式及其失效概率等，那么是一个无约束的极小值优化问题。因此，这种方法称最优化方法。不过，要比较准确地确定这些费用值是困难的。

3. 校准法

在正常设计、正常施工和正常使用条件下，建成的每个结构或构件都有其固有的可靠性或失效概率。按照第 4 章的一次二阶矩法或其他方法，对于已知参数统计特征的一个结构或构件，可以计算出其可靠指标。对于某种设计状况及其对应的极限状态，设计规范规定了相应的设计表达式。按这些设计表达式设计的结构或构件，隐含了这种结构或构件相应固有可靠指标，这些可靠指标代表了设计规范的可靠度水平。

校准法确定目标可靠指标，是采用一次二阶矩法计算规范中的设计表达式反映的一种或一类结构（构件）的可靠指标，经综合分析和调整以确定现行规范可靠指标的过程。以现阶段的研究水平，校准法是一种比较切合实际的确定目标可靠指标的方法，美国及欧洲一些国家均采用此法确定结构构件的目标可靠指标。

对于某个结构或构件，或一个构件的某个截面，或某个截面的一种失效模式（破坏形式），可以根据规范设计表达式和一次二阶矩法计算出对应的一个可靠指标。但一个结构有多种构件组成，即使是一个构件也有多种失效模式，且这些构件或失效模式的极限状态方程及其对应的作用组合、抗力形式等都可能不同。为反映设计规范对应的设计表达式的可靠性总体水平，需分别计算不同构件和不同失效模式下的可靠指标，综合分析后得到现行设计规范的不同材料、不同受力构件和不同失效模式下的总体可靠度水平。

我国各类工程结构设计规范的可靠度总体水平分析就是根据校准法进行的。实际工程中直接应用事故类比法和最优化法确定结构或构件的目标可靠度水平尚存在困难，因为结构或构件计算的或失效概率（或可靠指标）与其实际上的失效概率之间存在较大差异。另外，原有的结构设计规范已经有相当长时间的工程实践，而且按原设计规范设计的结构出现问题的概率极小，说明原来设计规范的可靠度水平总体上是合理而可接受的。现行结构设计规范与原设计规范有一定的继承性，采用校准法可对比两个阶段设计规范的可靠度水平。

校准法进行结构构件可靠度水平校准的步骤为：

(1) 确定校准范围和表达式的形式，如按照结构的类型或结构形式，选取有代表性的构件及其失效模式和表达式；

(2) 根据工程结构构件作用的实际情况，确定构件设计的基本变量取值范围；

(3) 按照一次二阶矩法计算构件在选定类型（形式）及失效模式下的可靠指标 β_i；

(4) 依据构件在工程中的数量和重要性，确定一组权重系数 ω_i，并归一化 $\sum\limits_{i=1}^{n}\omega_i=1$；

(5) 确定所校准对象（某一构件形式等）的可靠指标加权平均值 $\beta_a=\sum\limits_{i=1}^{n}\omega_i\beta_i$。

在编制各行业工程结构可靠度设计统一标准时，就是按照上述步骤进行各设计表达式校准的。

【例题 7-1】 设一构件在某种失效模式下的极限状态方程为 $Z=R-S_G-S_Q$，其中 R、S_G 和 S_Q 分别为该失效模式下的抗力、永久作用效应和一个可变作用效应。若根据设计规范，取得的永久作用标准值 G_k、可变作用的标准值 Q_k，相应的作用效应为 S_{G_k} 和 S_{Q_k}；如果考虑规范中的分项系数、重要性系数及组合系数等，设计表达式为 $R_k/\gamma_R\geqslant K_1S_{G_k}+K_2S_{Q_k}$，其中 γ_R 是考虑抗力分项系数和构件重要性系数之后的综合参数，K_1 和 K_2 分别为永久作用和可变作用的综合系数（包括分项系数等）。该失效模式下，这个设计表达式的可靠指标为多少？（本例题改编自文献 [25]）

【解】 已知永久作用效应的统计均值与变异系数为 k_{S_G} 和 δ_{S_G}，可变作用效应的统计均值与变异系数为 k_{S_Q} 和 δ_{S_Q}；该模式下抗力的统计均值与变异系数分别为 k_R 和 δ_R。

则可以确定该失效模式下，两种作用效应的均值与标准差为

$$\mu_{S_G}=k_{S_G}S_{G_k},\ \sigma_{S_G}=\mu_{S_G}\delta_{S_G}=k_{S_G}S_{G_k}\delta_{S_G};\ \mu_{S_Q}=k_{S_Q}S_{Q_k},\ \sigma_{S_Q}=\mu_{S_Q}\delta_{S_Q}=k_{S_Q}S_{Q_k}\delta_{S_Q} \quad \text{(a)}$$

抗力的均值与标准差为

$$\mu_R=k_RR_k,\ \sigma_R=\mu_R\delta_R=k_RR_k\delta_R$$

按照设计规范的设计表达式，有满足设计要求的最小抗力标准值 $R_k=\gamma_R(K_1S_{G_k}+K_2S_{Q_k})$，则上述抗力的均值和标准差分别为

$$\mu_R=k_R\gamma_R(K_1S_{G_k}+K_2S_{Q_k}),\ \sigma_R=k_R\delta_R\gamma_R(K_1S_{G_k}+K_2S_{Q_k}) \quad \text{(b)}$$

按照该失效模式下的极限状态方程 $Z=R-S_G-S_Q$，已知各随机变量的统计参数如式

(a) 和式 (b)，则可以用一次二阶矩法计算该极限状态的可靠指标 β。

如果抗力、永久作用效应和一个可变作用效应为相互独立的正态分布；根据设计规范，$K_1=1.2$ 和 $K_2=1.4$，$\gamma_R=1.2$；同时，已知作用效应及抗力的统计参数分布为$k_{S_G}=1.06$、$\delta_{S_G}=0.07$，$k_{S_Q}=0.698$、$\delta_{S_Q}=0.288$，$k_R=1.10$、$\delta_R=0.10$；设 $\rho=S_{Q_k}/S_{G_k}=1.0$，则该失效模式下设计表达式的可靠指标 $\beta=4.137$。

如可变作用效应与永久作用效应标准值之比 $\rho=S_{Q_k}/S_{G_k}$ 不同，且 R、S_G 和 S_Q 并不都是正态分布或相互独立，仍然可以根据第 4 章的一次二阶矩法分别计算得到该设计表达式的可靠指标。得到这种构件形式不同情况下的可靠指标之后，则可按照上述步骤校准对象（如该类构件在某种受力状况下）的可靠指标加权平均值 β_a。该加权平均值 β_a 即为该规范公式的可靠度水平。

7.1.3 构件的目标可靠指标

第 3 章中给出了我国《建筑结构可靠性设计统一标准》GB 50068—2018 中房屋结构构件承载能力极限状态下的目标可靠指标。在校准法的基础上，在公路工程、水利水电工程及港口工程等可靠度设计统一标准中，均提出了各类构件承载能力极限状态下的目标可靠指标，见表 7-3。

工程结构构件承载能力极限状态的目标可靠指标　　表 7-3

工程结构	设计基准期（年）	破坏类型	安全等级		
			一级	二级	三级
建筑工程	50	延性破坏	3.7	3.2	2.7
		脆性破坏	4.2	3.7	3.2
公路工程（桥梁）	100	延性破坏	4.7	4.2	3.7
		脆性破坏	5.2	4.7	4.2
一般港口结构	50	—	4.0	3.5	3.0
水利水电工程（持久状况）	50	一类破坏	3.7	3.2	2.7
		二类破坏	4.2	3.7	3.2

《铁路工程结构可靠度设计统一标准》GB 50216—94 中没有规定目标可靠指标。在表 7-3 中，目标可靠指标考虑到了不同的破坏类型和安全等级。脆性破坏比延性破坏的构件目标可靠指标要大 0.50，相邻安全等级的构件目标可靠指标相差 0.50。可靠指标相差 0.50，其对应的失效概率大约相差一个数量级。

对于正常使用极限状态，根据国际标准《结构可靠性总原则》ISO 2394—1998 的建议，结合我国近年来对建筑结构构件在正常使用极限状态下的分析，依据结构效应的可逆程度选为 0～1.5，对应的失效概率大致为 0.000～0.067。对于可逆程度较高的构件取较低的可靠指标，否则取较高的可靠指标。《结构可靠性总原则》ISO 2394—1998 中，对可逆的正常使用极限状态，可靠指标取为 0；对不可逆的正常使用极限状态，可靠指标取为 1.5。

7.1.4 规范设计表达式的可靠指标校准

根据校准法和《工程结构可靠性设计统一标准》GB 50153—2008 的规定，在编制我国各行业的工程结构可靠度统一标准时，对原规范和现行规范设计表达式的可靠指标进行了校准。

在编制《建筑结构设计统一标准》GBJ 68—84 时，按照当时设计规范的设计公式（表 7-4 中的 84 规范），校准恒载和楼面活荷载组合的可靠指标；按照原《建筑结构可靠度设计统一标准》GB 50068—2001，恒载和楼面活荷载组合校准的可靠指标，列于表 7-4 中 2001 规范的计算结果。其中，2001 规范的可靠指标是结合修订后各建筑工程结构设计规范，对荷载标准值及抗力有关系数调整后的表达式的可靠指标。

建筑结构的可靠指标（恒荷载+楼面活荷载）　　表 7-4

结构构件			84 规范		2001 规范		备注
			办公楼	住宅	办公楼	住宅	
钢筋混凝土结构		轴心受拉	3.67	3.44	4.72	4.54	钢筋:HRB335 混凝土:C20～C40
		轴心受压	4.30	4.12	5.36	5.22	
		受弯	3.49	3.28	4.45	4.28	
		平均值	3.82	3.61	4.84	4.68	
		总平均值	3.72		4.76		
砌体结构		轴心受拉	3.83	3.69	4.29	4.20	无筋砌体:烧结普通砖混凝土小型砌块
		偏心受压	3.81	3.69	4.35	4.26	
		受剪	3.82	3.69	4.36	4.27	
		平均值	3.82	3.69	4.33	4.24	
		总平均值	3.76		4.29		
钢结构		轴心受拉	3.18	2.93	3.85	3.64	
		轴心受压	3.09	2.83	3.75	3.53	
		压弯构件	3.17	2.93	3.76	3.51	
		平均值	3.15	2.90	3.79	3.56	
		总平均值	3.02		3.67		
薄钢结构	轴心受压	弯曲失稳	3.41	3.15	4.11	3.90	Q235 钢 Q345 钢
		弯扭失稳	4.05	3.83	4.82	4.65	
	偏心受压	弯矩作用平面内失稳	3.96	3.74	4.72	4.54	
		弯矩作用平面外失稳	3.56	3.32	4.25	4.06	
	受弯	整体失稳	3.36	3.10	4.08	3.87	
	平均值		3.67	3.43	4.40	4.20	
	总平均值		3.55		4.30		
木结构		轴心受拉	4.07	—	4.72	—	
		轴心受压	3.52	—	4.29	—	
		受弯	3.54	—	4.26	—	
		受剪	3.61	—	4.36	—	
		平均值	3.69	—	4.41	—	

另外，表 7-4 中 2001 规范中的木结构办公楼，在恒荷载+雪荷载组合时，轴心受拉、

轴心受压、受弯和受剪的可靠指标分别为 3.40、3.93、3.37 和 3.47，平均值为 3.54。

表 7-5 是《建筑结构设计统一标准》GBJ 68—84（表 7-5 中的 84 规范）和《建筑结构可靠度设计统一标准》GB 50068—2001（表 7-5 中的 2001 规范），恒载和风荷载组合时校准的可靠指标。

建筑结构的可靠指标（恒荷载＋风荷载） **表 7-5**

结构构件			84 规范	2001 规范	备注
钢筋混凝土结构		轴心受拉	3.265	3.507	—
		轴心受压	3.978	4.158	
		受弯	3.100	3.311	
		平均值	3.45	3.66	
钢结构		轴心受拉	2.69	2.95	—
		轴心受压	2.59	2.84	
		压弯构件	2.71	2.93	
		平均值	2.66	2.91	
薄钢结构	轴心受压	弯曲失稳	2.920	3.191	Q235 钢 Q345 钢
		弯扭失稳	3.641	3.929	
	偏心受压	弯矩作用平面内失稳	3.542	3.826	
		弯矩作用平面外失稳	3.098	3.363	
	受弯	整体失稳	2.859	3.139	
	平均值		3.21	3.49	
	总平均值		3.13	3.38	

从表 7-4 和表 7-5 可知，我国的各类建筑结构可靠度比原有规范的有一定的提高；计算的可靠指标，满足了表 7-3 中《建筑结构可靠度设计统一标准》GB 50068—2001 的下限要求。对安全等级二级的砌体结构构件的可靠度分析也表明，《砌体结构设计规范》GB 50003—2011 可靠度满足可靠指标不小于 3.7 的要求，达到了大于 4.0 的水平。

表 7-6 是《港口工程结构可靠性设计统一标准》GB 50158—2010 对原适用于港口工程《混凝土和钢筋混凝土设计规范》JTJ 220—78 的校准计算结果。

港口工程混凝土结构的可靠指标 **表 7-6**

结构构件种类		可靠指标							
		$\rho=1.0$	$\rho=1.5$	$\rho=2.5$	$\rho=4.0$	$\rho=5.0$	$\rho=6.0$	$\rho=7.5$	$\rho=10.0$
钢筋混凝土	轴心受拉	4.253		4.047		3.924		3.875	3.849
	轴心受压	4.930		4.708		4.708		4.517	4.488
	受弯	3.963		3.804		3.700		3.658	3.636
	受剪	3.364		3.452		3.461		3.458	3.455
	大偏拉	5.306		4.966		4.788		4.720	4.684
	小偏拉	3.956		3.830		3.737		3.698	3.677
	大偏压	4.926		4.642		4.486		4.425	4.339
	小偏压	4.878		4.681		4.553		4.502	4.474
	受扭	2.098		2.254		2.324		2.348	2.361

续表

结构构件种类		可靠指标							
		$\rho=1.0$	$\rho=1.5$	$\rho=2.5$	$\rho=4.0$	$\rho=5.0$	$\rho=6.0$	$\rho=7.5$	$\rho=10.0$
桩基	按试桩($K=1.7$)		3.763	3.726	3.684		3.653		
	按公式($K=2.0$)		3.836	3.855	3.855		3.847		
防坡堤	抗滑	3.2							
	抗倾	3.6							
地基	土坡稳定($K=1.1$)(施工期)	2.5							
重力式码头	抗倾($K=1.6$)	4.2							
	抗滑($K=1.3$)	3.45							

注：K 为原规范《混凝土和钢筋混凝土设计规范》JTJ 220—78 中的安全系数。

后来修订的适用于港口工程《混凝土和钢筋混凝土设计规范》JTJ 220—87 可靠性水平与上述表 7-6 相当。根据有关文献的计算结果，现行的《港口工程混凝土结构设计规范》JTJ 267—98 的校准结果见表 7-7。

《港口工程混凝土结构设计规范》JTJ 267—98 校准的可靠指标　　表 7-7

结构破坏类型		安全等级		
		一级	二级	三级
有预兆破坏	轴心受拉	5.033	4.586	4.085
	受弯	4.683	4.240	3.740
	大偏心受拉	4.790	4.349	3.852
	小偏心受拉	4.783	4.340	3.841
	大偏心受压	4.404	3.953	3.440
无预兆破坏	轴心受压	5.069	4.666	4.215
	受剪	3.769	3.446	3.086
	小偏心受压	5.064	4.661	4.213

表 7-6 和表 7-7 的计算结果表明，《港口工程混凝土结构设计规范》JTJ 267—98 的可靠度水平比《混凝土和钢筋混凝土设计规范》JTJ 220—87 的有所提高，但抗剪时的可靠指标相当。

根据《水利水电工程结构可靠性设计统一标准》GB 50199—94 对原规范《水工钢筋混凝土结构设计规范》SDJ 20—78 的校准，列于表 7-8 中。表中，编号 1 的结果是按照全国水工混凝土覆盖 80％批点资料的结果；编号 2 为全国合格水平水工混凝土统计资料的分析结果。

水工钢筋混凝土结构的可靠指标　　表 7-8

编号	结构安全等级								
	Ⅰ级(1 级)			Ⅱ级(2、3 级)			Ⅲ级(4、5 级)		
	延性破坏	脆性破坏	总平均	延性破坏	脆性破坏	总平均	延性破坏	脆性破坏	总平均
1	4.00	4.01	4.00	3.33	3.71	3.55	2.85	3.41	3.17
2	3.99	4.07	4.03	3.33	3.76	3.57	2.85	3.45	3.19

表 7-8 中，考虑了五种材料与五种荷载组合：五种材料组合是（1）R150＋Q235；（1）R150＋Q235；（2）R200＋Q235；（3）R200＋Q345；（4）R250＋Q345；（5）R300＋Q345。其中，R 和 Q 分别为原规范《水工钢筋混凝土结构设计规范》SDJ 20—78 中的混凝土标号和钢筋类型。五种荷载组合是：（1）恒载＋起重机垂直轮压；（2）恒载＋楼面堆放荷载；（3）恒载＋静水荷载；（4）恒载＋办公楼面荷载；（5）恒载＋风载。

编制《公路工程结构可靠度设计统一标准》GB/T 50283—1999 时，对原设计规范《公路钢筋混凝土及预应力钢筋混凝土桥涵设计规范》JTJ 023—1985 的校准结果列于表 7-9。

公路桥涵钢筋混凝土结构的可靠指标 **表 7-9**

车辆荷载分布类型	作用效应组合	车辆运行状态	延性破坏	脆性破坏	总平均
极值Ⅰ型	主要组合	一般运行状态	4.7043	5.2780	5.0073
		密集运行状态	4.7872	5.3213	5.0789
		平均	4.7457	5.2996	5.0431
	附加组合	一般运行状态	4.0813	4.7934	4.4451
		密集运行状态	4.0777	4.7903	4.4478
		平均	4.0795	4.7918	4.4464
正态	主要组合	一般运行状态	4.9200	5.4332	5.2028
		密集运行状态	4.8420	5.3553	5.1268
		平均	4.8810	5.3942	5.1648
	附加组合	一般运行状态	4.2031	8.8969	4.5644
		密集运行状态	4.0882	4.8014	4.4603
		平均	4.1456	4.8491	4.5123

需要说明的是，表 7-4～表 7-9 的分析结果是对现行设计规范之前一批设计规范的校准可靠指标。随着社会经济发展水平的提高，为适应各行业的建设需要新编制的规范中调整了有关参数，可靠指标均满足《工程结构可靠性设计统一标准》GB 50153—2008 的要求。如建筑工程结构设计的《砌体结构设计规范》GB 50003—2001 的设计表达式中，折算安全系数的提高值从《砌体结构设计规范》GBJ 3—88 中的 $\gamma_{\mathrm{f}}=1.5$ 调整为 $\gamma_{\mathrm{f}}=1.6$（结构构件材料性能分项系数）；而《砌体结构设计规范》GB 50003—2011 在《砌体结构设计规范》GB 50003—2001 基础上，保留了一般情况下取 $\gamma_{\mathrm{f}}=1.6$，并完善了砌体结构耐久性、构造要求、配筋砌块砌体构件及砌体结构构件抗震设计有关内容，实际上提高了构件的可靠度。

7.2 基于结构可靠度的设计方法

7.2.1 基于结构可靠度设计的概念

基于结构可靠度的设计方法，是所要设计的结构或构件可靠度满足规定的某个目标可靠概率的方法。

按第 4 章的结构可靠度计算理论，如一个结构或构件的某种功能确定，然后可建立满足该功能的功能函数，若已知组成其功能函数的基本随机变量统计参数及分布类型，则可计算该结构或构件满足该功能的概率及其对应的可靠指标。而基于结构可靠度的设计方法，则是在已知作用效应及抗力的概率分布类型、作用的均值及变异系数、抗力的变异系数及目标可靠指标，推求所设计的结构或构件的抗力要达到的平均值及其抗力的标准值，然后进行结构或构件设计。因此，直接按目标可靠指标进行结构或构件设计，是结构可靠度计算的逆问题。

《工程结构可靠性设计统一标准》GB 50153—2008 中规定，根据目标可靠指标进行结构或构件设计时，可采用以下两种方法。

（1）所设计的结构或构件的可靠指标应满足下式

$$\beta \geqslant \beta_{\mathrm{t}} \tag{7-4}$$

式中，β 为所设计结构或构件的可靠指标；β_{t} 为所设计结构或构件的目标可靠指标。

当不满足式（7-4）要求，应重新进行设计，直至满足要求为止。

（2）对某些结构构件的截面设计，如钢筋混凝土构件截面配筋，当抗力服从对数正态分布时，可在满足式（7-4）的条件下按下式直接求解结构构件的几何参数

$$\frac{R(f_{\mathrm{k}},a_{\mathrm{k}})}{k_R}=\sqrt{1+\delta_R^2}\exp\left(\frac{\mu_R'}{r^*}-1+\ln r^*\right) \tag{7-5}$$

式中，$R(\cdot)$ 为抗力函数；μ_R' 为迭代计算求得的正态化抗力的平均值；r^* 为迭代计算求得的抗力验算点值；δ_R 为抗力的变异系数；f_{k} 为材料性能标准值；a_{k} 为几何参数标准值，如钢筋混凝土构件钢筋的截面面积等；k_R 为均值系数，即变量平均值与标准值的比值。

按照目标可靠指标的设计结果，《工程结构可靠性设计统一标准》GB 50153—2008 中规定，当按可靠指标方法设计的结果与传统方法设计的结果有明显差异时，应分析产生差异的原因。只有当证明了可靠指标方法设计的结果合理后方可采用。

实际上，对于公式（7-4），也可以失效概率表示。当设计的结构或构件的失效概率为 P_{f}，要求其在规定的时段内不应超过规定的某个失效概率 P_{t}，即

$$P_{\mathrm{f}} \leqslant P_{\mathrm{t}} \tag{7-6}$$

7.2.2 基于结构可靠度设计的基本思路

基于结构可靠度的结构或构件设计方法，是已知作用效应及目标可靠指标求抗力均值，得到的结构或构件能满足要求的可靠指标。目前，这种直接概率主要应用于以下三个方面：（1）根据规定的可靠度，校准分项系数模式中的分项系数；（2）在特定情况下，直接设计某些重要的结构或工程，如核电站、压力容器和海上采油平台等；（3）对不同设计条件下的结构可靠度进行一致性对比分析。

如果构件的作用效应为 S，其对应的抗力为 R，组成功能函数 $Z=R-S$。若 S 和 R 为相互独立的正态随机变量，其均值分别为 μ_S 及 μ_R，标准差分别为 σ_S 和 σ_R，则其可靠指标为

$$\beta=\frac{\mu_S-\mu_S}{\sqrt{\sigma_R^2+\sigma_S^2}} \tag{7-7}$$

上式中 μ_R 和 μ_S 的差值越大，或 σ_S 和 σ_R 越小，则可靠指标越大，也即失效概率越小；

反之，失效概率越大。如果给定的目标可靠指标为 β_t，已知作用效应均值 μ_S 和变异系数 δ_S，抗力的变异系数 δ_R 及统计参数 K_R，则结合式（7-4）与式（7-7），有

$$\mu_R-\mu_S-\beta_t\sqrt{(\mu_R\delta_R)^2+(\mu_S\delta_S)^2}\geqslant 0 \tag{7-8}$$

可由式（7-8）求解结构或构件抗力的均值 μ_R。因为 K_R 为结构或构件抗力均值与其标准值之比，则抗力的标准值 R_k 为

$$R_k=\mu_R/K_R \tag{7-9}$$

则按得到抗力的标准值 R_k 设计的结构或构件，满足目标可靠指标的要求。

但实际问题远比上述情况复杂。首先，结构或构件在某种极限状态下的功能函数一般由多个非正态随机变量组成；其次，组成的极限状态方程可能是非线性的；另外，各基本变量之间并不一定相互独立。因此，式（7-8）的形式很难表现上述实际情况，而且计算过程很复杂。下面以例题说明上述简单情况的计算过程。

【例题 7-2】 若某钢拉杆，其抗力 R 的统计参数分别为 $\delta_R=0.01$，$K_R=1.08$；作用 S 的统计参数分别为 $\delta_S=0.07$，$\mu_S=220\text{kN}$。假设作用 S（轴向拉力）与截面承载力 R 均服从正态分布且相互独立，并可不考虑截面尺寸变异性及计算模式的不确定性。现要求按照目标可靠指标 $\beta_t=5.2$ 设计该钢拉杆的截面尺寸。

【解】 按式（7-8）求该拉杆截面的抗力均值 μ_R

$$\mu_R-220-5.2\sqrt{(0.01\times\mu_R)^2+(220\times0.07)^2}=0$$

解上式得 $\mu_R=305.02\text{kN}$。

计算钢拉杆抗力的标准值为

$$R_k=\mu_R/K_R=(305.02/1.08)=282.43\text{kN}$$

因此，按目标可靠指标 $\beta_t=5.2$ 设计时的钢拉杆抗力标准值 R_k 为 282.43kN。如选用的钢拉杆材料的抗拉强度标准值 f_k 为 270N/mm^2，且不考虑截面尺寸变异性，则设计的钢拉杆截面面积应为 $A=R_k/f_k=282.43\times10^3/270=1046.02\text{mm}^2$。

基于结构可靠度的设计方法，其基本原理比较合理，但计算过程比较复杂，且需要掌握足够的实测数据及其统计特性。上述例题是比较简单的结构形式下得到的结果，对由多种材料组成的钢筋混凝土构件，因为很多影响可靠度的因素不确定性不能统计，需要假设和简化有关参数。因此，这种方法在实际工程结构设计中的应用并不普遍。

下面例题的基本数据引自文献［25］（根据规范数据做了修订），以说明基于结构可靠度设计方法的计算过程。

【例题 7-3】 设计一块厚度 $h=100\text{mm}$、计算跨度 $l_0=3.54\text{m}$ 的单跨简支混凝土办公楼的楼面板。该混凝土板承受均布可变作用 $q_k=4.04\text{kN/mm}^2$（不包括板自重），混凝土等级 C30，其抗压强度标准值 $f_{ck}=20.1\text{N/mm}^2$，HPB235 钢筋的屈服强度 $f_{yk}=235\text{N/mm}^2$。按照第 5 章的统计分析结果，已知该混凝土板的永久作用（自重）的统计参数 $k_{S_G}=1.06$，$\delta_{S_G}=0.07$；可变作用统计参数 $k_{S_Q}=0.524$，$\delta_{S_Q}=0.288$。按照第 6 章中“表 6-5 建筑结构构件抗力的统计参数”，混凝土板抗弯时的抗力统计参数分别为 $K_R=1.13$，$\delta_R=0.10$。以目标可靠指标 $\beta_t=3.7$ 设计该混凝土板的钢筋面积。

【解】 以单位板宽计算，即 $b=1\text{m}$。

设混凝土板重度为 24kN/m^3，板自重为 $g_k=24\times0.1\text{kN/m}^2=2.4\text{kN/m}^2$。

混凝土板自重产生的跨中弯曲为

$$S_{G_k}=\frac{1}{8}g_k l_0^2=\frac{1}{8}\times 2.4\times 3.54^2=3.759\text{kN}\cdot\text{m}$$

混凝土板上的可变作用产生的跨中弯曲为

$$S_{Q_k}=\frac{1}{8}q_k l_0^2=\frac{1}{8}\times 4.0\times 3.54^2=6.266\text{kN}\cdot\text{m}$$

根据已知的作用统计参数，自重产生的跨中弯曲的均值与标准差分别为

$$\mu_{S_G}=k_{S_G}S_{G_k}=1.06\times 3.759=3.985\text{kN}\cdot\text{m}$$

$$\sigma_{S_G}=\delta_{S_G}\mu_{S_G}=0.07\times 3.985=0.279\text{kN}\cdot\text{m}$$

可变作用产生的跨中弯曲的均值与标准差分别为

$$\mu_{S_Q}=k_{S_Q}S_{Q_k}=0.524\times 6.266=3.283\text{kN}\cdot\text{m}$$

$$\sigma_{S_Q}=\delta_{S_Q}\mu_{S_Q}=0.288\times 3.283=0.946\text{kN}\cdot\text{m}$$

假定R、S_G和S_Q均服从正态分布，则极限状态方程为$Z=R-S_G-S_Q$，有

$$\beta_t=\frac{\mu_R-\mu_{S_G}-\mu_{S_Q}}{\sqrt{\sigma_R^2+\sigma_{S_G}^2+\sigma_{S_Q}^2}}=\frac{\mu_R-\mu_{S_G}-\mu_{S_Q}}{\sqrt{(\delta_R\mu_R)^2+\sigma_{S_G}^2+\sigma_{S_Q}^2}}$$

由上述可得

$$\mu_R=\frac{\mu_{S_G}+\mu_{S_Q}+\sqrt{(\mu_{S_G}+\mu_{S_Q})^2-(1-\beta_t^2\delta_R^2)[(\mu_{S_G}+\mu_{S_Q})^2-\beta_t^2(\sigma_{S_G}^2+\sigma_{S_Q}^2)]}}{1-\beta_t^2\delta_R^2}=13.446\text{kN}\cdot\text{m}$$

因此，要求混凝土板在单位宽度内的承载力标准值为

$$R_k=\mu_R/K_R=13.446/1.13=11.899\text{kN}\cdot\text{m}$$

根据《混凝土结构设计规范》GB 50010—2010，混凝土板的受弯承载力按照下式计算

$$R_k=A_s f_{yk}\left(h_0-\frac{A_s f_{yk}}{2\alpha_1 b f_{ck}}\right)$$

对 C30 混凝土，$\alpha_1=1.0$。板的有效高度取为$h_0=85\text{mm}$，并将已知的材料强度标准值等代入上式，计算得需要的钢筋截面面积$A_s=622.332\text{mm}^2$。即按照上述条件，以这一钢筋截面面积设计，该混凝土板在设计基准期内的可靠指标为 3.7。

上式计算中，假定作用效应与抗力均服从正态分布。如果假定永久作用效应S_G为正态分布，可变作用效应S_Q为极值Ⅰ分布，抗力为对数正态分布，则一般情况下计算的钢筋截面面积会大于上述计算的面积，且计算过程更加复杂。

7.3 分项系数表达的极限状态设计模式

7.3.1 基于分项系数的极限状态设计模式

基于目标可靠度设计结构构件，基本思路较明确，在基本变量统计参数准确的基础上得到的结果也比较合理，但是在实际工程上的应用并不方便。因此，目前的规范设计表达形式，是根据构件可靠性分析结果，并参考以往的设计与工程实践经验的实用设计表达式。这些实用设计表达式中的系数，均与目标可靠指标有一定的联系，这种设计方法即为

分项系数表达的极限状态设计模式。

在分项系数模式中，结构构件按极限状态设计应符合下式的要求

$$g(F_{d}, f_{d}, a_{d}, \psi_{c}, C, \gamma_{0}, \gamma_{d}) \geqslant 0 \tag{7-10}$$

式中，$g(\cdot)$ 为结构构件的功能函数；F_{d}为构件上作用 F 的设计值；f_{d}为材料性能 f 的设计值；a_{d}为几何参数 a 的设计值；C 为结构构件的极限值（约束值），如变形和裂缝宽度的限值；γ_{0}为结构的重要性系数；γ_{d}为抗力及作用效应计算模型不确定性的系数。

式（7-10）为各类结构设计规范中，不同构件设计计算公式的基础。一般情况下，可以将影响结构可靠度的因素分为抗力和荷载效应两组，则按承载能力极限状态设计时，其分项系数模式的设计表达式为

$$\gamma_{0} S(F_{d}, a_{d}, \psi_{c}, \gamma_{Sd}) \leqslant R(f_{d}, a_{d}, C, \gamma_{Rd}) \tag{7-11}$$

而结构构件按正常使用极限状态下的变形和裂缝进行设计时，其分项系数模式的表达式为

$$S(F_{d}, a_{d}, \psi_{c}, \gamma_{Sd}) \leqslant C \tag{7-12}$$

式（7-11）和式（7-12）中，$S(\cdot)$ 和 $R(\cdot)$ 分别为结构构件的作用效应及抗力函数；ψ_{c}为作用效应的组合值系数；γ_{Sd}和 γ_{Rd}分别为作用效应和抗力的计算模型不确定性的系数。

公式（7-10）～(7-12）是目前结构设计规范中计算公式的一般描述，各符号可为基本随机变量，也可是若干个随机变量的向量。根据基本变量对计算结果的影响大小分析，变量 F、f 和 a 可作为基本变量，分别以其标准值及分析系数表达，即

作用的设计值

$$F_{d} = \gamma_{F} F_{k} \tag{7-13}$$

材料与岩土性能的设计值

$$f_{d} = \frac{f_{k}}{\gamma_{f}} \tag{7-14}$$

几何参数设计值

$$a_{d} = a_{k} + \Delta a \tag{7-15}$$

式（7-13）～式（7-15）中，F_{k}、f_{k}和 a_{k}分别为作用的代表值、材料性能的标准值和几何参数的标准值；γ_{F}和 γ_{f}分别为作用效应和材料性能的分项系数；Δa 为几何参数的附加量。

上述各分项系数的确定取决于设计状况和所表达的极限状态。其中，作用效应的分项系数可以包括作用效应计算模型的不确定性影响；抗力的分项系数可包括几何参数及材料性能的不确定性影响。分项系数确定的原则是，根据规范设计表达式设计的各类构件所具有的可靠指标应与规定的目标可靠指标之间的差异最小。

7.3.2 确定分项系数与作用效应组合系数的方法

1. 基于设计值的分项系数

由公式（7-13），作用效应的分项系数可由其设计值表示为

$$\gamma_{F} = F_{d} / F_{k} \tag{7-16}$$

由公式（7-14），材料性能的分项系数由其设计值表示为

$$\gamma_{f} = f_{k} / f_{d} \tag{7-17}$$

式中，F_k和f_k均为预先给定的值（即标准值）。

考虑一般的情况，设X_1，X_2，…，X_n为结构构件设计中的n个设计变量，其概率分布及统计参数已知，从而组成的结构功能函数为$Z=g(X_1, X_2, \cdots, X_n)$。根据结构设计时采用的式（7-10）的分项系数模式，按极限状态设计应符合下式

$$Z=g(x_{1d}, x_{2d}, \cdots, x_{nd})\geqslant 0 \tag{7-18}$$

式中，x_{1d}，x_{2d}，…，x_{nd}分别为变量X_1，X_2，…，X_n的设计值。

按式（7-13）和式（7-14）设计值形式，式（7-18）可改写为

$$Z=g(\gamma_{X_1}x_{1k}, \gamma_{X_2}x_{2k}, \cdots, \gamma_{X_n}x_{nk})\geqslant 0 \tag{7-19}$$

式中，γ_{X_1}，γ_{X_2}，…，γ_{X_n}分别为变量X_1，X_2，…，X_n的分项系数；x_{1k}，x_{2k}，…，x_{nk}分别为变量X_1，X_2，…，X_n的标准值。

由第4章可知，在极限状态方程$Z=g(X_1, X_2, \cdots, X_n)$曲面上的验算点（$x_1^*$，$x_2^*$，…，$x_n^*$）处对应的失效概率最大，即可靠指标最小。因此，设计值x_{1d}，x_{2d}，…，x_{nd}应取为其对应的验算点。故各变量的设计值可表示为与目标可靠指标的函数。

$$x_{id}=x_i^*=F_{X_i}^{-1}[\Phi(\alpha_{X_i}\beta_t)] \tag{7-20}$$

式中，$F_{X_i}^{-1}(\cdot)$为变量X_i（$i=1, 2, \cdots, n$）概率分布函数的反函数；$\Phi(\cdot)$为标准正态分布函数；β_t为所设计结构或构件在该极限状态下的目标可靠指标；α_{X_i}为变量X_i（$i=1, 2, \cdots, n$）的灵敏系数，$\alpha_{X_i}=\cos\theta_{X_i}$，其意义如第4章所述。

根据得到的设计值x_{id}，可确定变量$X_i(i=1, 2, \cdots, n)$的分项系数。其中，作用效应的分项系数为

$$\gamma_{X_i}=\frac{x_{id}}{x_k}=\frac{F_{X_i}^{-1}[\Phi(\alpha_{X_i}\beta_t)]}{x_k} \tag{7-21}$$

而构件抗力的分项系数为

$$\gamma_{X_j}=\frac{x_k}{x_{id}}=\frac{x_k}{F_{X_j}^{-1}[\Phi(\alpha_{X_j}\beta_t)]} \tag{7-22}$$

根据式（7-21）和式（7-22）可知，设计变量的设计值或其分项系数均与目标可靠指标β_t有关。对于$Z=R-S=0$形式的极限状态方程，作用效应S的灵敏系数$\alpha_{X_i}>0$，而抗力R的灵敏系数$\alpha_{X_j}<0$。因此，目标可靠指标β_t越大，作用效应的设计值（或分项系数）越大；反之，目标可靠指标β_t越大，作用的设计值越小但分项系数越大，要求采用的材料用量越多。

由上述分析可知，如果给定目标可靠指标β_t，在设定标准值的情况下可计算得到包括抗力及作用等各随机变量的分项系数。因此，对于不同作用效应组合，即使是相同极限状态下的构件，基于相同的目标可靠指标设计时，不同作用效应的分项系数及不同材料组成的抗力分项系数也不相同。

若作用效应与作用之间为线性关系，并且功能函数也是结构构件抗力与作用效应的线性函数

$$Z=R-C_G G-\sum_{i=1}^{n} C_{Q_i}Q_i \tag{7-23}$$

则按照Turkstra组合规则时，若给定目标可靠指标β_t，其设计表达式为

$$R_d - C_G G_d - C_{Q_1} Q_{1d} - \sum_{j=2}^{n} \psi_{Q_j} C_{Q_j} Q_{jd} \geqslant 0 \tag{7-24}$$

式（7-23）和式（7-24）中，R_d为构件抗力的设计值；C_G、C_{Q_j}和C_{Q_1}分别为永久作用G、非主导（非控制）可变作用Q_j（$j=2$，3，…，n）及主导（控制）可变作用Q_1的作用效应系数；G_d、Q_{1d}和Q_{jd}（$j=2$，3，…，n）分别为作用G的设计值、Q_j设计值对应于设计基准期内时点（或时段）值及Q_1的设计基准期内的最大值；ψ_{Q_j}为Q_j（$j=2$，3，…，n）的组合系数。

类似于式（7-20），结构构件的抗力与作用等变量的设计值为

$$R_d = F_R^{-1}[\Phi(\alpha_R \beta_t)] \tag{7-25a}$$

$G_d = F_G^{-1}[\Phi(\alpha_G \beta_t)]$(7-25$b$)，$Q_{1d} = F_{Q_1}^{-1}[\Phi(\alpha_{Q_1} \beta_t)]$(7-25$c$)，$G_{jd} = F_{Q_j}^{-1}\{[\Phi(\alpha_{Q_j} \beta_t)]^{m_j}\}$
（$j=2$，3，…，n） (7-25b)

式中，m_j为在设计基准期内非主导可变作用Q_j（$j=2$，3，…，n）的平均变化次数。

若已知作用效应和抗力的分布类型，可以得到式（7-25a）～式（7-25d）的具体表达式。但是，公式中的敏感系数α_R、α_G、α_{Q_1}和α_{Q_j}等，在对各类性质的构件分析时是不同的。为便于分析，通过对比计算，认为可以将这些敏感系数取为常数，如国际标准《结构可靠性总原则》ISO 2397—1998中建议取值为$\alpha_R=-0.80$、$\alpha_{Q_1}=0.70$、$\alpha_{Q_j}=0.4\times 0.7=0.28$（$j=2$，3，…，$n$）。由此，式（7-25$a$）～式（7-25$d$）中各变量的设计值均只是目标可靠指标$\beta_t$的函数。

由式（7-24），用分项系数表示的设计表达式为

$$R_k/\gamma_R - \gamma_G C_G G_k - \gamma_L \gamma_{Q_1} C_{Q_1} Q_{1k} - \sum_{j=2}^{n} \gamma_{Q_j} \psi_{Q_j} C_{Q_j} Q_{jk} \geqslant 0 \tag{7-26}$$

式中，R_k为结构抗力的标准值；G_k为永久作用的标准值；Q_{1k}为主导可变作用的标准值；Q_{jk}（$j=2$，3，…，n）为非主导可变作用的标准值；γ_R、γ_G、γ_{Q_1}和γ_{Q_j}分别为抗力、永久作用、主导可变作用及非主导可变作用的分项系数；γ_L为作用调整系数。

因此，若已知变量的分布类型，由式（7-21）可得各分项系数为$\gamma_{X_i}=x_{id}/x_k$的具体表达式。式（7-24）是按照设计基准期时间段和变量设计值表示的设计表达式；式（7-26）是按设计使用年限为时间段和分项系数形式及变量标准值表达的设计表达式。因为变量的标准值是设计基准期内可变作用最大值概率分布的某个分位值确定，当设计使用年限与设计基准期不同时，式（7-26）中引入了一个作用调整系数γ_L。作用调整系数γ_L可以等超越概率分析，当设计使用年限与设计基准期相同时，$\gamma_L=1.0$；当设计使用年限大于设计基准期时，则$\gamma_L>1.0$，否则$\gamma_L<1.0$。

根据分项系数确定的原则，以相同类型的构件具有相同目标可靠指标分析，则可得到不同设计状况下各设计表达式中的分项系数。

2. 基于校准的分项系数

如结构在设计基准期T内可变作用Q的标准值为Q_k，而在设计使用年限内的标准值为Q_{Lk}，根据等超越概率的原则，有

$$F_{Q_T}(Q_k) = F_{Q_{T_L}}(Q_{Lk}) = p \tag{7-27}$$

故，Q_k与Q_{Lk}之间关系为$Q_{Lk}=F_{Q_{T_L}}^{-1}[F_{Q_T}(Q_k)]$。因此式（7-26）的作用调整系数

γ_L为

$$\gamma_L=\frac{Q_{L\mathrm{k}}}{Q_\mathrm{k}}=\frac{F_{Q_{T_\mathrm{L}}}^{-1}\left[F_{Q_\mathrm{T}}(Q_\mathrm{k})\right]}{Q_\mathrm{k}} \tag{7-28}$$

若可变作用Q的分布类型已知，则上式（7-28）可写出具体的表达式。如果已知作用调整系数γ_L，则可由式（7-26）改写为以结构重要性系数γ_0表达的结构构件的设计表达式

$$R_\mathrm{k}/\gamma_R-\gamma_0(\gamma_G C_G G_\mathrm{k}+\gamma_L\gamma_{Q_1}C_{Q_1}Q_{1\mathrm{k}}+\sum_{j=2}^{n}\gamma_{Q_j}\psi_{Q_j}C_{Q_j}Q_{j\mathrm{k}})\geqslant 0 \tag{7-29}$$

式（7-29）中的各分项系数并不直接以目标可靠指标β_t联系起来，而是以不同安全等级的结构要求（结构重要性系数γ_0）联系。在现行的各类结构设计规范中，结构重要性系数γ_0反映了所设计的结构要求的可靠指标，故以式（7-29）设计的结构构件应满足现行规范规定的目标可靠指标β_t。

但实际上，按照式（7-29）设计的结构构件，在给定的一组分项系数（如作用分项系数γ_G和γ_Q及抗力分项系数γ_R等）和可变作用的组合系数ψ_Q之后，其计算的可靠指标β_k与目标可靠指标β_t之间会存在差异。为此，对于相同重要性的结构构件（即γ_0相同），比较计算的可靠指标β_k与目标可靠指标β_t，其累计偏差可表示为

$$D=\sum_{k=1}^{n}\left[\beta_\mathrm{k}(\gamma_{F_i},\gamma_{f_i})-\beta_\mathrm{t}\right]^2\Rightarrow\text{偏差最小} \tag{7-30}$$

上述计算也可以用失效概率代替可靠指标。显然，使偏差D最小的一组分项系数即为最佳分项系数，即为相同安全等级（重要性系数）的一类构件设计时的分项系数。当各种结构构件是不同安全等级时，可引入权重系数ω_k分析偏差

$$D=\sum_{k=1}^{n}\omega_\mathrm{k}\left[\beta_\mathrm{k}(\gamma_{F_i},\gamma_{f_i})-\beta_\mathrm{t}\right]^2\Rightarrow\text{偏差最小} \tag{7-31}$$

这种确定一组分项系数的方法，因为是基于结构设计时各规范采用的计算公式，并对规范计算公式分项系数调整，因此称为基于校准的分项系数。又因为式（7-30）或式（7-31）需要分析设计公式的可靠指标与目标可靠指标之间的最小偏差，一些文献中也称这种方法为“确定分项系数的优化方法”。

基于校准的分项系数确定的原则是：(1) 各种构件上的作用取相同的作用分项系数，各作用有不同的分项系数；(2) 种类不同的构件的抗力分项系数不同，但同一种构件在任何可变作用下的抗力分项系数不变；(3) 对各种构件在不同的作用效应比情况下，按所选定的作用分项系数和抗力分项系数设计，使设计的结构构件可靠指标与目标可靠指标具有最佳的一致性。

基于校准的分项系数分析方法，《建筑结构可靠性设计统一标准》GB 50068—2018中规定，结构重要性系数应按结构构件的安全等级、设计使用年限并考虑工程经验确定，即

(1) 对安全等级为一级或设计使用年限为100年及以上的结构构件，不应小于1.1；

(2) 对安全等级为二级或设计使用年限为50年的结构构件，不应小于1.0；

(3) 对安全等级为三级或设计使用年限为5年的结构构件，不应小于0.9。

另外，对设计使用年限为25年的结构构件，各类材料结构设计规范可根据各自情况确定结构重要性系数的取值。

对于建筑结构，《建筑结构可靠性设计统一标准》GB 50068—2018 中荷载（作用）的分项系数应按下列规定采用：

（1）永久荷载分项系数 γ_G，当永久荷载效应对结构构件的承载能力不利时，永久荷载效应分项系数为 1.3；当永久荷载效应对结构构件的承载能力有利时，γ_G不应大于 1.0；

（2）第 1 个和第 j 个（除第一个之外）可变荷载的分项系数 γ_{Q_1} 和 γ_{Q_j}，当可变荷载效应对结构构件的承载能力不利时，在一般情况下应取 1.5；当可变荷载效应对结构构件的承载能力有利时，应取为 0。

3. 作用效应组合系数的确定方法

如果上述分析是对一个永久作用和两个及两个以上的可变作用，在式（7-26）及式（7-29）中还需要确定作用的组合系数 ψ_{Q_j}。如在《建筑结构可靠性设计统一标准》GB 50068—2018 中规定，荷载的具体组合规则及组合值系数，应符合《建筑结构荷载规范》GB 50009—2012 的规定。

可变作用的组合系数的确定原则是，在作用分项系数 γ_G 和 γ_Q 及抗力分项系数 γ_R 等给定的条件下，对两种及两种以上的可变作用参与组合的情况，确定组合系数应使按照分项系数表达式设计的结构构件的可靠指标与目标可靠指标 β_t 具有最佳的一致性。

具体的分析过程，与上述基于校准的分项系数确定方法类似。设 l 种可变作用下结构构件的承载能力极限状态的设计表达式为

$$\gamma_G S_{Gk}+\psi\sum_{i=1}^{l}\gamma_{Q_i}S_{Q_i k}=R_k/\gamma_R \tag{7-32}$$

式中，S_{Gk} 和 $S_{Q_i k}$ 分别为永久作用 G 及可变作用 Q_i（$i=1$，2，…，l）的作用效应标准值；γ_G、γ_{Q_i} 和 γ_R 分别为永久作用 G、可变作用 Q_i 的分项系数和抗力的分项系数；ψ 为可变作用的组合值系数；R_k 为抗力的标准值。

则可得组合值系数为

$$\psi=\frac{(R_k^*/\gamma_R)-\gamma_G S_{Gk}}{\sum_{i=1}^{l}\gamma_{Q_i}S_{Q_i k}} \tag{7-33}$$

式中，R_k^* 为取简单组合情况下设计表达式设计要求的目标可靠指标 β_t 确定的构件抗力标准值；计算时，作用效应取设计基准期内取控制作用的作用组合的最大作用效应。

根据式（7-33），组合值系数 ψ 与结构构件种类、参与组合的作用种类、参与组合的可变作用效应标准值之和（$\sum_{i=1}^{l}S_{Q_i k}$）与永久作用效应的标准值 S_{Gk} 之比 $\rho=(\sum_{i=1}^{l}S_{Q_i k})/S_{Gk}$ 及参与组合的可变作用效应标准值之比 $\xi=S_{Q_j k}/S_{Q_i k}$ 四个因素有关。为方便使用，一般地将组合值系数 ψ 取为定值，得到常用作用效应组合情况下适用于各种结构构件及不同的 ρ 值的优化组合值系数。为此，根据最小二乘法原理，求以下的 I 值达到最小条件的组合值系数为

$$I=\sum_{i}^{n}\sum_{j}^{m}\left\{1-\gamma_{R_i}\frac{\left[\gamma_G(S_{Gk})_j+\psi\sum_{i=1}^{l}\gamma_{Q_i}(S_{Q_i k})_j\right]}{R_{k_{ij}}^*}\right\}^2 \tag{7-34}$$

根据式（7-34），可取几种常用作用效应组合进行组合值系数 ψ 随 $\xi=S_{Q_j k}/S_{Q_i k}$ 的变化

规律分析。由此，消除构件类型及ρ值对组合值系数ψ的影响，使ψ仅与作用组合和ξ这两个因素有关。为将组合值系数ψ取为定值，可令

$$\psi \sum_{i=1}^{l} S_{Q_i\mathrm{k}} = S_{Q_1\mathrm{k}} + \sum_{i=2}^{l} \psi_{Q_i} S_{Q_i\mathrm{k}} \tag{7-35}$$

则有

$$\psi = \frac{S_{Q_1\mathrm{k}} + \sum_{i=2}^{l} \psi_{Q_i} S_{Q_i\mathrm{k}}}{\sum_{i=1}^{l} S_{Q_i\mathrm{k}}} \tag{7-36}$$

如果为 2 个参与组合的可变作用，即$l=2$，上式（7-36）为

$$\psi = \frac{S_{Q_1\mathrm{k}} + \psi_{Q_2} S_{Q_2\mathrm{k}}}{S_{Q_1\mathrm{k}} + S_{Q_2\mathrm{k}}} = \frac{1+\xi\psi_{Q_2}}{1+\xi} \tag{7-37}$$

$$\xi = \frac{S_{Q_2\mathrm{k}}}{S_{Q_1\mathrm{k}}} \tag{7-38}$$

取式（7-37）中的ψ_{Q_2}为定值，可得到针对两个可变作用参与的组合情况下ψ随ξ的变化规律。通过分析表明，若ψ_{Q_2}取值恰当，式（7-38）与式（7-34）分析ψ随ξ的变化规律十分接近，且取$\psi_{Q_i}=0.6$偏于安全。基于此分析，即可确定ψ_{Q_i}的取值。因此，在《建筑结构荷载规范》GB 50009—2012 中规定，风荷载的组合系数为 0.6，对于其他可变荷载分别取为 0.7、0.9、0.95 和 1.0 等，其取值都大于 0.6 而不超过 1.0。民用建筑结构中的楼面均布活荷载的组合系数，除（1）书库、档案库、贮藏室；（2）密集柜书库；（3）通风电机、电梯机房等三种情况均为 0.9 之外，其余类别的楼面均布活荷载组合系数均为 0.7。

分项系数表达的极限状态设计模式中，采用上述方法确定的分项系数及组合系数时，根据以往的工程经验分析判断非常重要，因为结构可靠度的计算中一些假定与实际情况并不一定完全符合，有些假设与实际的近似程度目前很难判断。

7.4 结构设计规范中的设计表达式

为使所设计的结构构件在不同情况下具有比较一致的可靠度，设计中采用了多个分项系数的极限状态设计表达式。下面介绍我国《工程结构可靠性设计统一标准》GB 50153—2008 中的表达式，并简单介绍《建筑结构可靠性设计统一标准》GB 50068—2018 中的表达式。

7.4.1 承载能力极限状态的表达式

1. 基本公式

我国的《工程结构可靠性设计统一标准》GB 50153—2008 中规定，当结构或构件按承载能力极限状态设计时，应考虑下列设计状态

（1）结构或结构构件（包括基础等）的破坏或过度变形，此时结构的材料强度取控制作用，应符合下式要求

$$\gamma_0 S_d \leqslant R_d \tag{7-39}$$

式中，γ_0为结构重要性系数，其值按有关规定采用；S_d为作用组合的效应（如轴力、弯矩或表示几个轴力、弯矩的向量）；R_d为结构或构件抗力的设计值。

（2）整个结构或其一部分作为刚体失去静力平衡的承载能力极限状态设计，应符合下式要求

$$\gamma_0 S_{d,\ dst} \leqslant S_{d,\ stb} \tag{7-40}$$

式中，$S_{d,dst}$为不平衡作用的效应设计值；$S_{d,stb}$为平衡作用的效应设计值。

（3）地基的破坏或过度变形的承载能力极限状态设计，可采用分项系数法进行，但其分项系数的取值与上述式（7-39）中所包含的分项系数的取值有区别；也可采用容许应力法进行，但此时作用分项系数均取为1.0。

（4）结构或结构构件的疲劳破坏的承载能力极限状态设计，按照其中的“附录 结构疲劳可靠性验算方法”进行。

2. 承载能力极限状态表达式的作用组合规定

对表达式中的作用组合，《工程结构可靠性设计统一标准》GB 50153—2008 规定为：

（1）作用组合应为可能同时出现的作用的组合；

（2）每个作用组合中应包括一个主导可变作用或一个偶然作用或一个地震作用；

（3）当结构中永久作用位置的变异，对静力平衡或类似的极限状态设计结果很敏感时，该永久作用的有利部分和不利部分应分别为单个作用；

（4）当一种作用产生的几种效应非全相关时，对产生有利效应的作用，其分项系数的取值应予降低；

（5）对不同的设计状况应采用不同的作用组合。

3. 对于持久设计状况和短暂设计状况，应采用作用的基本组合

（1）基本组合的效应设计值可按下式确定

$$S_d = S\left(\sum_{i\geqslant 1}\gamma_{G_i} G_{ik} + \gamma_P P + \gamma_{Q_1}\gamma_{L_1} Q_{1k} + \sum_{j>1}\gamma_{Q_j}\psi_{cj}\gamma_{L_j} Q_{jk}\right) \tag{7-41}$$

式中，$S(\cdot)$为作用组合的效应函数；G_{ik}为第 i 个永久作用的标准值；P 为预应力作用的有关代表值；Q_{1k}为第1个可变作用（主导可变作用）的标准值；Q_{jk}为第 j 个可变作用的标准值；γ_{G_i}为第 i 个永久作用的分项系数；γ_P为预应力作用的分项系数；γ_{Q_1}为第1个可变作用（主导可变作用）的分项系数；γ_{Q_j}为第 j 个可变作用的分项系数；γ_{L_1}和γ_{L_j}分别为第1个和第 j 个考虑结构设计使用年限的荷载调整系数，按有关规定采用，对设计使用年限与设计基准期相同的结构，$\gamma_L=1.0$；ψ_{cj}为第 j 个可变作用的组合值系数。其中，各分项系数和组合系数，可按该统一标准和各行业可靠度设计统一标准的规定采用。

式（7-41）中，作用组合的效应函数 $S(\cdot)$ 的符号“Σ”和“＋”等均表示组合，即同时考虑所有作用对结构的共同影响，并不代表代数相加。

（2）当作用与作用效应按线性关系考虑时，基本组合的效应设计值按下式计算

$$S_d = \sum_{i\geqslant 1}\gamma_{G_i} S_{G_{ik}} + \gamma_P S_P + \gamma_{Q_1}\gamma_{L_1} S_{Q_{1k}} + \sum_{j>1}\gamma_{Q_j}\psi_{cj}\gamma_{L_j} S_{Q_{jk}} \tag{7-42}$$

式中，$S_{G_{ik}}$为第 i 个永久作用标准值的效应；S_P为预应力有关代表值的效应；$S_{Q_{1k}}$为第1个可变作用（主导可变作用）标准值的效应；$S_{Q_{jk}}$为第 j 个可变作用标准值的效应。

其中，对持久设计状况和短暂设计状况，也可根据需要分别给出作用组合的效应设计

值；可根据需要从作用的分项系数中将反映作用效应模型不定性的系数 γ_{Sd} 分离出来。

4. 对偶然设计状况，应采用作用的偶然组合

（1）偶然组合的效应设计值可按照下式确定

$$S_d = S\left(\sum_{i\geqslant1} G_{ik} + P + A_d + (\psi_{f1}\text{或}\psi_{q1})Q_{1k} + \sum_{j>1}\psi_{qj}Q_{jk}\right) \tag{7-43}$$

式中，A_d 为偶然作用的设计值；ψ_{f1} 为第 1 个可变作用的频遇值系数；ψ_{q1} 和 ψ_{qj} 分别为第 1 个和第 j 个可变作用的准永久值系数。频遇值系数和准永久值系数均按有关规定采用。

（2）当作用与作用效应按线性关系考虑时，偶然组合的效应设计值按下式计算

$$S_d = \sum_{i\geqslant1} S_{G_{ik}} + S_P + S_{A_d} + (\psi_{f1}\text{或}\psi_{q1})S_{Q_{1k}} + \sum_{j>1}\psi_{qj}S_{Q_{jk}} \tag{7-44}$$

式中，S_{A_d} 为偶然作用设计值的效应。

5. 对地震设计状况，应采用作用的地震组合

（1）地震组合的效应设计值，宜根据重现期为 475 年的地震作用（基本烈度）确定，其效应设计值按下式计算

$$S_d = S\left(\sum_{i\geqslant1} G_{ik} + P + \gamma_I A_{Ek} + \sum_{j>1}\psi_{qj}Q_{jk}\right) \tag{7-45}$$

式中，γ_I 为地震作用重要性系数，应按有关的抗震设计规范的规定采用；A_{Ek} 为根据重现期为 475 年的地震作用（基本烈度）确定的地震作用的标准值。

（2）当作用与作用效应按线性关系考虑时，地震组合效应设计值可按下式计算

$$S_d = \sum_{i\geqslant1} S_{G_{ik}} + S_P + \gamma_I S_{A_{Ek}} + \sum_{j>1}\psi_{qj}S_{Q_{jk}} \tag{7-46}$$

式中，$S_{A_{Ek}}$ 为地震作用标准值的效应。

《工程结构可靠性设计统一标准》GB 50153—2008 规定，当按线弹性分析计算地震作用效应时，应将计算结果除以结构性能系数以考虑结构延性的影响，结构性能系数应按有关的抗震设计规范的规定采用。另外规定，地震组合的效应设计值，也可根据重现期大于或小于 475 年的地震作用确定，其效应设计值应符合有关抗震设计规范的规定。

7.4.2 正常使用极限状态的表达式

1. 基本公式

结构或结构构件按正常使用极限状态设计时，应符合下式要求

$$S_d \leqslant C \tag{7-47}$$

式中，S_d 为作用组合的效应（如变形、裂缝等）设计值；C 为设计对变形、裂缝等规定的相应限值，应按有关的结构设计规范的规定采用。

2. 正常使用极限状态设计的作用组合

《工程结构可靠性设计统一标准》GB 50153—2008 中规定，按正常使用极限状态设计时，可根据不同情况采用作用的标准组合、频遇组合或准永久组合。

（1）标准组合

标准组合的效应设计值按照下式确定

$$S_d = S\left(\sum_{i\geqslant1} G_{ik} + P + Q_{1k} + \sum_{j>1}\psi_{cj}Q_{jk}\right) \tag{7-48}$$

当作用与作用效应按线性关系考虑时，标准组合的效应设计值可按下式计算

$$S_d=\sum_{i\geqslant1}S_{G_{ik}}+S_P+S_{Q_{1k}}+\sum_{j>1}\psi_{cj}S_{Q_{jk}} \tag{7-49}$$

（2）频遇组合

频遇组合的效应设计值可按下式确定

$$S_d=S\left(\sum_{i\geqslant1}G_{ik}+P+\psi_{f1}Q_{1k}+\sum_{j>1}\psi_{qj}Q_{jk}\right) \tag{7-50}$$

当作用与作用效应按线性关系考虑时，频遇组合的效应设计值可按下式计算

$$S_d=\sum_{i\geqslant1}S_{G_{ik}}+S_P+\psi_{f1}S_{Q_{1k}}+\sum_{j>1}\psi_{qj}S_{Q_{jk}} \tag{7-51}$$

（3）准永久组合

准永久组合的效应设计值可按下式确定

$$S_d=S\left(\sum_{i\geqslant1}G_{ik}+P+\sum_{j>1}\psi_{qj}Q_{jk}\right) \tag{7-52}$$

当作用与作用效应按线性关系考虑时，准永久组合的效应设计值可按下式计算

$$S_d=\sum_{i\geqslant1}S_{G_{ik}}+S_P+\sum_{j>1}\psi_{qj}S_{Q_{jk}} \tag{7-53}$$

《工程结构可靠性设计统一标准》GB 50153—2008 中规定，标准组合宜用于不可逆正常使用极限状态；频遇组合宜用于可逆正常使用极限状态；准永久组合宜用在当长期效应是决定性因素时的正常使用极限状态。另外规定，对正常使用极限状态，材料性能的分项系数，除各种材料的结构设计规范有专门规定外，应取为 1.0。

7.4.3 《建筑结构可靠性设计统一标准》GB 50068—2018 中的表达式

《建筑结构可靠度设计统一标准》GB 50068—2001 和现行的《建筑结构可靠性设计统一标准》GB 50068—2018 中都规定，结构构件的极限状态设计表达式，应根据各种极限状态的设计要求，采用有关的荷载代表值、材料性能标准值、几何参数标准值以及各种分项系数等表达。

1. 承载能力极限状态的设计表达式

对于承载能力极限状态，结构构件应按规定的要求（即建筑结构设计时，对所考虑的极限状态，应采用相应的结构作用效应的最不利组合），采用荷载效应的基本组合和偶然组合进行设计。

（1）基本公式

$$\gamma_0 S\leqslant R \tag{7-54}$$

式中，γ_0为结构重要性系数，即按照建筑安全等级为一级、二级和三级分别取为 1.1、1.0 和 0.9；S 为承载能力极限状态下的作用效应组合的设计值；R 为结构构件抗力的设计值，按各有关设计规范的规定计算确定。

（2）对于基本组合，应按下列极限状态设计表达式中最不利值确定

$$\gamma_0\left(\gamma_G S_{G_k}+\gamma_{Q_1}S_{Q_{1k}}+\sum_{i=2}^{n}\gamma_{Q_i}\psi_{ci}S_{Q_{ik}}\right)\leqslant R(\gamma_R,f_k,a_k,\cdots) \tag{7-55}$$

$$\gamma_0\left(\gamma_G S_{G_k}+\sum_{i=2}^{n}\gamma_{Q_i}\psi_{ci}S_{Q_{ik}}\right)\leqslant R(\gamma_R,f_k,a_k,\cdots) \tag{7-56}$$

式中，γ_0为结构重要性系数；γ_G为永久荷载分项系数；γ_{Q_1} 和 γ_{Q_i} 分别为第 1 个和第 i 个可

变荷载分项系数；S_{G_k}为永久荷载标准值的效应；$S_{Q_{1k}}$为在基本组合中起控制作用的一个可变荷载标准值的效应；$S_{Q_{ik}}$为第 i 个可变荷载标准值的效应；ψ_{ci}为第 i 个可变荷载的组合值系数，其值不大于 1；$R(\cdot)$ 为结构构件的抗力函数；γ_R为结构构件抗力分项系数，其值应符合各类材料结构设计规范的规定；f_k为材料性能的标准值；a_k为几何参数的标准值，当几何参数的变异对结构构件有明显影响时可另增减一个附加值 Δ_a 考虑其不利影响。

对于一般排架、框架结构，公式（7-55）可简化极限状态设计表达式为

$$\gamma_0\left(\gamma_G S_{G_k}+\psi\sum_{i=1}^{n}\gamma_{Q_i}S_{Q_{ik}}\right)\leqslant R(\gamma_R, f_k, a_k, \cdots) \tag{7-57}$$

式中，ψ 为简化设计表达式中采用的荷载组合系数；一般情况下 ψ 可取为 0.90，当只有一个可变荷载时，ψ 取为 1.0。

上述公式中荷载效应的基本组合仅适用于荷载效应与荷载为线性关系的情况。

（3）偶然组合

《建筑结构可靠性设计统一标准》GB 50068—2018 中规定，对于偶然组合，极限状态设计表达式宜按照下列原则确定：偶然作用的代表值不乘以分项系数；与偶然作用同时出现的可变荷载，应根据观测资料和工程经验采用适当的代表值。具体的设计表达式及各种系数，应符合专门规范的规定。

2. 正常使用极限状态设计的设计表达式

对于正常使用极限状态，结构构件应按要求分别采用荷载效应的标准组合、频遇组合和准永久组合进行设计，使变形、裂缝等荷载效应的设计值符合下式的要求

$$S_d\leqslant C \tag{7-58}$$

式中，S_d为变形、裂缝等荷载效应的设计值；C 为设计对变形、裂缝等规定的相应限值。

式（7-58）中，变形、裂缝等荷载效应的设计值 S_d应符合下列规定

（1）标准组合

$$S_d=S_{G_{ik}}+S_{Q_{1k}}+\sum_{i=2}^{n}\psi_{ci}S_{Q_{ik}} \tag{7-59}$$

（2）频遇组合

$$S_d=S_{G_{ik}}+\psi_{f1}S_{Q_{1k}}+\sum_{i=2}^{n}\psi_{qi}S_{Q_{ik}} \tag{7-60}$$

（3）准永久组合

$$S_d=S_{G_{ik}}+\sum_{i=1}^{n}\psi_{qi}S_{Q_{ik}} \tag{7-61}$$

式中，$\psi_{f1}S_{Q_{1k}}$为在频遇组合中起控制作用的一个可变荷载频遇值效应；$\psi_{qi}S_{Q_{ik}}$为第 i 个可变荷载准永久值效应。

上述计算公式仅适用于荷载效应与荷载为线性关系的情况。

与《建筑结构可靠度设计统一标准》GB 50068—2001 相比，《建筑结构可靠性设计统一标准》GB 50068—2018 提高荷载分项系数，当荷载效应对承载力不利时，恒荷载分项系数由 1.2 调整到 1.3；活荷载分项系数由 1.4 调整到 1.5；在荷载效应的基本组合中，取消了对永久荷载为主的结构起控制作用的组合公式，通过提高永久荷载与可变荷载的分

项系数来提升建筑结构安全度的设置水平。

除上述《建筑结构可靠性设计统一标准》GB 50068—2018之外，在我国的《水利水电工程结构可靠性设计统一标准》GB 50199—2013、《公路工程结构可靠度设计统一标准》GB/T 50283—1999、《港口工程结构可靠性设计统一标准》GB 50158—2010和《铁路工程结构可靠度设计统一标准》GB 50216—94中，在《工程结构可靠性设计统一标准》GB 50153—2008基础上，分别按照承载能力极限状态和正常使用极限状态给出了各自的设计表达式。

第 8 章　既有工程结构可靠性评估

工程结构及其系统的建造费用较高，使用周期长。工程结构建造时需要消耗大量的资源，其安全可靠与否不仅影响生产与生活，还常关系到人身安全；且社会和经济的可持续发展仍然需要利用大量的现有工程结构物。因此，为充分利用现有的工程结构及其系统，对既有工程结构及其系统的可靠性评价，以及延长其使用寿命的有效措施等，是工程结构可靠性研究的重要内容之一。

本章介绍了既有工程结构及构件可靠性分析的几个基本问题、既有工程结构构件的抗力与作用效应的分析、既有工程结构构件的可靠性分析方法、既有工程结构系统可靠性的计算方法等。

8.1　既有工程结构可靠性分析的基本问题

8.1.1　既有工程结构可靠性分析中基本变量的特点

1. 既有工程结构基本变量的特点

一个结构或构件的设计，必须依据现有的信息预估每一个设计方案所代表的结构（或构件）在未来使用期间的表现，需要预估该期间结构（或构件）所处的环境和所受到的外界干扰（荷载作用）。但是，对于未来的事件，常由于无法严格控制其发生的条件；或对于客观事物，由于客观条件而无法明确地识别出该事件；或无法把握事件的概念外延等，都使所需要的信息有不确定性。工程结构可靠性分析的基础是结构本身和环境（自然与使用环境）信息，而信息的准确与否在很大程度上影响可靠性分析的结果准确性。

既有工程结构，也称为服役工程结构（或现役结构），是一个现实存在的实体，影响其未来是否发生破坏的因素有与拟建结构的不同之处。既有工程结构所处的环境因素比拟建结构的更为具体，各种信息的采集、描述、处理与检验等都应根据信息的具体情况，采用不同的方法分析其不确定性的来源及类型。既有结构有关可靠性分析的信息不确定性也产生于两个方面，一是在事件自然过程中，由于事件本身所固有的随机性和模糊性及未确知性等造成的不确定性，这种不确定性是必然存在的，一般是不可控制或减小的；另一种是由于检测、描述或模拟带来的误差引起的（即系统误差），是由于知识不完备引起的未确知性，这种不确定性可以通过采用一定的分析方法或取得更多的数据样本经过处理得到减少。既有工程结构在服役期前后的信息，都存在由于上述两种原因引起的不确定性，有些信息也可能同时存在其中两种或三种（即随机性、模糊性和未确知性）类型的不确定性。

既有工程结构，尤其对有监测设备的大型工程结构，其一些变量的统计参数及模型可从历史观测数据中得到，如构件几何尺寸、材料强度、构造及设备荷重等。因为既有结构是一个现实存在的实体，其历史上的信息在本质上有其规律性，是一个现实世界中已存在的具体事物，因而是确定性的，没有任何含糊不清之处。但是，由于人们认识的缺陷，对这种客观存在的具体事物的信息尚不能确切地量测或度量，使得其信息仍然存在许多未确定性。另外，既有工程结构可靠性分析涉及预测未来继续服役期结构特性的问题，现有信息能否反映继续服役期间基本变量未来的情况，也有其不确定性。

根据可靠性数据的特点，概括起来，既有工程结构有关可靠性的变量有以下几个主要特点。

（1）不确定性。既有结构有关可靠性的信息客观存在，本质上不具有不确定性。但是，由于结构可靠性分析所考虑的对象不仅仅是当前时刻的问题，而且还涉及未来的事物，如未来的荷载作用及组合，未来结构抗力及环境等。所以，尽管既有结构在当前时刻的一些信息本身是确定性的，但从当前的信息推断结构未来继续服役期间的性能及承受的作用等则仍然具有随机性。如结构材料性能的劣化、所处场地的地震烈度等。另外，与拟建结构类似，有关变量也仍然存在着未确知性（即不完整的信息），如抗力模型描述的不完善等。

（2）有价性。既有结构的变量信息与其他一般信息一样，具有有价性。其主要表现在两个方面，一方面是信息的收集、处理与检验，如量测、试验和调查等需要花费一定的财力、人力和物力，获得它们是有价的；另一个方面是，经过处理之后的信息，对既有结构及其系统可靠性分析及评估等都具有很高的价值。

（3）时间性。一个是变量的信息多与时间有关，以时间来描述，如结构材料或抗力特性的变化和其使用寿命等都是与时间有关的；另一个是具有一定的时效性，因为既有结构的变量信息是与时间有关，随着时间的推移，信息的效用会降低。如钢筋混凝土结构中锈蚀钢筋的物理力学性能、锈蚀率及其对构件承载力的影响随时间变化。

2. 既有结构构件的抗力与作用效应的特点

既有结构的基本变量的不确定性产生于事件本身所固有的变异性等造成的不确定性，以及由于估算或模拟带来的误差引起的（即系统误差）不确定性。例如，结构设计时的构件材料强度有随机性，可以用统计方法来估计，但对具体构件而言，材料的强度有未确知性；而既有结构材料的强度在当前时刻应该是确定的，但在未来继续服役期间的构件材料强度，其性质将会有所变化，仍然具有随机性。这些变量在未来继续服役期间的随机性将影响结构或构件的抗力及作用效应。

既有结构的可靠性分析是以自身信息为基础的，反映基本变量不确定性的是既有结构自身及其环境的信息。因此，拟建结构变量的随机特性并不完全适用于既有结构的变量。当然，若能获得其建成之后结构长期和完备的信息，无疑对既有结构的可靠性分析是相当有利的。但这样的信息收集不仅费时、费力，而且客观上也不太可能。对于大部分信息的采集，只能在一个较短时间内进行，以获得的小样本推断既有结构的基本变量在未来的不确定性。

（1）既有结构构件的抗力

除维修加固外，结构抗力是随时间变化的一个不可逆过程，如钢筋混凝土结构中的混凝土碳化、钢筋的腐蚀和外界使用环境的冻融循环等，将导致抗力衰减和状态恶化，尤其是在严酷环境下。考虑既有结构抗力时变性的可靠度一直是一个广为关注的问题，在研究既有工程结构的两个综合随机变量（抗力和荷载效应）的时变性描述时，较早就利用了Bayes方法来考虑其使用历史上曾经历的荷载对抗力的影响。利用验证荷载的信息，可给出既有结构构件时变抗力的概率模型，并可用Bayesian方法计算服役结构的可靠度。

对既有工程结构抗力的理论描述，一是采用抗力衰减函数的形式，而且多数采用指数型函数，二是利用Bayes分析考虑其历史上验证荷载的影响。如对基于可靠度的服役结构维修分析时抗力模型就是以一个待定的衰减函数表示；利用检测数据及Bayes分析方法，对以指数函数形式的衰减函数表示的抗力进行分析，并以实际观测的数据对抗力模型进行修正。这种结合Bayes分析的研究方法是目前的研究趋势，但其成本较高，要求对既有结构进行较全面的检测或长期观测。既有结构与设计结构的不同之处就是前者有具体的信息，并应将检测到的信息与Bayes分析方法结合以描述抗力的时变性。另外，对既有RC结构的抗力描述，较为关键的是钢筋的初始锈蚀时间和钢筋截面锈蚀率的预测及分析，为此在理论和试验方面做了许多研究。如按钢筋锈蚀后的平均锈蚀电流密度分析锈坑直径及面积，从而得出锈蚀率与初始锈蚀时间之间的关系；或以初始抗力与衰减函数组成抗力的随机过程，是抗力平稳化的一种方法；或利用统计参数、材料试验、荷载调查、室内和现场试验及理论模拟等方法综合评定既有工程结构的抗力。值得关注的是，目前，对既有钢筋混凝土工程结构的抗力时变性描述和研究，已从之前多是依靠锈蚀钢筋混凝土结构的室内试验研究的成果，转而现场环境下的试验及既有工程结构的检测结合的方法。

（2）既有结构构件的作用及效应

对于既有工程结构的荷载（及效应），因为既有结构所处的环境比拟建结构的更为具体，其统计特性并不能完全接受拟建结构的统计特性。拟建结构（设计阶段）的荷载统计采用的是时空转换方法，而既有结构构件的荷载要利用已存在的信息，采取的是时间外推方法，即通过对已有信息的统计分析来估计结构及其环境在未来继续服役基准期内的统计特性。应该对既有结构构件在服役评估期内的可变荷载标准值进行修正，使拟建结构构件与既有结构构件的目标可靠指标一致。如，可采用等超越概率的原则确定既有结构构件在继续服役基准期内的荷载模型和参数等。

考虑抗力时变性的既有结构可靠度，由于抗力与荷载效应都是非平稳随机过程，用随机过程理论研究显然是合理的。但其结构失效概率计算比较困难和繁复，在实际工程中并不实用，一般也是将非平稳随机过程平稳化。另外，即使是将其作为随机变量处理，由于既有结构抗力的时变性随结构的使用环境不同而差异很大，既有结构的抗力应由其抗力的实测值组成的统计样本分析确定，但实际又不可能得到大量的实测样本，使得具体考虑抗力时变性的可靠度分析尚存在许多困难。既有工程结构与拟建结构有很大的区别，且由于施工等原因，既有结构个体的性能相差很大。因此，既有结构抗力和荷载及其效应的分析，应建立在获得充分而且准确的信息基础上。

8.1.2 既有工程结构可靠性分析的基本特点

尽管既有工程结构可靠性分析在方法上与拟建结构可靠度的分析方法不应有本质的不同，但因既有工程结构基本变量的一些特点，其可靠性分析方法不能简单套用拟建（设计）结构的可靠性分析方法。

按照《工程结构可靠性设计统一标准》GB 50153—2008和《建筑结构可靠性设计统

一标准 GB 50068—2018》等规定，既有工程结构在未来也必须满足下列各项功能要求：(1) 能承受在正常施工和正常使用时可能出现的各种作用；(2) 在正常使用时，具有良好的工作性能；(3) 在正常维护下具有足够的耐久性；(4) 在偶然事件发生时及发生后，仍然能保持必要的整体稳定性。这里的“作用”是一种广义荷载；“规定的时间”是指既有结构可靠性分析采用的时间参数，与结构的使用寿命有密切的关系，但并不等同于一般工业产品的寿命和设计（拟建）工程结构实际使用寿命；“规定的条件”，也是指既有结构的正常设计、正常施工和正常使用条件；“预定的功能”是指既有结构在经济合理的前提下，满足安全性、适用性和耐久性方面的要求，既有结构在未来“预定的功能”才能为完成。既有工程结构已经构成一个实体，因此，其可靠性含义中的几个基本要素有其特殊性。

1. 规定的时间可能不同

既有结构的荷载及环境比拟建结构更为具体，其荷载要利用已有信息，采取的是时间外推方法，即通过对已有的信息的统计分析来估计结构及其环境在继续服役基准期 T'，即［τ'_0，τ'_0+T'］内的统计特性，τ'_0为当前时刻。拟建结构设计的可靠度分析中采用的“规定的时间”，一般指抗力及作用效应分析的设计使用年限及对应的设计基准期；而既有工程结构可靠度中的“规定时间”，也代表未来某段时间，但可能不再是设计基准期或原来的设计使用年限，而是指从当前时刻 τ'_0为起点的未来某段时间；继续使用年限也即是人们对该结构剩余的使用要求。分析时，时段应为［τ'_0，τ'_0+T'］，其中的 T'可称为目标基准期或后续服役基准期。

另外，在当前时刻 τ'_0，既有工程结构的可靠与否并不是概率问题，而是一个判断问题。因为按照结构随机可靠度观点，当前时刻，它的可靠概率非 1 即 0。因此，研究当前时刻 τ'_0的可靠性意义不大，关键是在［τ'_0，τ'_0+T'］内的可靠性。由于分析的时段不同，在进行既有工程结构可靠性分析时，既有结构及构件的抗力、荷载效应及组合与拟建结构有所不同。

2. 规定的条件可能改变

拟建结构可靠性是指在“三个正常的条件”下完成预完功能的概率。而对于既有工程结构而言，“规定的条件”也可能有所改变。可能改变的条件主要包括使用条件和维护条件，而设计与施工等业已成为历史。因此，既有工程结构可靠性中的规定条件，可以不再涉及设计和施工阶段的随机因素，但其规定使用条件则包括设计时未曾考虑（或实际使用时超出设计考虑的已发生）的作用和新增加的作用；维护条件则是为满足未来使用目的或提高其可靠度而对该既有结构进行维护的条件以及对周围环境的控制条件等。这两个方面的限制条件，与拟建结构也有所不同，其与设计结构之间的不同条件也将影响既有工程结构可靠性的分析结果。

3. 预定的功能不尽相同

既有工程结构在未来的时间［τ'_0，τ'_0+T'］内的预定功能，一般以设计拟建时设定的功能为准，但也会因使用目的和环境的改变而变化，而且有明确的使用目的。例如，民用建筑结构的功能改变，其楼面荷载也将改变；再如，由于人类活动和水土流失的加剧，水库大坝的泥沙淤积比原设计有所增加（或反过来，淤积比原设计有所减少），则有关的水工结构（如大坝泄洪孔和隧洞等）对设防洪水位及过流量的允许值就会改变。

由于既有工程结构可靠性定义中这三个要素的含义与拟建结构有所不同，其可靠性的定义与拟建结构有一定差异，在进行分析时应注意这些不同的含义对其抗力及作用效应的影响。

8.1.3 既有工程结构可靠性分析的基本原理

1. 既有工程结构可靠性分析的主要内容

既有工程结构随机可靠性分析的主要基础理论仍然是概率统计理论，但涉及更多的工程结构设计理论以及工程材料性能和环境等诸多领域。

相对而言，无论是新建（拟建）工程结构还是既有工程结构，目前在材料及构件层次上的研究较多，但在结构层次的研究都还处于探索阶段。既有工程结构与新建工程结构有不同的特点，其可靠性分析模型及分析方法并不能完全等同。一方面，结构随机可靠性理论涉及材料的性能与外部环境（作用）因素的概率统计规律、结构体系主要失效模式的搜索以及各模式间相关性分析等。进行既有工程结构可靠性评估，不但要求了解和掌握结构设计时的情况，而且更要掌握材料的性能和外部环境（作用）等随时间变化的规律；然而，到目前为止，即使是对工程结构的材料和构件层面的研究，如既有工程结构材料性能退化的时变性、钢筋锈蚀后的钢筋混凝土构件承载力时变规律等，都还只是处于研究的初始阶段，既有工程结构的可靠性理论体系还很不完善。另一方面，由于既有工程结构的鉴定和可靠性评估是其进行维修、改造与加固的依据，而后续目标基准期及其内的目标可靠度（可靠指标或可靠概率）的确定、基于可靠度的服役结构维修加固策略研究以及经济分析等问题，除与结构自身的形式、特点与使用环境等有关外，还涉及社会经济发展水平及可接受的风险性水平等。因此，既有工程结构及结构系统的可靠性理论和应用涉及的问题，比基于可靠性理论的新建工程结构设计更复杂。

根据工程结构可靠度的影响因素及既有工程结构的特点，其可靠性分析理论及应用研究要解决两个方面的问题：一方面是建立既有工程结构可靠性分析计算理论，包括其中的基本变量的不确定性分析、可靠度的分析模型和可靠度的基本计算方法等理论问题；另外一方面是形成基于可靠性理论的既有工程结构的可靠性鉴定方法，以及基于可靠度的维修加固决策理论。因此，既有工程结构可靠性理论及其应用研究可具体划分和归纳为五个研究层次。

（1）影响既有结构可靠性的因素及不确定性描述。根据影响既有结构可靠性的因素及可靠性的分析特点，研究既有工程结构与拟建工程结构的异同、影响既有工程结构可靠性的因素及分析的基本原则、变量的不确定性及描述方法与处理方法、既有工程结构参数（变量）的获得及统计分析理论等。该层次的内容包括工程结构耐久性研究中的环境层次和材料层次研究的一些内容，属于基础性的工作。

（2）既有工程结构材料的时变特性及衰退机理。由于使用环境和自然环境的差异，不同环境下既有工程结构的材料性能时变特性表现不一，即随时间的变化规律不同。既有工程结构在材料层面的研究取得了一些研究进展，但是多是在室内快速试验基础上进行的，与实际工程所处的环境有一定的差别，有些材料（如混凝土的渗透性）的时变过程在室内试验中很难模拟。因为经济与技术原因，为收集既有工程结构材料时变参数资料，又不可能对大量的既有结构的数据都进行测试试验或监测；如何反映一定环境下既有结构材料性能时变规律及衰退机理，是既有工程结构可靠性理论研究中的重要问题之一。

（3）既有结构的构件可靠度计算。既有工程结构的构件层次的可靠性研究，是既有工程结构系统可靠性研究的基础和前提。该层次的研究内容包括既有构件考虑服役历史上验证荷载的抗力模型、继续服役基准期及该基准内的作用及效应模型、目标可靠指标的设置标准、既有构件可靠性计算原理与方法等。上述问题不仅涉及结构所处的环境及构件本身的性能时变性，还涉及社会经济发展水平及人们可接受的风险水平等。

（4）既有工程结构或工程结构系统的可靠性计算及评价理论。大型复杂结构的失效机理与破坏模式，是既有工程结构及工程系统可靠性评价的基础。就目前的研究水平，要进行既有工程结构或工程系统层次的可靠性研究还很难实现，但在理论上对结构或工程结构系统的可靠性（尤其是安全性）的研究已经有初步的研究成果。由于工程结构中构件或工程系统中各组成部分之间的相关性等问题的复杂性，在目前的研究水平上需要借助定性与定量计算结合的方法进行既有工程结构及系统的可靠性评价。

（5）基于可靠性理论的既有工程结构加固维修。在我国，基于可靠性的既有工程结构或构件的维修加固研究还处于初始阶段。该研究层次的主要内容包括基于可靠度的各类工程结构可靠性鉴定标准、既有工程结构的维修加固策略、维修的投资效益分析、不同材料工程结构的剩余寿命估计及寿命设置标准等。

随着时间的推移，新建的工程结构不断地加入到服役过程中，因此，大量的既有工程结构的服役状况将受到更多的关注。由于问题的复杂性和应用前景的广泛性，目前的理论成果应用于工程实际还存在相当的差距。

2. 既有工程结构可靠性分析的基本原则

根据既有工程结构可靠性的基本特点，应根据这些特点按照以下基本准则分析其可靠性。

（1）明确其可靠性含义。由于既有工程结构可靠性定义的要素与拟建结构不同，在分析时应明确其含义，统一定义要求。对作用及其效应的预测、抗力的时变性及其影响和可靠度计算等，应是在同样的时间区段、同样的失效准则。一般情况下，不应直接利用拟建结构在设计基准期内的荷载或抗力的统计特性来分析既有工程结构在区段 $[\tau_0', \tau_0'+T']$ 内的可靠性，否则会使既有工程结构可靠性的含义模糊不清。

（2）充分利用已有的信息。既有工程结构是一个客观存在的实体，其材料强度和构件截面尺寸是可测的，在当前时刻 τ_0' 原则上已不是随机变量；也已经历了验证荷载，为其可靠性的评估计算积累了一定的信息。因此，进行既有工程结构的可靠性分析时，应充分利用检测得到的研究对象的已有信息，并对已有的各种信息进行合理的处理和检验及利用，以反映其目前的状态和推求后续服役期内的特性。

（3）与既有工程结构的维修决策研究结合。既有工程结构的可靠性分析评估结果，是结构维修、加固的前期工作和依据，也是其可靠性分析的目的所在。因此，既有工程结构的可靠性分析应与结构的维修经济性结合。在一定的技术水平下，用于维修、加固的费用越高，结构在未来继续服役期内的可靠性（如安全性）将越高，破坏的损失期望值越小；反之，用于维修、加固的费用越低，结构的可靠性越低，破坏的损失期望值越高。因此，既有工程结构可靠性研究应与其结构维修决策和耐久性分析结合。

3. 既有工程结构可靠度计算及性能评估方法

严格来讲，既有工程结构的抗力和作用效应也都是随机过程。由于拟建结构的可靠性分析只能建立在非自身的信息基础上，多采用的是空间类推的统计方法；而既有工程结构则较多采用时间外推的统计方法，即通过对其在历史上和目前信息基础上的分析，推求既有结构在未来服役期内的统计特性。考虑到结构抗力和荷载效应都是随机过程，显然用随机过程来研究既有结构的可靠性，在理论上是相当合理的。但用随机过程理论研究结构可靠性问题，在方法上目前还不够成熟，计算过程也过于繁复，不便于工程实用。因此，寻找符合既有工程结构性能和可靠度计算特点，又与现行结构设计的可靠度统一标准原则相吻合的计算及性能评估方法，是既有工程结构可靠性的重要研究内容。

由于问题的复杂性，目前一般在对具体既有工程结构进行系统可靠度的分析计算时，采用其现场测试与监测采集的数据，基于 Bayesian 方法分析观测数据及利用验证荷载试验结果分析方法等，从单一构件的可靠性分析着手，进而采用成熟的方法分析特定结构系统的可靠度，给出定量的结论，并对其中的各主要变量的影响进行研究。

结构构件的可靠度计算及评估是工程结构系统可靠性计算与评估的基础。既有工程结构的构件可靠度计算应根据其实际情况，由分析、评估或鉴定时的实测数据统计推理得出抗力和荷载（及其组合效应）的统计参数，再按成熟的计算方法计算，并可由此评定构件的等级，给出定量与定性相结合的结论。

不考虑抗力衰减的构件可靠度计算方法已比较成熟。考虑抗力衰减，既有工程结构的构件可靠性分析时，若其某一极限状态的功能函数随机过程为

$$Z(t)=g[R(t),\ S(t)]=R(t)-S(t) \tag{8-1}$$

式中，$R(t)$ 与 $S(t)$ 分别为构件抗力和荷载效应随机过程。

则在继续服役基准期内 T' 的可靠概率为：

$$P_s(T')=P\{Z(t)>0,\ t\in[\tau'_0,\ \tau'_0+T']\}=P\{R(t)-S(t),\ t\in[\tau'_0+\tau'_0+T']\} \tag{8-2}$$

相应地，在 $[\tau'_0,\ \tau'_0+T']$ 内每一时刻 t 的 $R(t)>S(t)$，才能使构件处于可靠状态，其相应的失效概率为

$$P_f(T')=1-P_s(T')=P\{R(t_i)>S(t_i),\ t_i\in[\tau'_0,\ \tau'_0+T']\} \tag{8-3}$$

按结构设计和鉴定的有关规范及标准，设构件的永久荷载效应为 G，可变荷载效应为 $Q\ (t)$，在 $[\tau'_0,\ \tau'_0+T']$ 内，既有构件的失效概率可表示为

$$\begin{aligned}P_f(T')&=P\{R(t_i)-G-Q(t_i)<0,\ t_i\in[\tau'_0,\ \tau'_0+T']\}\\&=P\{\min[R(t_i)-G-Q(t_i)]<0,\ t_i\in[\tau'_0,\ \tau'_0+T']\}\end{aligned} \tag{8-4}$$

式中，$R(t_i)$ 和 $Q(t_i)$ 为构件抗力和可变荷载效应的时点值（任意时刻 t_i）。

目前，对既有工程结构可靠性计算方法的理论研究并不多，实际应用中的安全性等评估还是较多地采用定性的思路和方法。而且，由于工程结构中的不确定性因素多而且有的因素不确定性可统计性差，即使是由简单构件组成的结构系统，计算出的结果也仅仅是“名义”上的而非实际上的失效概率。对既有工程结构可靠性的理论研究，一般是从构件的可靠性计算入手，再由构件根据结构系统的特点，近似得出既有工程结构系统的可靠性（定性或定量）结论。但即使是构件的可靠性问题，也有一些问题尚未很好地解决，如既有构件抗力的衰减规律、相关可变荷载及基本变量相关性的统计问题等。为此，既有工程结构的性能评价，应该基于其构件的可靠性计算与评估，提出对工程结构系统的可靠性计算和评估的一些方法，使评估（定性）与计算（定量）之间尽量结合，实现基于半概率方法的既有工程结构性能评估或其系统可靠度计算方法。

8.2 既有工程结构构件的抗力

考虑结构抗力的时变性，是结构可靠度研究的一个广为关注的问题。而既有工程结构抗力的时变性，与其当前时刻之前的结构抗力表现有密切关系。

8.2.1 既有结构构件抗力的影响因素与分析方法

1. 既有工程结构构件抗力的影响因素

一般地，抗力不确定性产生的因素可概括为环境因素、内部因素和受荷状况三个方面，这些因素的影响时间或阶段则包括结构的施工阶段、正常使用阶段和老化阶段。结构性能随时间的变化是一个复杂的物理、化学和力学损伤过程，是上述三类影响因素的函数，而各种影响因素都是复杂的随机过程。不同的使用环境与工作条件，结构的抗力变化规律也不相同；在对既有工程结构可靠性分析与评估时，可以建立一个类比原则，对某一类结构在相同或相近似的环境下的抗力衰减规律在同类相同环境的结构中推广。

如钢筋混凝土结构，其由混凝土和钢筋两种材料组成。因此，材料性能的时变规律包括混凝土和钢筋两个方面。长期以来，对混凝土的强度时变规律进行过许多研究，已得出比较公认的早期强度的预测公式，但对后期，尤其是不同地区，不同环境下的服役结构的混凝土强度预测的研究还不充分，缺乏实际观测资料。对民用建筑的调查结果表明，结构本身外露的情况很少，在使用过程中结构受到建筑装饰的保护，截面尺寸等基本不变，其抗力下降是由于混凝土强度和钢筋强度的降低引起；根据有关实际调查结论，混凝土结构中混凝土和钢筋强度时变性的统计特征与使用开始时刻的随机特性近似。

如大气环境下的钢筋混凝土结构构件，其时变抗力的主要影响因素包括混凝土碳化和钢筋的锈蚀等几何因素、混凝土与钢筋性能的变化等，随机时变抗力是多因素影响机制。大量的资料表明，在非侵蚀介质的正常大气中，混凝土平均碳化深度 D 与碳化时间 t 的关系是幂函数关系

$$D=\alpha\sqrt{t} \tag{8-5}$$

式中，α 为混凝土的碳化速度（$mm/a^{1/2}$）。

式（8-5）是一种基于 Fick 第一扩散定律的碳化模型。目前的室内快速碳化试验研究表明，该公式与实测值之间有一定的误差。钢筋锈蚀是在 O_2 和 H_2O 的共同存在及作用下，钢筋表面的铁不断失去电子而溶于水的过程，其生成物 $F_e(HO)_3$ 的体积膨胀压力使混凝土保护层发生顺筋开裂，使锈蚀速度加快，握裹力降低。关于钢筋的锈蚀速度，一般是根据试验的结论得到的近似表达式，目前提出的混凝土结构中钢筋锈蚀模型，多是室内试验的结论。对于钢筋混凝土结构，也有以指数、衰减的形式表示其抗力时变规律的。研究表明，锈蚀后钢筋剩余面积对既有钢筋混凝土结构可靠性影响最大。值得指出的是，由于使用环境不同，得到的钢筋混凝土结构中的材料或抗力的时变性表达式不尽相同。一般地，对混凝土与钢筋的强度推断是根据实测结果分析的，因为结构所处环境不同，不符合上述公式则是很正常的。

因此，从结构所处的环境角度分析，不可能找到一个统一的表达式来描述既有工程结构或构件的抗力或其材料的性能衰减规律。

2. 既有工程结构构件抗力的统计特点

既有工程结构抗力的不确定性，表现为未来继续使用阶段的随机性、当前时刻实际抗力的模糊性或未确知性。因为在结构设计、施工及当前时刻之前的使用过程中客观上的不确定性已不存在，当前时刻的抗力和状态在客观上是确定性的，只是难以确切量测而具有模糊性或未确知性。因此，在既有工程结构构件的抗力统计分析时，对那些客观条件许可及实测能得到的参数，当前时刻应作为确定量处理。既有结构构件抗力的推断统计，既要顾及设计阶段的计算抗力，更应注重当前时刻抗力和结构在未来的表现。推断方法包括根据现场实测数据推求，按照工程经验的理论分析等。

工程结构或构件的抗力随机过程的期望（或随机变量的均值）随使用时间下降，是抗力的主要特征之一。因此，与初始使用阶段相比，既有工程结构或构件的抗力应该会有所下降，抗力随机过程均值函数是单调递减函数。既有结构构件的抗力描述要考虑的另一个重要因素是其使用历史上存在的验证荷载（Proof Loads）。考虑这种验证荷载时，抗力实际上形成了一种截尾分布，Yozo Fujino 和 Niels C. Lind 早在 1977 年就较为系统地进行了这种截尾分布的影响分析，得出在不计及验证荷载对结构的损伤前提下使既有结构可靠度有所提高的结论。研究使用历史上存在过的验证荷载对既有结构构件抗力的影响，一般用经典 Bayesian 方法，或用模糊 Bayesian 方法考虑其验证荷载的模糊性。

既有工程结构构件的抗力也仍然可表示为材料性能、结构几何尺寸及计算模式不确定性等参数的函数。综合考虑各变量的随机性和计算模式的不确定性及初始抗力的随机性等，既有结构构件抗力的随机时变模型可表示为

$$R(t)=K_P R(x_1, x_2, \cdots, x_n) \tag{8-6}$$

式中，$R(t)$ 为抗力的随机过程；K_P 为计算模式的不确定性参数；$x_i(i=1, 2, \cdots, n)$ 为影响抗力的各随机变量。

不同环境条件下，式（8-6）的具体形式是相当复杂的，目前还无法给出结构或构件抗力随机过程的确切表达形式，但应认定这种形式的存在。不过，在一些基本假设的前提下，可根据剩余强度模型理论得出简化的抗力随机时变模型。基于随机时变剩余强度模型，结构或构件抗力 $R(t)$ 可表示为

$$R(t)=g(t)K_P R_P(t) \tag{8-7}$$

$$R_P(t)=R_P[g_{K_m}(t), K_m, g_{K_a}(t), K_a] \tag{8-8}$$

式中，$g(t)$ 为抗力 $R(t)$ 的确定性时变函数；K_P 为考虑计算模式不确定的随机参数，$K_P=R(t)/R_P(t)$；$R_P(t)$ 为计算抗力；$R(t)$ 为各时刻的抗力；K_m 为考虑材料实际强度与设计值之间的不确定性的随机参数；$g_{K_m}(t)$ 为 K_m 的确定性时变函数；K_a 为考虑构件几何尺寸的不确定性的随机参数；$g_{K_a}(t)$ 为 K_a 的确定性时变函数。

式（8-7）中的 $g(t)$，在假定疲劳性能不随结构性能变化而改变时，有

$$g(t)=1-\frac{tR_d\Delta}{E[R_P(t)K_P]} \tag{8-9}$$

式中，Δ 为初始时刻相对于抗力设计值的年损伤度（%）；R_d 为初始时刻抗力设计值。

若各随机时变变量相互独立，则 $R(t)$ 的统计量为

$$E[R(t)]=g(t)E[K_P]E[R_P(t)] \tag{8-10}$$

$$V[R(t)]=\sqrt{(V[K_P])^2+(V[R_P(t)])^2} \tag{8-11}$$

式中，$E[\cdot]$ 和 $V[\cdot]$ 分别为 $R(t)$ 的均值与变异系数函数。

上述的抗力随机时变模型，在实际应用中有一定困难。其中，各随机变量的时变函数要通过大量工程统计后获得，目前还很难做到；抗力的均值、方差和变异系数，即使可通过工程统计确定，但任意时点抗力之间的相关性，则需要对结构或构件抗力进行长期的跟踪测试才可获得；另外，均假定上述各变量之间相互独立，也与实际有较大出入，且该模型并没有充分利用既有工程结构或构件已有的历史信息。

虽然处于不同的环境不同形式的结构或构件，其抗力具体的衰减规律不同，但根据工程实际经验，在宏观上，工程结构或构件抗力的随机时变性及统计特征是有一定规律的。在不修复的前提下，结构构件抗力的随机时变性统计特征主要表现为：(1) 抗力均值函数为单调下降，且呈加速度衰减的趋势；(2) 考虑的时间越远，结构特性变化的随机性越大，抗力的方差函数为单调递增函数；(3) 抗力随机过程的自相关系数是时段起点、时段长度的单调降函数。

另外，任意时点的随机抗力的分布函数形式，由于各种影响因素对抗力影响的程度会随时间而变化，一些影响因素可能起主要作用而影响显著，既有结构构件的任意时点的抗力 $R(t_i)$ 能否按其建成时刻的分布函数形式则不能下肯定的结论。而按照平稳随机过程假设的抗力模型，继续服役期内的抗力随机性依赖于初始时刻抗力的随机性，其数字特征（如期望值、方差等）均与时间计算的起始点无关，这与结构抗力的任意两时点是相关的实际情况有较大的出入，但较为简单且可实现计算。

3. 既有工程结构构件抗力的分析方法

工程结构抗力的随机时变概率特性可通过随机过程的各阶矩近似地描述，而且所考虑的矩阶数越高越完整，对抗力随机时变的概率特性的描述则越全面。理论上，结构抗力随时间的变化是一维或多维非平稳非齐次随机过程，而其影响因素众多且作用机制复杂。但就目前的理论研究水平，要完整全面地反映这些影响因素并建立结构（构件）抗力的随机时变模型是很困难的，重要的原因之一是基础数据缺乏而且因素的作用机制并不完全清楚。在现有研究水平的基础上，可利用结构现有的检测信息建立比较简单而且可实现的抗力模型，使估计的抗力能尽量与实际相符。

除非进行维修加固，结构或其构件的抗力随时间的变化是一个不可逆过程；在结构的整个生命期，有些情况下结构的抗力会随时间而增长（如建设初期的施工阶段，混凝土强度在初期随龄期增长而抗力提高）。进入使用阶段，由于外界自然环境和使用环境的作用，结构抗力将逐渐降低，尤其是处于严酷环境下的结构抗力。

影响结构抗力的降低因素可大致分成三个方面，即荷载作用、环境作用和结构材料内部的作用。图 8-1（a）是结构的抗力和荷载效应随时间的变化过程；图 8-1（b）是相应的风险函数曲线。

图 8-1 中，t_0 为建成投入使用的时刻，t_1 为发生一次加载时刻，T 为结构的设计基准期，$L(t)$ 为结构寿命（随机变量），$h(t)$ 为风险函数，N_T 为设计基准期 T 对应的结构设计使用期。图 8-1（a）中 $f_R(r)$ 和 $f_S(s)$ 是结构抗力随机过程 R 及荷载效应随机过程 S 的截口随机变量的概率密度函数。

由于材料的组成和外界环境的影响不同，以及缺乏系统的数据等原因，考虑结构抗力随时间退化的随机时变可靠性计算离实用阶段尚有一定的距离。尽管结构自然老化或疲劳

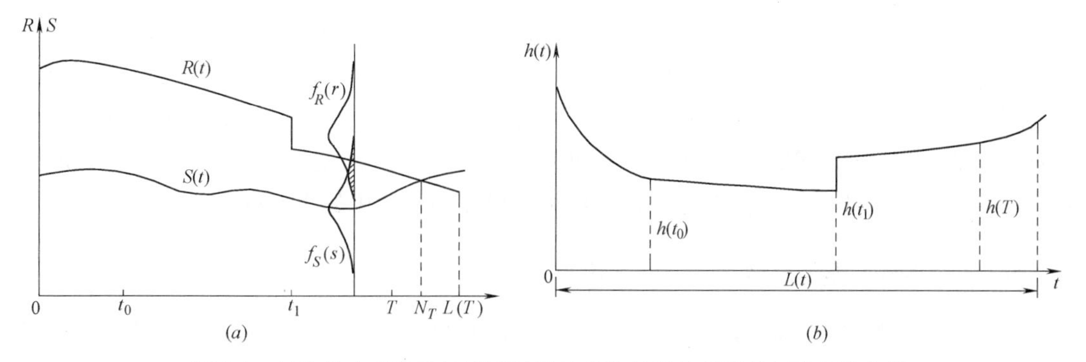

图 8-1 结构抗力和荷载效应随时间的变化过程及相应的风险函数曲线

(*a*) 抗力 *R* 与荷载效应 *S* 随时间的变化过程；(*b*) 相应的风险函数曲线

损伤造成的由外界因素引起的结构抗力下降（缓变）是有一定规律的，而在某一次自然灾害之后抗力下降（陡变）的规律则很难获得。除个别处于非常严酷的使用环境和使用条件的结构外，结构性能的劣化和抗力衰减是一个极其缓慢的过程，要获得其准确资料受试验条件和时间等限制。而且需要特别指出的是，既有结构的具体情况不同（如所处的环境不同），其抗力变化的具体规律也各不相同，一般不能用从大量的工程实践中得到的结构抗力衰减模型来反映一个处于特定环境下的具体结构的抗力变化规律。

考虑工程结构抗力随时间的变化，按照简单的平稳随机过程，有

$$R(t)=\alpha(t)R_0(t) \tag{8-12}$$

式中，$R(t)$ 为抗力的平稳随机过程；$\alpha(t)$ 为确定性的函数；$R_0(t)$ 为初始抗力的平稳随机过程。

$\alpha(t)$ 与结构形式、环境因素等有关，目前还没有统一的方式表达。

也可将结构或构件的抗力随机过程表示为

$$R(t)=K_P R_P(t) \tag{8-13}$$

式中，K_P 为描述计算模式不确定性的随机变量；$R_P(t)$ 为结构计算的抗力随机过程。

由于存在材料性能的不确定性、结构的几何参数的不确定性等，式（8-13）的 $R_P(t)$ 中也存在相应的不确定性，将这两种不确定性反映在 $R_P(t)$ 中，则 $R_P(t)$ 可表达为

$$R_P(t)=R[m(t),A(t)] \tag{8-14}$$

式中，$m(t)$ 为材料性能；$A(t)$ 为相应的几何参数，均是时间 t 的函数。

尽管式（8-14）的形式比较简单，但要获得具体结构的 $R_P(t)$ 表达式仍然非常困难。

从理论上讲，作为客观存在的结构，决定其抗力的各种物理量在当前的时刻是可测的确定性物理量，但实际上由于技术及量测误差等原因会存在随机性或模糊性，这是既有工程结构抗力的另一个特点。既有工程结构当前时刻抗力的统计特征，是推求其未来继续服役基准期内抗力随机时变性的基础。

目前，工程结构抗力的简化和实用时变模型主要包括：(1) 用某类确定性函数或不确定性函数表示的随时间变化的衰减，将非平稳随机过程平稳化的平稳随机过程模型，其中有用两个参数形式的衰减函数并考虑各构件抗力相关性的模型。(2) 简化并考虑各时点相关性的独立增量随机过程。(3) 直接转化为各阶段（或陡变点）的随机变量。其中，独立增量过程是用当前时刻的实测值（随机过程在当前时刻的截口随机变量）对设计抗力随机

过程模型的修正，假定的是建成时刻的抗力随机过程，再用实测值去修正，从而形成既有结构或构件在未来继续使用阶段的抗力随机过程模型；直接转化成随机变量的抗力模型，是用随机过程的某时刻的截口随机变量替代随机过程，但不能充分反映抗力各时刻相关性等概率特征。如何从既有结构抗力实测形成的统计样本的分析结果，推求其抗力随机过程或随机变量及其统计参数，仍然是既有工程结构可靠性评价中的重要内容之一。

8.2.2 既有工程结构构件抗力的随机过程

若不考虑量测误差，既有结构在可靠性评价的目标期起点时刻 τ_0'(即当前时刻）处的抗力，客观上应是一个确定性的参数。既有结构相当于是拟建结构的样本实现，在继续服役目标期［τ_0'，$\tau_0'+T'$］内的抗力必须充分考虑这一实测值的影响。

同一个结构或构件，拟建结构阶段与服役阶段的抗力之间应存在一定的联系，从统计的意义上来说，既有结构或构件在当前时刻 τ_0'处的抗力量测值 $r(\tau_0')$（确定量）应等于拟建结构设计抗力随机过程 $R_0(t)$ 在相同时刻 τ_0'处抗力 $R_0(\tau_0')$（为截口随机变量）均值函数值，即 $r(\tau_0')=E[R_0(\tau_0')]$。但实际上，$E[R_0(\tau_0')]$ 是与实测值 $r(\tau_0')$ 有一定差距的。

1. 当前时刻抗力为确定值的既有结构抗力的独立增量过程

结构或构件在各时点的抗力之间是相关的，但是分析这种相关性很困难。为避免分析结构或构件抗力之间的自相关性，可假设各时刻的抗力增量之间相互独立，以此为条件建立其随机过程模型，即抗力的独立增量过程。

设拟建结构抗力随机过程为 $R_0(t)$，其样本实现，即既有结构在 τ_0'处的抗力值实测为确定量 $r(\tau_0')$，则该结构服役期的抗力随机过程 $R(t)([\tau_0',\tau_0'+T'])$ 为

$$R(t)=r(\tau_0')+[R_0(t)-R_0(\tau_0')] \tag{8-15}$$

式（8-15）的含义为，$R(t)$ 在 $t\in[\tau_0',\tau_0'+T']$ 内是根据当前时刻实测抗力值 $r(\tau_0')$ 对 $R_0(t)$ 的修正。这时 $R(t)$ 的均值函数为

$$E[R(t)]=r(\tau_0')+E[R_0(t)]-E[R_0(\tau_0')] \tag{8-16}$$

而 $R(t)$ 的方差函数为

$$D[R(t)]=D[R_0(t)]+D[R_0(\tau_0')]-2\mathrm{Cov}[R_0(t),R_0(\tau_0')] \tag{8-17}$$

从式（8-17）可知，既有结构抗力的方差函数涉及的不仅是拟建结构抗力的方差函数，而且与拟建结构抗力的相关系数（或协方差函数）有关。

式（8-17）中的协方差函数 Cov［R_0（t），R_0（τ_0')］为

$$\mathrm{Cov}[R_0(t),R_0(\tau_0')]=\rho_0[R_0(t),R_0(\tau_0')]\sqrt{D[R_0(t)]D[R_0(\tau_0')]} \tag{8-18}$$

则有

$$D[R(t)]=D[R_0(t)]+D[R_0(\tau_0')]-2\rho_0[R_0(t),R_0(\tau_0')]\sqrt{D[R_0(t)]D[R_0(\tau_0')]} \tag{8-19}$$

设拟建结构抗力 $R_0(t)$ 为独立增量过程，由独立增量过程的性质可知

$$\rho_0[R_0(t),R_0(\tau_0')]=\sqrt{\frac{D[R_0(\tau_0')]}{D[R_0(t)]}} \tag{8-20}$$

将式（8-20）代入式（8-19），有

$$D[R(t)]=D[R_0(t)]-D[R_0(\tau_0')] \tag{8-21}$$

为求 $R(t)$ 的自相关系数，设 $R(t)$ 也为独立增量过程，且令

$$R(t+\Delta t)=[R(t+\Delta t)-R(t)]+[R(t)-0] \tag{8-22}$$

则有

$$\begin{aligned} D[R(t+\Delta t)]&=D[R(t+\Delta t)-R(t)]+D[R(t)] \\ &=D[R(t+\Delta t)]+2D[R(t)]-2\mathrm{Cov}[R(t+\Delta t),R(t)] \end{aligned} \tag{8-23}$$

既有结构抗力的协方差为

$$\mathrm{Cov}[R(t+\Delta t),R(t)]=D[R(t)] \tag{8-24}$$

则，既有结构抗力之间的自相关系数为

$$\begin{aligned} \rho[R(t+\Delta t),R(t)]&=\frac{\mathrm{Cov}[R(t+\Delta t),R(t)]}{\sqrt{D[R(t+\Delta t)]\cdot D[R(t)]}} \\ &=\sqrt{\frac{D[R_0(t)]-D[R_0(\tau_0')]}{D[R_0(t+\Delta t)]-D[R_0(\tau_0')]}} \end{aligned} \tag{8-25}$$

拟建结构抗力随机过程 $R_0(t)$ 按独立增量过程，其自相关系数为

$$\rho_0[R_0(t+\Delta t),R_0(t)]=\sqrt{\frac{D[R_0(t)]}{D[R_0(t+\Delta t)]}} \tag{8-26}$$

比较式（8-25）和式（8-26）可知，$t\geqslant\tau_0'$区段内的相关系数，服役阶段比拟建结构小，这是因为式（8-15）是假定既有结构的抗力增量与拟建结构相应时段的抗力增量相同的原因产生的，从而降低了既有结构抗力之间的相关性。但实际情况是，既有结构抗力之间相关性应比相应的拟建结构抗力之间相关性大，因为已成为实体的既有结构之间的抗力联系更紧密。故既有结构抗力相关系数的计算仍按拟建结构抗力相关系数的计算公式，即式（8-26）近似计算，但时间起点自 τ_0'处。

这样，根据式（8-16）、式（8-21）和式（8-26），若已知当前时刻 τ_0'处的实测抗力值（非随机变量）和拟建结构的抗力均值及方差函数，则可求出既有结构在未来 $t\in[\tau_0', \tau_0'+T']$ 时段内的均值和方差及自相关系数。注意到在 τ_0'处，方差 $D[R(t)]$ 为零，表示在 τ_0' 处 $R(t)$ 是确定性的抗力值，而非随机变量。若拟建结构抗力的方差函数是指数函数，如 $D[R_0(t)]=\exp\{at^2+bt+c\}$，只要 $a>0$，则 ρ_0 即为 t 的单调降函数，即为时间起点的单调降函数。

2. 既有结构抗力增量之间相关性的近似分析

上述的既有结构抗力的独立增量随机过程概率模型，在分析过程中假设拟建及服役结构的抗力都是独立增量过程。下面分析这种抗力的随机过程增量之间的相关性。

设既有结构抗力随机过程为 $R(t)$，分析增量 $R(t_{i+1})-R(t_i)$ 与 $R(t_i)-R(t_{i-1})$ 之间相关性。据第 2 章概率论知识，有

$$\rho=\frac{\mathrm{Cov}[R(t_{i+1})-R(t_i),R(t_i)-R(t_{i-1})]}{\sqrt{D[R(t_{i+1})-R(t_i)]\cdot D[R(t_i)-R(t_{i-1})]}} \tag{8-27}$$

根据第 2 章的概率论知识，协方差为

$$\begin{aligned} &\mathrm{Cov}[R(t_{i+1})-R(t_i),R(t_i)-R(t_{i-1})] \\ &=\mathrm{Cov}[R(t_{i+1}),R(t_i)-R(t_{i-1})]-\mathrm{Cov}[R(t_i),R(t_i)-R(t_{i-1})] \\ &=\mathrm{Cov}[R(t_{i+1}),R(t_i)]-\mathrm{Cov}[R(t_{i+1}),R(t_{i-1})]-\mathrm{Cov}[R(t_i),R(t_i)]+\mathrm{Cov}[R(t_i),R(t_{i-1})] \\ &=\rho[R(t_{i+1}),R(t_i)]\cdot\sqrt{D[R(t_{i+1})]D[R(t_i)]}-\rho[R(t_{i+1}),R(t_{i-1})]\sqrt{D[R(t_{i+1})]D[R(t_{i-1})]} \\ &\quad-\rho[R(t_i),R(t_i)]\cdot\sqrt{D[R(t_i)]D[R(t_i)]}+\rho[R(t_i),R(t_{i-1})]\sqrt{D[R(t_i)]D[R(t_{i-1})]} \end{aligned} \tag{8-28}$$

为简化起见，可写成

$$
\begin{aligned}
&\mathrm{Cov}[R(t_{i+1})-R(t_i),R(t_i)-R(t_{i-1})]\\
&=\rho_{i+1,i}\sqrt{D_{i+1}D_i}-\rho_{i+1,i-1}\sqrt{D_{i+1}D_{i-1}}-\rho_{i,i}D_i+\rho_{i,i-1}\sqrt{D_iD_{i-1}}\\
&=\rho_{i+1,i}\sqrt{D_{i+1}D_i}-\rho_{i+1,i-1}\sqrt{D_{i+1}D_{i-1}}-D_i+\rho_{i,i-1}\sqrt{D_iD_{i-1}}
\end{aligned}
\tag{8-29}
$$

式中，$\rho_{i+1,i}$表示$R(t_{i+1})$与$R(t_i)$之间的相关系数；D_{i+1}表示$R(t_{i+1})$的方差，其余类推。

再根据概率论知识，可求得

$$
\begin{aligned}
D[R(t_{i+1})-R(t_i)]&=D[R(t_{i+1})]+D[R(t_i)]-2\mathrm{Cov}[R(t_{i+1}),R(t_i)]\\
&=D_{i+1}+D_i-2\rho_{i+1,i}\sqrt{D_{i+1}D_i}
\end{aligned}
\tag{8-30a}
$$

$$
D[R(t_i)-R(t_{i-1})]=D_i+D_{i-1}-2\rho_{i,i-1}\sqrt{D_iD_{i-1}}
\tag{8-30b}
$$

因此，有

$$
\begin{aligned}
&\rho[R(t_{i+1})-R(t_i),R(t_i)-R(t_{i-1})]\\
&=\frac{\rho_{i+1,i}\sqrt{D_iD_{i+1}}-\rho_{i+1,i-1}\sqrt{D_{i+1}D_{i-1}}-D_i+\rho_{i,i-1}\sqrt{D_iD_{i-1}}}{\sqrt{(D_{i+1}+D_i-2\rho_{i+1,i}\sqrt{D_{i+1}D_i})(D_i+D_{i-1}-2\rho_{i,i-1}\sqrt{D_iD_{i-1}})}}
\end{aligned}
\tag{8-31}
$$

式（8-31）中，除$\rho_{i+1,i-1}$未知外，其余各值均可由上述抗力独立增量过程求出。$\rho_{i+1,i-1}$可按算术平均值给出，即$\rho_{i+1,i-1}=0.5\times(\rho_{i+1}+\rho_{i-1})$。这样，就可以近似分析抗力增量之间的相关性。从公式（8-31）可知，抗力增量之间的相关性与相邻三个时刻（t_i，t_{i+1}，t_{i-1}）的方差及其相互间的相关系数确定。分析计算表明，抗力增量间的相关性要比抗力之间的相关性低，相关系数要小得多，尤其是离当前时刻（τ_0'）越远的抗力增量之间相关性越弱，且绝大部分是正相关。由此，设既有结构抗力的随机过程为独立增量过程是比较合适的。

3. 当前时刻抗力为随机变量的既有结构抗力的独立增量过程

上述的既有结构抗力的独立增量过程模型，其当前时刻（后续目标期起点）τ_0'的抗力是确定值。结构或构件抗力的计算公式一般可由各个影响因子（即基本随机变量）表示，因此，当前时刻抗力一般会存在随机性；即使抗力是由一批相同结构形式、相似荷载和自然环境下的构件（如建筑物中同类型的一批梁）的抗力样本值统计推断的，当前时刻抗力在理论上也存在随机性。分析既有结构在未来目标期内的抗力，须充分考虑这一实测样本值的随机性。因此，下面分析当前时刻的抗力是随机变量时的服役结构抗力独立增量随机过程。

设当前时刻τ_0'处的抗力$R(\tau_0')$是一个随机变量，其均值为$E[R(\tau_0')]$，方差为$D[R(\tau_0')]$，既有结构的抗力随机过程为$R(t)$。设计的拟建结构的抗力随机过程为$R_0(t)$，其均值函数为$E[R_0(t)]$，方差函数为$D[R_0(t)]$。当前时刻τ_0'处的抗力$R(\tau_0')$的均值$E[R(\tau_0')]$和方差$D[R(\tau_0')]$，在统计意义和理论上，应分别等于设计结构的抗力$R_0(t)$在当前时刻τ_0'的均值函数值$E[R_0(\tau_0')]$和方差$D[R_0(\tau_0')]$，但实际上是不可能。故设既有结构抗力随机过程$R(t)$为

$$
R(t)=R(\tau_0')+[R_0(t)-R_0(\tau_0')]
\tag{8-32}
$$

则既有结构抗力随机过程$R(t)$的均值函数$E[R(t)]$和方差函数$D[R(t)]$分别为

$$
E[R(t)]=E[R(\tau_0')]+E[R_0(t)]-E[R_0(\tau_0')]
\tag{8-33}
$$

$$D[R(t)]=D[R(\tau_0')]+D[R_0(t)]+D[R_0(\tau_0')]-2\mathrm{Cov}[R_0(t),R_0(\tau_0')] \tag{8-34}$$

式中，$\mathrm{Cov}[R_0(t),R_0(\tau_0')]$ 为结构设计抗力的协方差函数，其与设计抗力的自相关系数函数 $\rho_0[R_0(t),R_0(\tau_0')]$ 有关。

式（8-34）中的 $R(t)$ 与 $R_0(t)$ 是相互独立的随机过程。结构设计抗力中的协方差函数 $\mathrm{Cov}[R_0(t),R_0(\tau_0')]$ 计算仍然为式（8-18）。将公式（8-18）代入公式（8-34）中，则有

$$D[R(t)]=D[R(\tau_0')]+D[R_0(t)]+D[R_0(\tau_0')]-2\rho_0[R_0(t),R_0(\tau_0')]\sqrt{D[R_0(t)]\cdot D[R_0(\tau_0')]} \tag{8-35}$$

设 $R_0(t)$ 为独立增量过程，由独立增量过程的性质可知，$R_0(t)$ 在［τ_0'，$\tau_0'+T'$］内的相关系数函数 $\rho_0[R_0(t),R_0(\tau_0')]$ 也仍然是式（8-20）。将式（8-20）代入公式（8-35），则有

$$D[R(t)]=D[R(\tau_0')]+D[R_0(t)]-D[R_0(\tau_0')] \tag{8-36}$$

式（8-33）和式（8-36）即为结构在继续服役期［τ_0'，$\tau_0'+T'$］内抗力的均值函数和方差函数。

设 $R(t)$ 也为独立增量过程，且令 $R(t+\Delta t)=[R(t+\Delta t)-R(t)]+[R(t)-0]$，将其取方差，并由独立增量过程性质，仍然有式（8-23）；其中的协方差函数 $\mathrm{Cov}[R(t+\Delta t),R(t)]$ 仍然为式（8-24），则 $R(t)$ 的自相关系数函数为

$$\rho[R(t+\Delta t),R(t)]=\frac{\mathrm{Cov}[R(t+\Delta t),R(t)]}{\sqrt{D[R(t+\Delta t)]\cdot D[R(t)]}}=\sqrt{\frac{D[R(\tau_0')]+D[R_0(t)]-D[R_0(\tau_0')]}{D[R(\tau_0')]+D[R_0(t+\Delta t)]-D[R_0(\tau_0')]}}=\sqrt{\frac{D[R(t)]}{D[R(t+\Delta t)]}} \tag{8-37}$$

以上的式（8-33）、式（8-36）和式（8-37）是在已知结构的设计抗力随机过程的均值函数和方差函数及当前时刻抗力实测样本值（随机变量）的前提下，既有结构抗力在未来继续服役期内的均值、方差和自相关系数函数的推求公式。若在当前时刻实测抗力为确定值，即 $E[R(\tau_0')]=r_0(\tau_0')$、$D[R(\tau_0')]=0$ 时，上述公式即退化为式（8-16）、式（8-21）和式（8-26）。

8.2.3 考虑验证荷载的既有工程结构构件抗力估计

作为客观存在的实体，既有结构不同于拟建结构的最重要特征之一是在使用过程中已承受了某些荷载作用，即存在验证荷载（Proof Loads）。因此，既有结构及其构件的可靠性分析时，应考虑验证荷载对结构抗力的影响。验证荷载是结构建成使用（服役）后到当前时刻的使用期间曾受到的最大荷载，或进行某一水平的验证荷载试验（Proof Load Test），故既有结构或构件的抗力则是某一截尾分布。早期的研究是将验证荷载作为一个确定量处理，但由于实际工程中验证荷载及其效应往往也存在随机性，并且还可能是两种及以上的荷载组合效应。

1. 考虑确定性的验证荷载时既有结构抗力的估计

确定性验证荷载对既有结构抗力的分布及其可靠性影响讨论较多。对含有测量误差的相关非验证样本与验证样本，也可得到抗力后验分布函数；抗力的先验分布不同，验证荷

载对其后验分布的影响必然不同。

假定既有结构或构件受到荷载效应 R_P 的作用后未破坏，说明现存结构或构件的抗力 $R>R_P$。抗力 R 的分布函数由 $F_R(x)$ 变为 $F_R^P(x)$，概率密度函数由 $f_R(x)$ 变为 $f_R^P(x)$，即服从某一截尾分布。若所承受的荷载效应不降低结构的抗力，这时既有结构或构件的失效概率为：

$$P_f^P=\int_{R_P}^{+\infty}f_s(x)F_R^P(x)\mathrm{d}x \tag{8-38}$$

此时，抗力的概率密度函数为

$$\begin{cases}f_R^P(x)=\dfrac{f_R(x)}{[1-F_R(R_P)]},x\geqslant R_P\\ f_R^P(x)=0, \qquad\qquad\qquad x<R_P\end{cases} \tag{8-39}$$

抗力的分布函数则为

$$\begin{cases}F_R^P(x)=\dfrac{F_R(x)-F_R(R_P)}{1-F_R(R_P)},x\geqslant R_P\\ F_R^P(x)=0, \qquad\qquad\qquad x<R_P\end{cases} \tag{8-40}$$

根据均值与方差的定义，既有结构或构件的抗力均值和方差分别为

$$\mu_R^P=\int_{-\infty}^{+\infty}xf_R^P(x)\mathrm{d}x=\frac{\mu_R-\int_{-\infty}^{R_P}xf_R(x)\mathrm{d}x}{1-F_R(R_P)} \tag{8-41}$$

$$\begin{aligned}D_R^P&=\int_{-\infty}^{+\infty}(x-\mu_R^P)^2f_R^P(x)\mathrm{d}x=\int_{-\infty}^{+\infty}(x-\mu_R^P)^2\frac{f_R(x)}{1-F_R(R_P)}\mathrm{d}x\\&=\frac{D_R+(\mu_R^P-\mu_R)^2-\int_{-\infty}^{R_P}(x-\mu_R^P)^2f_R(x)\mathrm{d}x}{1-F_R(R_P)}\end{aligned} \tag{8-42}$$

式中，μ_R 和 D_R 分别为抗力先验分布的均值和方差。

若工程结构或构件的抗力为正态和对数正态分布，因其先验分布不同，则其后验分布的参数不同。

（1）抗力的先验分布为正态分布时

若抗力 R 的先验分布为正态分布 $N(\mu_R,\sigma_R^2)$，则其经 R_P 验证后的均值 μ_R^P 为

$$\mu_R^P=\frac{\mu_R-\int_{-\infty}^{R_P}xf_R(x)\mathrm{d}x}{1-\Phi\left[\dfrac{R_P-\mu_R}{\sigma_R}\right]} \tag{8-43}$$

方差 D_R^P 为

$$D_R^P=\frac{D_R+(\mu_R^P-\mu_R)^2-\int_{-\infty}^{R_P}(x-\mu_R^P)^2f_R(x)\mathrm{d}x}{1-\Phi\left[\dfrac{R_P-\mu_R}{\sigma_R}\right]} \tag{8-44}$$

式中，$\Phi[\cdot]$ 为标准正态分布函数，$f_R(x)$ 为抗力的先验（正态）分布密度函数。

由式（8-43）和式（8-44）可知，考虑受验证荷载效应 R_P 作用之后，既有结构或构件抗力的均值与方差，都随 R_P 与 μ_R 的接近程度而改变，可以由数值积分方法求得。

（2）抗力的先验分布为对数正态分布时

若抗力 R 的先验为对数正态分布，其均值和方差及变异系数分别为 μ_R、D_R 和 δ_R，则经 R_P 验证之后抗力的均值 μ_R^P 为

$$\mu_R^P=\frac{\mu_R-\int_{-\infty}^{R_P}xf_R(x)\mathrm{d}x}{1-\Phi\left[\frac{\ln R_P-\lambda_R}{\xi_R}\right]} \tag{8-45}$$

抗力的方差 D_R^P 为

$$D_R^P=\frac{D_R+(\mu_R^P-\mu_R)^2-\int_{-\infty}^{R_P}(x-\mu_R^P)^2f_R(x)\mathrm{d}x}{1-\Phi\left[\frac{\ln R_P-\lambda_R}{\xi_R}\right]} \tag{8-46}$$

式中，$f_R(x)$ 为 R 的先验（对数正态）分布密度函数，其分布参数与统计参数关系为

$$\lambda_R=\ln\left[\frac{\mu_R}{\sqrt{1+\delta_R^2}}\right],\quad \xi_R=\sqrt{\ln[1+\delta_R^2]} \tag{8-47}$$

分析的结果表明，较小的验证荷载 R_P 对 R 的后验分布的数字特征没有影响；验证荷载 R_P 达到 $85\%\mu_R$ 时开始影响既有结构抗力 R，R_P 越接近 μ_R，则影响越大；不同分布的 R，总趋势都是随 R_P 的增加而既有结构的抗力均值增加、方差与变异系数减小，将使得经过 R_P 验证后的既有结构或构件的可靠性指标增加。若抗力随机过程 $R(t)$ 在建成后若干年内有其实测值，且结构在已服役期又经历过确定性的验证荷载 R_P 的作用，那么，可将上述方法与独立增量过程分析方法结合，以推求未来目标期内抗力的统计数字特征及相关性。

2. 考虑验证荷载随机性时既有结构抗力的估计

实际上，验证荷载也是存在随机性的。设验证荷载为随机变量 Q^*，且 Q^* 作用之后结构未受破坏，不考虑 Q^* 作用后结构抗力的降低，Q^* 作用之前 R 的分布函数为 $F_R(x)$，密度函数为 $f_R(x)$。根据条件概率，R 的后验分布函数 $F_R^*(x)$ 为

$$F_R^*(x)=P\{R\leqslant x|R-Q^*>0\}=\frac{P\{R\leqslant x,R-Q^*>0\}}{P\{R-Q^*>0\}} \tag{8-48}$$

其中

$$P\{R\leqslant x,R-Q^*>0\}=\iint_{D_1}f(u,v)\mathrm{d}\sigma=\int_{-\infty}^{x}\mathrm{d}u\int_{-\infty}^{u}f(u,v)\mathrm{d}v \tag{8-49}$$

$$P\{R-Q^*>0\}=\iint_{D_2}f(x,y)\mathrm{d}\sigma=\int_{-\infty}^{+\infty}\mathrm{d}x\int_{-\infty}^{x}f(x,y)\mathrm{d}y \tag{8-50}$$

式（8-49）和式（8-50）中，$f(x,y)$ 为 R 与 Q^* 的联合概率分布密度函数，D_1 和 D_2 的积分区域如图 8-2 所示。

若 R 与 Q^* 相互独立，有

$$f(x,y)=f_R(x)f_{Q^*}(y) \tag{8-51}$$

则有

$$\begin{aligned}P\{R\leqslant x,R-Q^*>0\}&=\int_{-\infty}^{x}\left[\int_{-\infty}^{u}f_R(u)f_{Q^*}(v)\mathrm{d}v\right]\mathrm{d}u\\&=\int_{-\infty}^{x}[f_R(u)\int_{-\infty}^{u}f_{Q^*}(v)\mathrm{d}v]\mathrm{d}u=\int_{-\infty}^{x}F_{Q^*}(u)f_R(u)\mathrm{d}u\end{aligned} \tag{8-52}$$

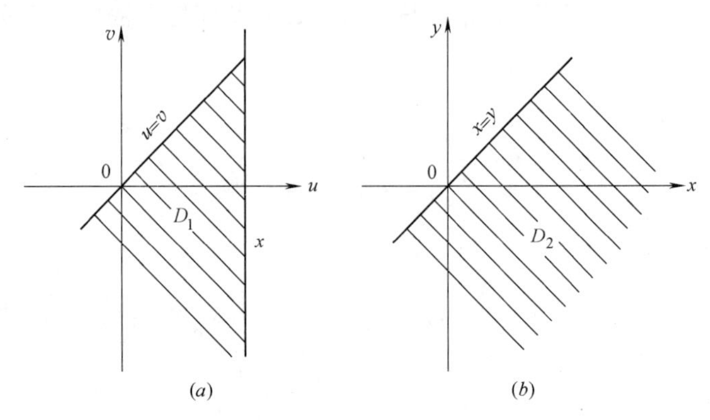

图 8-2　联合概率分布 $f(x, y)$ 的积分区域示意图

$$P\{R-Q^{*}>0\}=\int_{-\infty}^{+\infty}[f_{R}(x)\int_{-\infty}^{x}f_{Q^{*}}(y)\mathrm{d}y]\mathrm{d}x=\int_{-\infty}^{+\infty}f_{R}(x)F_{Q^{*}}(x)\mathrm{d}x \tag{8-53}$$

则式（8-48）改写为

$$F_{R}^{*}(x)=\frac{\int_{-\infty}^{x}F_{Q^{*}}(u)f_{R}(u)\mathrm{d}u}{\int_{-\infty}^{+\infty}f_{R}(x)F_{Q^{*}}(x)\mathrm{d}x} \tag{8-54}$$

此时，抗力 R 的后验分布密度函数为

$$f_{R}^{*}(x)=[F_{R}^{*}(x)]'=\frac{F_{Q^{*}}(x)f_{R}(x)}{\int_{-\infty}^{+\infty}f_{R}(x)F_{Q^{*}}(x)\mathrm{d}x} \tag{8-55}$$

式中，$F_{Q^{*}}(x)$ 为 Q^{*} 的分布函数。

根据均值与方差的定义，有抗力 R 的后验分布均值 μ_{R}^{*} 为

$$\mu_{R}^{*}=\int_{-\infty}^{+\infty}xf_{R}^{*}(x)\mathrm{d}x=\frac{\int_{-\infty}^{+\infty}xf_{R}(x)F_{Q^{*}}(x)\mathrm{d}x}{\int_{-\infty}^{+\infty}f_{R}(x)F_{Q^{*}}(x)\mathrm{d}x} \tag{8-56}$$

方差 D_{R}^{*} 为

$$D_{R}^{*}=\int_{-\infty}^{+\infty}(x-\mu_{R}^{*})^{2}f_{R}^{*}(x)\mathrm{d}x=\frac{\int_{-\infty}^{+\infty}(x-\mu_{R}^{*})^{2}f_{R}(x)F_{Q^{*}}\mathrm{d}x}{\int_{-\infty}^{+\infty}f_{R}(x)F_{Q^{*}}(x)\mathrm{d}x} \tag{8-57}$$

式（8-56）和式（8-57）即为考虑验证荷载随机性时，既有结构或构件的抗力 R 数字特征的计算公式。上述公式也可由 Bayes 定理得出。对建筑结构中抗力 R 与验证荷载 Q^{*} 常用的分布函数（一般为极值Ⅰ型分布），可给出其具体的计算公式。

（1）抗力 R 为正态分布

若 R 为正态分布，而随机性验证荷载 Q^{*} 为极值Ⅰ型分布，则由式（8-55），有

$$f_{R}^{*}(x)=\frac{\frac{1}{\sqrt{2\pi}\sigma_{R}}\exp\left[-\frac{1}{2}\left(\frac{x-\mu_{R}}{\sigma_{R}}\right)^{2}\right]\exp\{-\exp[-\alpha(x-k)]\}}{\frac{1}{\sqrt{2\pi}\sigma_{R}}\int_{-\infty}^{+\infty}\exp\left[-\frac{1}{2}\left(\frac{x-\mu_{R}}{\sigma_{R}}\right)^{2}\right]\exp\{-\exp[-\alpha(x-k)]\}\mathrm{d}x}$$

$$=\frac{\exp\left\{-\frac{1}{2}\left[\left(\frac{x-\mu_R}{\sigma_R}\right)^2+2\exp[-\alpha(x-k)]\right]\right\}}{\int_{-\infty}^{+\infty}\exp\left\{-\frac{1}{2}\left[\left(\frac{x-\mu_R}{\sigma_R}\right)^2+2\exp[-\alpha(x-k)]\right]\right\}\mathrm{d}x} \tag{8-58}$$

将上式代入式（8-56）和式（8-57），即可计算在随机性验证荷载 Q^* 验证后，既有结构或构件的抗力统计参数 μ_R^* 和 D_R^*。式（8-58）中，α 与 k 为极值Ⅰ型分布的验证荷载 Q^* 分布参数，$\alpha=\sigma_{Q^*}/1.2825$，$k=\mu_{Q^*}-0.5772\alpha$。

（2）抗力 R 为对数正态分布

若 R 为对数正态分布，随机性验证荷载 Q^* 为极值Ⅰ型分布，则由式（8-55），有

$$f_R^*(x)=\frac{\frac{1}{\sqrt{2\pi}\xi x}\exp\left[-\frac{1}{2}\left(\frac{\ln x-\lambda}{\xi}\right)^2\right]\exp\{-\exp[-\alpha(x-k)]\}}{\frac{1}{\sqrt{2\pi}\xi}\int_0^{+\infty}\frac{1}{x}\exp\left[-\frac{1}{2}\left(\frac{\ln x-\lambda}{\xi}\right)^2\right]\exp\{-\exp[-\alpha(x-k)]\}\mathrm{d}x}$$

$$=\frac{\frac{1}{x}\exp\left\{-\frac{1}{2}\left[\left(\frac{\ln x-\lambda}{\xi}\right)^2-\exp[-\alpha(x-k)]\right]\right\}}{\int_0^{+\infty}\frac{1}{x}\exp\left\{-\frac{1}{2}\left[\left(\frac{\ln x-\lambda}{\xi}\right)^2-\exp[-\alpha(x-k)]\right]\right\}\mathrm{d}x} \tag{8-59}$$

因此，可用式（8-56）和式（8-57）计算既有结构或构件抗力的统计参数 μ_R^* 和 D_R^*。上式中的 ξ 与 λ 为对数正态分布 $F_R(x)$ 的分布参数；α 与 k 为极值Ⅰ型分布 $F_{Q^*}(x)$ 的分布参数。

分析的结果表明，验证荷载对抗力截尾分布的影响很明显；无论假设 R 为何种分布，随着 Q^* 的均值增大，其影响越大；一般在 Q^* 的均值为 R 的设计均值85%左右开始影响既有结构抗力的后验分布参数。既有结构抗力的先验分布类型对其后验分布的数字特征影响不大，其后验分布的数字特征取决于随机性验证荷载的数字特征。因此，若考虑既有结构经历过较大的验证荷载，在不计其对抗力衰减的影响时，将比较显著提高既有结构或构件的计算可靠度。

另外，若 R 与 Q^* 相关，则随着其相关系数 ρ 的增大，既有结构抗力的后验分布密度函数 $f_R^*(x)$ 正偏程度加大，众值分布密度显著提高。但一般地，R 与 Q^* 的相关性是比较小的。若 R 与 Q^* 相关，如果两者均为正态分布，此时的 R 与 Q^* 的联合概率分布密度函数为

$$f(x,y)=\frac{1}{2\pi\sigma_R\sigma_{Q^*}\sqrt{1-\rho^2}}\exp\left\{-\frac{1}{2(1-\rho^2)}\left[\frac{(x-\mu_R)^2}{\sigma_R^2}-2\rho\frac{(x-\mu_R)(y-\mu_{Q^*})}{\sigma_R\sigma_{Q^*}}+\frac{(y-\mu_{Q^*})^2}{\sigma_{Q^*}^2}\right]\right\} \tag{8-60}$$

此时，代入式（8-48）～式（8-50）运算即可。但一般情况下，R 与 Q^* 的联合概率分布密度函数 $f(x,y)$ 的分析很困难。

3. 考虑两种非灾害性的随机验证荷载时既有结构抗力的估计

以上讨论的随机性验证荷载仅为一种随机荷载 Q^*，相当于对工程结构中的活荷载的验证。但是，由于一些结构或结构构件的活荷载效应在荷载组合效应中所占的比例并不大，当荷载效应的标准值之比 ρ 仅为 0.10 时，仅由可变荷载效应来验证既有结构抗力可能产生较大误差。因此，下面讨论两种非灾害性的随机验证荷载对既有结构抗力后验分布

的数字特征的影响，即存在两种随机性验证荷载时既有结构抗力的估计。

设验证荷载效应是可变荷载 Q^* 和永久荷载 G^* 的组合效应，且设 Q^* 和 G^* 共同组合作用后结构未受破坏，不考虑 Q^* 和 G^* 作用后结构抗力的降低。Q^* 和 G^* 作用之前，抗力 R 的分布函数为 $F_R(x)$，密度函数为 $f_R(x)$。根据条件概率，R 的后验分布函数 $F_R^*(x)$ 为

$$F_R^*(R)=P\{R\leqslant x \quad R-Q^*-G^*>0\}=\frac{P\{R\leqslant x,R-Q^*-G^*>0\}}{P\{R-Q^*-G^*>0\}} \tag{8-61}$$

式（8-61）中，当 R、Q^* 和 G^* 相互独立，条件概率 $P\{R\leqslant x，R-Q^*-G^*>0\}$ 可表示为

$$\begin{aligned}P\{R\leqslant x,R-Q^*-G^*>0\}&=\int_{-\infty}^{x}f_R(u)\left[\int_{-\infty}^{u}f_{Q^*}(v)\mathrm{d}v\right]\left[\int_{-\infty}^{u}f_{G^*}(q)\mathrm{d}q\right]\mathrm{d}u\\&=\int_{-\infty}^{x}f_R(u)F_{Q^*}(u)F_{G^*}(u)\mathrm{d}u\end{aligned} \tag{8-62}$$

式（8-62）中

$$\begin{aligned}P\{R-Q^*-G^*>0\}&=\int_{-\infty}^{+\infty}f_R(x)\left[\int_{-\infty}^{x}f_{Q^*}(y)\mathrm{d}y\right]\left[\int_{-\infty}^{x}f_{G^*}(z)\mathrm{d}z\right]\mathrm{d}x\\&=\int_{-\infty}^{-\infty}f_R(x)F_{Q^*}(x)F_{G^*}(x)\mathrm{d}x\end{aligned} \tag{8-63}$$

则式（8-61）可改写为

$$F_R^*(R)=\frac{\int_{-\infty}^{x}f_R(u)F_{Q^*}(u)F_{G^*}(u)\mathrm{d}u}{\int_{-\infty}^{+\infty}f_R(x)F_{Q^*}(x)F_{G^*}(x)\mathrm{d}x} \tag{8-64}$$

则既有结构抗力 R 的后验分布密度函数为

$$f_R^*(R)=[F_R^*(R)]'=\frac{f_R(x)F_{Q^*}(x)F_{G^*}(x)}{\int_{-\infty}^{+\infty}f_R(x)F_{Q^*}(x)F_{G^*}(x)\mathrm{d}x} \tag{8-65}$$

上述各式中，$F_{Q^*}(x)$ 和 $F_{G^*}(x)$ 为 Q^* 和 G^* 的分布函数；$f_{Q^*}(x)$ 和 $f_{G^*}(x)$ 为 Q^* 和 G^* 的密度函数。

根据均值和方差的定义，既有结构抗力 R 的后验分布的均值为

$$\mu_R^*=\int_{-\infty}^{+\infty}xf_R^*(x)\mathrm{d}x=\frac{\int_{-\infty}^{+\infty}xf_R(x)F_{G^*}(x)F_{Q^*}(x)\mathrm{d}x}{\int_{-\infty}^{+\infty}f_R(x)F_{G^*}(x)F_{Q^*}(x)\mathrm{d}x} \tag{8-66}$$

抗力 R 后验分布的方差为

$$D_R^*=\int_{-\infty}^{+\infty}(x-\mu_R^*)^2f_R^*(x)\mathrm{d}x=\frac{\int_{-\infty}^{+\infty}(x-\mu_R^*)^2f_R(x)F_{G^*}F_{Q^*}\mathrm{d}x}{\int_{-\infty}^{+\infty}f_R(x)F_{G^*}F_{Q^*}(x)\mathrm{d}x} \tag{8-67}$$

在建筑结构中，一般认为 R 为对数正态分布，随机性验证 Q^* 为极值Ⅰ型分布，G^* 为正态分布，则 R 的后验分布密度函数为

$$f_R^*(x)=\frac{\frac{1}{\sqrt{2\pi}\xi x}\exp\left[-\frac{1}{2}\left(\frac{\ln x-\lambda}{\xi}\right)^2\right]\exp\{-\exp[-\alpha(x-k)]\}\cdot\Phi\left(\frac{x-\mu_{G^*}}{\sigma_{G^*}}\right)}{\frac{1}{\sqrt{2\pi}\xi}\int_{0}^{+\infty}\frac{1}{x}\exp\left[-\frac{1}{2}\left(\frac{\ln x-\lambda}{\xi}\right)^2\right]\exp\{-\exp[-\alpha(x-k)]\}\cdot\Phi\left(\frac{x-\mu_{G^*}}{\sigma_{G^*}}\right)\mathrm{d}x}$$

$$=\frac{\frac{1}{x}\exp\left\{\left[-\frac{1}{2}\left(\frac{\ln x-\lambda}{\xi}\right)^2\right]+2\exp[-\alpha(x-k)]\right\}\Phi\left(\frac{x-\mu_{G^*}}{\sigma_{G^*}}\right)}{\int_0^{+\infty}\frac{1}{x}\exp\left\{\left[-\frac{1}{2}\left(\frac{\ln x-\lambda}{\xi}\right)^2\right]+2\exp[-\alpha(x-k)]\right\}\Phi\left(\frac{x-\mu_{G^*}}{\sigma_{G^*}}\right)\mathrm{d}x} \tag{8-68}$$

代入式（8-66）和式（8-67）后可得考虑验证荷载后的抗力均值和方差。式（8-68）中，α 与 k 为 Q^*（极值Ⅰ型分布）的参数；μ_{Q^*} 和 σ_{Q^*} 分别为 Q^* 的均值和标准差；μ_{G^*} 和 σ_{G^*} 分别为 G^* 的均值和标准差。

8.2.4 基于实测样本值的单因素既有结构构件的抗力估计

如前所述，在不修复的前提下，结构或构件抗力时变性表现的统计特征之一是其均值函数呈单调下降，且在某些环境下会呈加速度衰减的趋势。在当前时刻 τ_0' 处的检测抗力，在客观上应是确定量而非随机量，但由量测样本值及统计特性表现出来的又无疑是一个随机变量。如果结构或构件的设计抗力均值和方差函数可以得到，而当前时刻的抗力能通过量测手段获得样本值，那么可以形成比较简单和实用的基于实测样本值的单因子抗力随机时变模型。

根据抗力衰减函数一般的表达形式，设结构或构件抗力的随机过程为一单因子平稳随机过程

$$R(t)=R(0)\exp(-k_R t^2) \tag{8-69}$$

式中，R（0）为结构或构件初始时刻的抗力，其均值为 $E[R(0)]$，方差为 $D[R(0)]$；k_R 为抗力衰减函数的一个单因子（随机变量）。在以下的分析中，假设 $R(0)$ 和 k_R 相互独立。

若衰减函数为两参数形式 $g(t)=1-k_1t+k_2t^2$，由此推求随机变量 k_1 和 k_2 的 Bayesian 后验分布需要已知其先验分布密度函数和至少两次跟踪测试样本。若将 k_R 设为确定性的参数，则是根据设定的到设计基准期 T 时，抗力衰减为初始抗力的一个百分比（如 90%）计算衰减参数 k_R 值。在此选用一个抗力衰减因子，只要已知同类型、相似环境下的抗力衰减函数中的因子 k_R 的先验分布，根据评估时刻的一次检测的样本，用 Bayesian 方法求 k_R 的后验分布函数及相应的统计参数，则可推求在未来继续服役期内既有结构或构件的抗力随机过程的各时刻 $t(t\in[\tau_0', \tau_0'+T'])$ 的截口随机变量的统计参数。

若可由同类型、相似环境下的其他结构的测试资料得到式（8-69）中的 k_R 的统计参数，则将其作为先验分布，设其密度函数为 $g(k_R)$；若无相关资料，则可对被检测评估的结构或构件中相同类型的构件（如房屋建筑中的梁或板）的抗力进行测试，得出该结构中各构件在当前时刻的抗力 $R(\tau_0')$（随机变量）样本值 $X_{R(\tau_0')}$，由式（8-69）推求各构件的 k_R，组成间接样本值 $X_{k_R(\tau_0')}$，由此样本值得出的统计结果可构成 k_R 的先验分布及密度函数 $g(k_R)$，这在实际工程结构或构件的检测与可靠性评估过程中是可以实现的。k_R 可设为对数正态分布，由此可推求 k_R 的先验分布统计参数，如期望值 μ_{k_R} 为

$$\mu_{k_R}=\int_0^{+\infty}k_R\cdot g(k_R)\mathrm{d}k_R \tag{8-70}$$

经对既有结构或构件材料性能的测试和样本的统计计算后，可得其在当前时刻的抗力 X_R（随机过程的截口随机变量）的统计参数，如均值 μ_{X_R}、标准差 σ_{X_R} 或变异系数 δ_{X_R}。

由式（8-69），$R(\tau_0')$ 为一随机变量，其数字特征由 $R(0)$ 及 k_R 的数字特征确定，故可由此推求 k_R 的条件密度函数 $f(x_R|k_R)$，其统计参数中的均值 $\tilde{\mu}_{k_R}$ 和变异系数 $\tilde{\delta}_{k_R}$ 分别为

$$\begin{cases}\tilde{\mu}_{k_R}=\dfrac{1}{\tau_0'^2}\ln\dfrac{E[R(0)]}{\mu_{X_R}}\\ \tilde{\delta}_{k_R}\approx\sqrt{\delta_{R(0)}^2+\delta_{X_R}^2}\end{cases}\tag{8-71}$$

由先验分布密度函数 $g(k_R)$ 和条件分布密度函数 $f(x_R|k_R)$，由条件概率公式得 k_R 的后验分布密度函数为

$$g(k_R|x_R)=\frac{f(x_R|k_R)g(k_R)}{\int f(x_R|k_R)g(k_R)\mathrm{d}k_R}\tag{8-72}$$

用式（8-72）计算抗力的后验分布的统计参数，替代公式（8-69）中的先验分布统计参数进行时刻 $t(t\in[\tau_0', \tau_0'+T'])$ 的抗力随机时变数字特征计算。考虑到平稳随机过程的特征，公式（8-69）中 $R(0)$ 的期望值、方差等与时间计算起始点无关，k_R 的统计参数也与时间起始点无关，有 $R(t)$ 的均值 $E[R(t)]$ 和标准差 $\sigma[R(t)]$ 分别为

$$\begin{cases}E[R(t)]=E[R(0)]\exp[-\tilde{\mu}_{k_R}^*t^2]\\ \sigma[R(t)]\approx\sigma[R(0)]\exp[-\tilde{\mu}_{k_R}^*t^2]\end{cases}\tag{8-73}$$

式中，$\tilde{\mu}_{k_R}^*$ 为 k_R 的后验分布均值，可由公式（8-72）的后验分布密度函数 $g(k_R|x_R)$ 用类似于公式（8-70）的积分方法求得，只是其中的先验分布密度函数 $g(k_R)$ 由后验分布密度函数 $g(k_R|x_R)$ 替代即可。

与衰减函数为确定性参数方法比较，以上的分析方法中，当前时刻检测抗力考虑为一个随机变量，在一定程度上反映了使用历史过程中结构抗力的时变性；与两个参数的衰减函数比较，则只需要当前时刻的抗力实测样本值即可，而不必进行较长期的跟踪观测，故相对而言比较简便且易于实现计算。上述分析中，k_R 的先验概率分布模型及参数对 $R(t)$ 的数字特征有较大的影响，在缺乏被评估的既有结构或构件的 k_R 的先验分布及密度函数时，可利用在相近荷载和相似自然环境下服役了一段时期的同类结构或构件的抗力衰减率，如确定性参数方法得出 k_R 的统计参数（均值等），作为其先验分布参数。k_R 的变异系数较小，且其一般可用对数正态分布描述。

【例题 8-1】 设某既有构件的抗力为一单因子平稳随机过程，可由公式（8-69）表示；其设计的初始时刻抗力的均值 $E[R(0)]=232.000$kN·m，方差 $D[R(0)]=484.000$（kN·m)^2。单因子 k_R 的先验分布为对数正态分布，其均值为 1.300×10^{-4}，变异系数为 0.150。在使用 20 年之后的当前时刻检测得该构件抗力样本值 X_R 均值为 215.000kN·m，标准差 21.500（kN·m)^2。试分析该既有构件的抗力。

【解】 由构件的抗力样本值 X_R 及其分析得到的统计参数，按式（8-71），因子 k_R 的条件密度函数为 $f(x_R|k_R)$，先验分布的均值 $\tilde{\mu}_{k_R}=1.903\times10^{-4}$，变异系数 $\tilde{\delta}_{k_R}=0.1379$，为对数正态分布。再按均值的定义，由式（8-72）得出的后验分布密度函数 $f(k_R|x_R)$，经数值积分得因子 k_R 后验分布的均值 $\tilde{\mu}_{k_R}^*=1.590\times10^{-4}$。由此，按式（8-73），可求得该构件抗力 $R(t)$ 在未来各时刻截口随机变量的均值 $E[R(t)]$ 和标准差 $\sigma[R(t)]$。

计算结果列于表 8-1 中。其中，$E[R_0(t)]$ 和 $\sigma[R_0(t)]$ 为设计抗力的均值和标准差。

基于实测抗力样本值的单因子抗力 **表 8-1**

t	20	25	30	35	40	45	50
$E[R(t)]$	215.000	210.054	201.067	190.941	179.889	168.134	155.904
$E[R_0(t)]$	220.244	213.900	206.384	197.846	188.432	178.304	167.626
$D[R(t)]$	462.250	438.215	419.467	398.342	375.285	350.763	325.247
$D[R_0(t)]$	459.475	446.230	430.559	412.747	393.108	371.978	349.703

由表 8-1 的结果可知，由实测抗力样本值推求的单衰减因子后验分布的均值比先验分布的均值大，抗力均值比设计均值小，标准差也要小，但其变异系数相同。

除可根据确定性衰减函数形式或衰减系数为随机变量的不确定性衰减函数形式直接构建抗力随机模型之外，在实际既有工程结构可靠性评估计算中，RC 结构的抗力随机时变模型可根据抗力的理论计算公式，并考虑计算模式的不确定性、材料性能衰减及截面尺寸不定性三个方面的因素，构成可实现计算的实用抗力时变模型。这种方法是将影响抗力衰减的因子（如单因子或双因子），转化为多因子，形成多因子随机时变模型。多因子抗力模型中的各个参数（因子）可根据已有的试验和调查统计结果确定，如结构构件的截面尺寸、钢筋截面积的减小因子等。

实际上，评估既有结构或构件可靠性时，一般都会对其进行检测，这些检测结果充分反映了该结构或结构构件在已服役历史中的表现，或得到当前时刻抗力的样本值。充分利用检测结果和历史信息，可比较准确地估计既有结构或结构构件在未来继续服役期内的抗力时变规律。

8.3 既有工程结构构件的作用及其效应

8.3.1 既有工程结构构件的作用及影响因素

1. 既有结构构件的作用

结构构件上的作用及其效应的分析与结构的设计基准期有关。如《建筑结构可靠度设计统一标准》GB 50068—2001 中，荷载及其效应的统计采用 50 年设计基准期（Design Reference Period)，并用平稳二项随机过程描述荷载的随机过程，设计结构的荷载标准值由设计基准期内最大荷载概率分布的某一分位数确定，荷载统计采用的是时空转换方法。

既有结构的作用及环境比拟建结构更为具体，其统计特性并不能完全接受拟建结构的，而应建立在具体结构实际存在的荷载信息和后续使用功能的基础之上，荷载统计采用的是时间外推方法，即通过对已有信息的统计分析来估计结构及其环境在继续服役基准期 $[\tau_0', \tau_0'+T']$ 内的统计特性，其中 τ_0' 为当前时刻。继续服役基准期与设计的基准期一般是不同的，则对应于继续服役基准期内的最大荷载分布参数也将不同，故不应直接使用设计规范中荷载的统计特性。既有结构的荷载模型及统计特性分析，包括继续服役基准期（或荷载重现期）的确定和继续使用年限等问题，涉及结构的重要性和经济性等。

既有结构可靠性评估中的作用效应及组合问题，包括作用标准、作用效应的统计特性及其组合后的统计特征分析，以及与目前设计规范中的作用标准相协调的分析方法等，其作用模型原则上应以调查的信息和试验的数据为基础，如堆荷或荷载检验与检测等。即使是直接作用，如建筑结构中的堆储荷载和水工结构中的静水荷载等，由于在未来的继续服役基准期与拟建结构的设计基准期不同或结构功能改变等，对既有结构的作用进行评估时也存在许多主观信息的不确定性。既有结构的作用及其效应的概率特性，依赖于该结构所处的自然和使用环境、历史作用及继续服役的功能等因素。

2. 既有结构构件的作用及效应的影响因素

既有结构构件的作用与效应的关系，与第5章的相同，即对于线弹性结构，其作用效应 S 与作用 Q 之间仍然是简单的线性关系，即式（5-18）$S=CQ$。按照平稳二项随机过程，建筑结构的作用统一模型化为平稳二项式随机过程的等时段矩形波模型 $\{Q(t), t\in[0, T]\}$。但对于既有结构或构件，其中的设计基准期 T 应改为 T'。即对于既有结构或构件而言，$t\in[\tau_0', \tau_0'+T']$，其中 T' 是既有结构或构件的继续使用基准期，为一个待定量；τ_0' 为评估的当前时刻。

若既有结构或构件上的作用 Q 的任意时点分布函数为 $F_{Q_i}(x)$，在 $[\tau_0', \tau_0'+T']$ 时间段，即在继续服役基准期 T' 内，根据第5章的式（5-10），既有结构或构件的最大荷载值 $Q_{T'}$ 的概率分布函数 $F_{Q_{T'}}(x)$ 为

$$\begin{aligned} F_{Q_{T'}}(x) &= P\{Q_{T'} < x\} = P\{\max_{\tau_0'\leqslant t\leqslant \tau_0'+T'} Q(t) \leqslant x\} \\ &= P\{x_1 < x, x_2 < x, \cdots, x_r < x, t \in [\tau'_0, \tau'_0 + T']\} \\ &= \prod_{j=1}^{r} P[Q(t_i) \leqslant x, t \in \tau_j] = \prod_{j=1}^{r} \{1 - p[1 - F_{Q_i}(x)]\} \\ &= \{1 - p[1 - F_{Q_i}(x)]\}^r, \qquad x \geqslant 0 \end{aligned} \tag{8-74}$$

式中，r 为继续服役基准期 T' 内的总时段数。

类似于拟建结构，若 $p=1$，即荷载在每一时段必然出现，则继续服役基准期内有

$$F_{Q_{T'}}(x)=[F_{Q_i}(x)]^r \tag{8-75}$$

若 $p\neq1$，且 $p\ [1-F_Q\ (x)]$ 充分小，对于 $p<1$ 的作用，偏安全的形式是

$$F_{Q_{T'}}(x)=[F_{Q_i}(x)]^{pr}\approx[F_{Q_i}(x)]^{m_{T'}} \tag{8-76}$$

式中，$pr=m_{T'}$，$m_{T'}$ 是对应于 T' 内的荷载的平均出现次数。

对于平稳二项随机过程这样的作用概率模型而言，拟建结构须给出 τ、p 和 $F_Q(x)$ 等三个统计因素，而对于既有结构则还要给出 T'，并且前面的三个因素也应结合具体评估对象的实际情况来确定，这也是其与拟建结构作用的重要区别之处。因为 T' 的改变，影响到作用的代表值；T' 内的最大荷载概率分布与拟建结构的最大荷载分布也不同，将使结构上的可变作用的统计参数，甚至概率分布形式发生变化。

（1）任意时点概率分布函数

任意时点概率分布函数 $F_{Q_i}(x)$ 是既有结构的作用模型中的一个重要的统计要素，应以既有结构和环境自身的信息为基础进行估计。根据统计理论，无论作用是任意时点分布 $F_{Q_i}(x)$ 为何种分布，只要 $F_{Q_i}(x)$ 随 x 的无限增大而至少以指数函数的速度趋于1（如正态分布、对数正态分布和极值Ⅰ型分布等都有此性质），则当公式（8-76）中的 $m_{T'}\rightarrow\infty$ 时，$F_{Q_{T'}}(x)$ 趋于极值Ⅰ型分布。而对于既有结构或构件而言，$m_{T'}$ 一般不大，因此，

$F_{Q_{T'}}(x)$ 的分布类型可能与拟建结构有所不同。另外，由于既有结构的性质和使用功能不同，同类作用的模型也有所不同。如调查、统计及分析的结果表明，水电站厂房结构中的楼面堆放活荷载（持久性楼面活荷载），由于工作状况与民用建筑结构中的楼面活荷载不同，一般呈对数正态分布而非民用建筑结构的极值Ⅰ型分布。

既有结构作用的任意时点分布函数的统计，原则上要求有在使用历史上作用的相当数量的样本。对于一些变化较平缓的可变荷载和偶然荷载，既有结构使用期间的样本很难获得，可根据作用的性质和有关设计规范或其他相似结构的同性质作用以确定其先验分布，再利用如 Bayes 方法等进行估计。如果在后续服役期内既有结构的功能等与评估之前的使用阶段没有太大的变化，为简便起见则可用设计规范中的任意时点概率分布及统计参数。无论用何种方法，都应充分利用已有信息，客观地反映既有结构已历经的作用及其特点。如果既有结构在继续服役阶段将改变其使用功能，则应按其新的预期功能进行任意时点分布函数的分析。

（2）统计参数的估计

等时段平稳二项随机过程的作用模型中有三个统计要素，即各时段上作用出现的概率 p、作用出现的平均次数 λ 及时段数 r。确定时段长度 τ，则在 $[\tau_0', \tau_0'+T']$ 内的时段数 r 可同时确定，但其均与既有结构的继续服役基准期 T' 有关。

以偏于保守的估计作用的任意时点分布 $F_{Q_i}(x)$，r 应在满足模型的独立性假设条件下尽可能大些，即 τ 尽可能取小些。在实际应用中，若样本量较大，时段数则可通过相关性分析确定，即选择一个时段 r，对样本序列进行独立性检验，若满足独立性条件，则可增大 r，直至出现不可忽略的自相关性，则其自相关性出现之前的 r 可作为模型参数。对于偶然作用或可变作用的复合泊松点过程模型，单位时间内荷载发生次数平均值 λ 的变化则较复杂。若作用的过程为复合泊松过程，则 T' 内作用出现次数 $N(t)$ 服从泊松分布，作用出现的时间间隔 Δ 服从指数分布。

因此，无论可变作用或是偶然作用，对 τ 和 λ 的估计都归纳到对 λ 的估计。对于可变作用，T' 和 τ 一旦确定，则 r 也相应确定。若既有结构在使用期间有充足的样本，可变作用的时段数一般可用上述独立性检验方法确定 τ。

8.3.2 既有工程结构的继续使用基准期

T' 为继续使用基准期，也可称为继续使用的目标基准期。结构的设计基准期 T 并不简单地等同于结构的实际寿命，也并不一定代表结构设计使用期 N；而结构实际寿命 $L(T)$ 是一个随机变量，T 则是为确定可变作用而选用的一个时间参数。因此，既有结构的继续服役基准期 T'，并不完全等同于结构后续服役使用期 M，而应是在 M 年内的作用评估基准期，是在继续服役期内的作用评估时的时间参数。

一般认为，继续使用基准期 T' 是结构的使用者根据其实际情况和使用要求而定，如何确定则没有提出具体的方法。结构设计时，要求的可靠度（或安全度）是指在规定的作用基准期（或定值法设计中的荷载重现期），并假定抗力不变的前提下，结构在其设计使用期内完成预定功能的概率（或安全程度）。对既有结构或构件，一方面，其抗力是随使用时间延长而下降；另一方面，后续使用期不同于拟建结构设计使用期。既有结构或结构构件的可靠性评估，目的是评估既有结构或结构构件在后续使用期内完成后续预定功能的概率；既有结构可靠性评估的内容中，一个方面要分析正常维修或维护使其抗力保持在一定的水平以完成后续预定功能；另一个方面，根据要求的可靠度（即完成某种预定功能的概率），对被评估的既有结构或构件提出维修加固方案，均涉及评估时的继续使用目标基准期。

下面给出三种分析继续使用基准期的方法。

1. 等超越概率的分析方法

等超越概率，即评估结构在继续服役期 M 年内超越评估作用的概率等于结构在设计使用期 N 年内超越设计作用的概率。现有结构的确定性环境作用要素的评估荷载重现期 T_M 为

$$T'=\left[1-\left(1-\frac{1}{T}\right)^{\frac{N}{M}}\right]^{-1} \tag{8-77}$$

对随机性环境这样，评估的作用（荷载）基准期为

$$T'=T\frac{M}{N} \tag{8-78}$$

但是，上述原则确定的 T' 是建立在以下假设的基础上的，即作用（荷载）随机过程样本函数是等时段的矩形波函数，近似地 $p=1$；时段数 r 与作用出现的次数相同，即每段内仅出现一次；时段长度为一年。在此基础上确定的 T' 适用于如风、雪荷载这样的年最大荷载每年出现一次的建筑结构可变作用，以及水工结构中的水位等作用要素，此时的 $T'=m_{T'}$（即每年出现一次，出现次数与时段数相同，且 $\tau=1$ 年）。

结构设计使用期 N，设计基准期 T 与既有结构继续服役期 M 和（相对于 M 的目标基准期）继续服役基准期 T' 的关系，如图 8-3 所示。

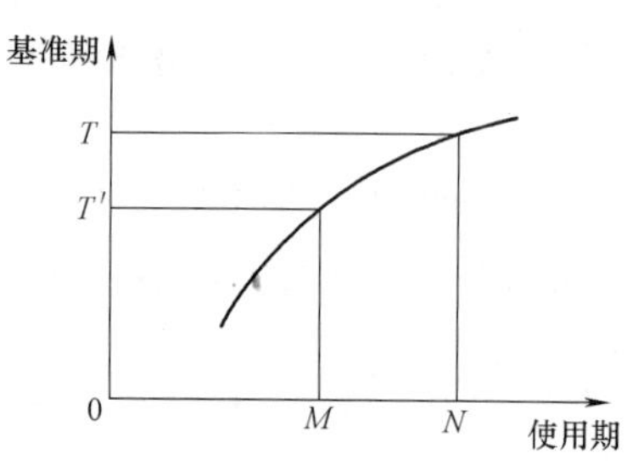

图 8-3 设计（及评估）基准期与设计（及继续）使用期的关系

式（8-77）适用于风、雪等每年出现一次年最大荷载的可变作用要素重现期计算，如风速和洪水位等，此时式（8-78）中的 T' 则与 $m_{T'}$ 相同，即作用出现次数与继续使用目标基准期相等。对民用建筑结构中的楼面活荷载（包括临时性和持久性活荷载），规范规定的 τ（荷载持时长度）分别为 10 年（持久性活荷载）和 5 年（临时性活荷载），要计算式（8-76）中的 $m_{T'}$，则当 $p=1$ 时（任一等时段中均出现），按上述等超越概率原则有

$$m_{T'}=\frac{m_M}{m_N}m_T \tag{8-79}$$

式中，m_M、m_N 和 m_T 分别是对应于 M、N 和 T 的作用出现次数。

据式（8-79），如果作用在 T' 内平均持时长度为 τ'，且 $p=1$，则有

$$T'=m_{T'}\tau'=\frac{m_M}{m_N}m_T\tau' \tag{8-80}$$

在形式上，式（8-80）与式（8-78）相同，但其含义更一般，既可用于风、雪和水压力之类的年最大荷载每年出现一次的可变作用，也可用于民用建筑结构中的楼面活荷载等变动并不频繁的可变作用。由式（8-80）还可对楼面堆放荷载及吊车垂直轮压等进行评估时的继续服役基准期 T' 计算，因为被评估结构或构件的作用平均持时可能与拟建结构的

并不一致，可以通过调查和实测资料等进行修正，以充分利用既有结构已有的荷载信息，使作用模型更切合实际。另外，根据式（8-76）的假定，r 应满足模型的独立性假设条件，故 τ' 在实际评估时可根据已有的信息尽可能取小一些。对于可变作用，T' 和 τ' 确定，r 也相应确定；反之，若 r 和 τ' 一旦确定了，T' 也就确定了。

2. 基于目标可靠度原则的分析方法

《工程结构可靠性设计统一标准》GB 50153—2008 及各结构可靠度设计统一标准规定的构件可靠度水准，是根据之前设计规范的平均可靠度水准用校准法确定的。但是，既有结构的目标可靠度是否应与拟建结构的相同，随着结构或结构构件抗力的衰减，如何设定其继续服役期的目标基准期，至今仍然未得到很好的解决。为简便起见，可根据后续服役期可靠度指标 $\beta_{T'}$ 与拟建结构在设计基准期 T 的可靠指标 β_T 之间的关系来评定已有结构或构件的工作状态，如以 $\beta_{T'}=0.85\beta_T$ 为标准，分成 $\beta_{T'}\geqslant\beta_T$（工作状态完好），$0.85\beta_T\leqslant\beta_{T'}<\beta_T$（轻度破损状态，应定期予以观测监控），$\beta_{T'}<0.85\beta_{T'}$（已处于破损状态，应补强加固）。

如按 $\beta_{T'}=\beta_T$ 的标准，若结构或构件的抗力不随时间变化，则后续服役期目标可靠度指标与 β_T 一致。但实际上，结构或构件的抗力是随时间变化的一个复杂的不可逆过程，在绝大多数情况下抗力随时间而下降。因此，假定一个按规范设计的结构或构件，在设计基准期 T 内（对应的使用期为 N）满足设计可靠度要求，在 N 年之后的 M 年之内（继续服役使用期，相对应的继续使用基准期 T'），因为其抗力降低到设计抗力之下，$\beta_{T'}$ 可能低于 β_T；或在不到使用期 N 年就要求评估，但 $\tau'_0+M>N$ 年（τ'_0 为当前时间），$\beta_{T'}$ 也可能低于 β_T。因此，要分析对应于既有结构或构件的 $\beta_{T'}$ 所要求的 T'。

若根据结构的功能或使用者的要求，即 $\beta_{T'}$ 已知，则可以按目前的设计规范中确定 β_T 的校准法，按设计基准期 T 年及设计使用年限 N，再根据要求继续使用的年限 M 和不同的结构类型，反演推算不同的 τ'_0、N 和 M，并在评估时刻的实测抗力及其推论的衰减规律基础上，可分别计算出相应于使用期 M 年的作用标准及继续使用目标基准期 T'。这种方法可称为基于目标可靠度原则的方法，可表述为

$$P'_{\mathrm{f}}=\Phi(-\beta_{T'})=P'\{R(t_i)>S(t_i),t_i\in[\tau'_0,\tau'_0+T']\} \tag{8-81}$$

式中，$R(t_i)$ 和 $S(t_i)$ 分别为结构或结构构件的抗力和作用效应。

基于根据使用者对结构功能的要求，或对耐久性要求时不同的 $\beta_{T'}$，在理论上可以用式（8-81）反算出在结构抗力衰减规律、要求继续使用年限、设计使用年限及设计基准期等已知情况下的作用效应和后续继续服役基准期 T'，也即不同的目标可靠度可以得出不同结构的后续服役基准期。由于 $\beta_{T'}$ 不同，其设计代表值也有变化，再利用校准法可推求不同结构、不同要求及不同抗力衰减规律时的后续服役基准期 T'。

由于上述按照目标可靠度原则确定既有结构继续服役基准期 T' 的方法，既涉及既有结构使用的目标，又涉及现行规范及抗力衰减规律等，要完成与现行各规范（包括结构可靠性鉴定标准及规程）相协调的基准期 T' 的分析，需要大量的检测样本，但在理论上是可行的。

3. 基于最优投资原则的分析方法

设计基准期和继续服役基准期都是为结构可靠性计算或评估时作用（荷载）计算设定的时间参数，间接地反映了结构的安全水平。合理的设防水平，应在考虑工程结构的初始

投资和在未来基准期内结构失效期望的基础上确定。

如前所述，结构抗力是随时间呈下降趋势的，在当前时刻 τ_0' 的抗力随 T'（或 M）的延长而降低，使得在 T'（或 M）内的失效概率增加。为使在 T'（或 M）内的结构可靠性水平达到设定的要求，则应对评估的结构进行必要的补强与加固，从而形成了近期（初始）投资。如基于最优投资原则的抗震结构设计，实际上就是反映结构在设计基准期 T 内的设防荷载水平。

设既有结构在当前评估时刻 τ_0'，其原来的设计基准期为 T、设计使用期为 N，要求继续使用 M 年（对应于继续服役基准期 T'，待定）。既有结构在 T' 内满足相应要求的可靠度，需要补强加固的近期投资为 $C_{\min}[x(T')]$，其中 $x(T')$ 为代表在 T' 内结构满足要求的最小造价加固方案；$P_f[x(T')]$ 为在 T' 内的失效概率；$L[x(T')]$ 为结构在 T' 内的失效损失期望。在 T' 内的结构寿命（或使用期 M）预期总费用为

$$C_{T'}[x(T')]=C_{\min}[x(T')]+\theta L[x(T')] \tag{8-82}$$

式中，θ 为调整系数，用于考虑对近期投资 $C_{\min}[x(T')]$ 和损失期望 $L[x(T')]$ 的不同重视程度；或当前投资与损失期望之间由于资金贴现率的影响因素等。对特别重要的结构，θ 可大于 1。

式（8-82）中，$L[x(T')]$ 可表示为结构失效引起的费用 $C_f[x(T')]$ 与失效概率之积，则

$$C_{T'}[x(T')]=C_{\min}[x(T')]+\theta C_f[x(T')]P_f[x(T')] \tag{8-83}$$

由最优投资原则，对应于 T' 的结构最优补强加固方案是

$$C_{T'}[x(T')]\rightarrow \min \tag{8-84}$$

式（8-84）中的约束条件是满足各相应规范的可靠度要求。上述各公式中，式（8-82）中的 $C_{\min}[x(T')]$ 是 T' 的增函数，而 $L[x(T')]$ 是 T' 的减函数，即随着 T' 的加大（也即提高了相应的作用标准），$C_{T'}[x(T')]$ 是一个凹函数。对于不同的 T'（不同的加固作用标准），则形成不同的决策方案，其决策过程如图 8-4 所示。

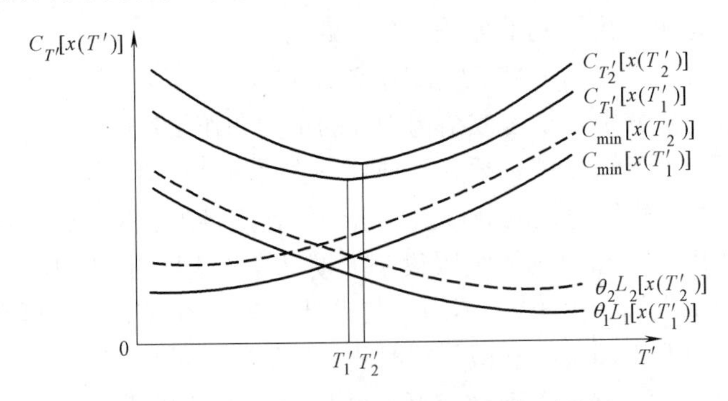

图 8-4　基于最优投资原则的基准期 T' 分析

当后续服役使用期分别为 M_1 和 M_2 时，相应的最优基准期分别为 T_1' 和 T_2'。这时，可再用综合年投资概念等考虑经济方面的因素做最后的比较，得出最优决策方案。具体分析时，可利用统计回归和简化两种方法进行相应的最小造价函数求解分析，但相应的过程比较复杂；也可从控制性作用出发，以简单的极限状态方程形式 $Z=R-S$，并将 $L[x(T')]$ 表示为初始投资的倍数形式 $hC_{\min}[x(T')]$ 进行分析，得出在最优投资时控制性作用的统

计参数（即相应的作用设计标准）。

上述的三种确定后续服役基准期 T' 的分析方法中，基于等超越概率原则的方法，对确定了后续使用期 M 的结构或结构构件，可以在现行设计方法的基础上较方便地计算出 T'，用得出的 T' 所计算的作用在概率意义上相当于拟建结构的设计作用标准；基于目标可靠度原则的方法，则可对 T' 内的后续设防标准进行人为控制，对意义重大的结构进行补强加固时值得参考；基于投资最优原则的分析方法，比较适用于经济目标明确的营运性质的结构。

8.3.3 既有建筑工程结构楼面活荷载分析

民用建筑结构的主要常遇可变作用包括楼面活荷载、风和雪荷载等。对于不同的后续服役基准期 T'，其最大荷载分布的统计参数不同。第 5 章中对拟建的建筑结构楼面（办公楼和住宅楼）活荷载的组合效应进行了分析，采用的是任意时点持久性活荷载 $L_i(t)$ 与设计基准期 50 内最大临时性活荷载 $L_{rT}(t)$ 的组合。对应于后续服役基准期 T'，仍然采用此组合，则 $L_{T'}$ 为

$$L_{T'}=L_i+L_{rsT'} \tag{8-85}$$

$L_{T'}$ 相应的统计参数为

$$\left.\begin{aligned}\mu_{L_{T'}}&=\mu_{L_i}+\mu_{L_{rsT'}}\\ \sigma^2_{L_{T'}}&=\sigma^2_{L_i}+\sigma^2_{L_{rsT'}}\end{aligned}\right\} \tag{8-86}$$

式中，$L_{T'}$ 为 T' 内楼面活荷载，其均值和标准差分别为 $\mu_{L_{T'}}$ 和 $\sigma_{L_{T'}}$；L_i 为持久性活荷载的任意时点荷载，其均值和标准差分别为 μ_{L_i} 和 σ_{L_i}；$L_{rsT'}$ 为基准期 T' 内最大临时性活荷载，其均值和标准差分别为 $\mu_{L_{rsT'}}$ 和 $\sigma_{L_{rsT'}}$。

如果 T' 与 T 不同，则式（8-86）中的标准值 L_k 取值是不同的。按设计规范要求，当 $T'=T=50$ 年时，$X_{L_\mathrm{k}}(T)=L_\mathrm{k}$；当 $T'\neq T$ 时，按上述组合原则，即使持久性活荷载的任意时点荷载 L_i 的分布和 10 年内的最大临时性活荷载 $L_{rs}(t)$ 分布与拟建结构的相同，进行民用建筑结构可靠性评估时楼面活荷载的统计参数及其标准值不应再与拟建结构相同，否则其保证率系数与拟建结构的就不相同；即在统计意义上，用各自最大值概率分布确定楼面活荷载时，其分位值并不相同。因此，既有民用建筑结构的楼面活荷载的取值，可按上述组合方法分析其修正系数。下面以办公楼的楼面活荷载为例说明既有结构楼面活荷载的修正。

1. 既有办公楼的楼面持久性和临时性活荷载

按照现行的设计规范，任意时点的办公楼持久性活荷载，即 L_i 的均值 $\mu_{L_i}=38.62\mathrm{kg/m^2}$，标准差 $\sigma_{L_i}=17.81\mathrm{kg/m^2}$；10 年时段最大临时性活荷载 L_{rs} 的均值 $\mu_{L_{rs}}=35.52\mathrm{kg/m^2}$，标准差 $\sigma_{L_{rs}}=24.37\mathrm{kg/m^2}$，为极值Ⅰ型分布，其分布参数 $\alpha=\sigma_{L_{rs}}/1.2825=24.37/1.2825=19.00\mathrm{kg/m^2}$、$\beta=\mu_{L_{rs}}-0.5772\alpha=35.52-0.5772\times19.00=24.55\mathrm{kg/m^2}$。则在 T' 内（对应的平均出现次数为 $m_{T'}$，等时段，各时段持时 10 年）的最大临时性活荷载 $L_{rsT'}$ 均值为 $\beta_{T'}+0.5772\alpha_{T'}\,\mathrm{kg/m^2}$，即

$$\begin{aligned}\mu_{L_{rsT'}}&=(\beta+\alpha_{T'}\ln m_{T'})+0.5772\alpha_{T'}\\&=(\beta+\alpha\ln m_{T'})+0.5772\alpha=35.52+19.00\ln m_{T'}\end{aligned} \tag{8-87}$$

$L_{rsT'}$ 的标准差为 1.2825$\alpha_{T'}$，即

$$\sigma_{L_{rsT'}}=1.2825\alpha_{T'}=1.2825\alpha=24.37\text{kg/m}^2 \tag{8-88}$$

2. 既有办公楼的楼面活荷载

按式（8-85）和式（8-86），既有办公楼的楼面活荷载在 T' 内的均值和标准差分别为

$$\mu_{L_{T'}}=\mu_{L_i}+\mu_{L_{rsT'}}=74.38+19.00\ln m_{T'}(\text{kg/m}^2) \tag{8-89}$$

$$\sigma_{L_{T'}}=\sqrt{\sigma_{L_i}^2+\sigma_{L_{rsT'}}^2}=30.18\quad(\text{kg/m}^2) \tag{8-90}$$

若分析既有办公楼的楼面活荷载标准值时，仍然取与设计时相同（最大值概率分布）的保证率，则继续服役基准期 T' 内的楼面活荷载标准值为

$$\begin{aligned}X_{L_k}(T')&=\mu_{L_{T'}}+3.16\sigma_{L_{T'}}=169.75+19.00\ln m_{T'}\\&=0.848+0.095\ln m_{T'}\end{aligned} \tag{8-91}$$

即与设计的拟建结构相比，T' 内的办公楼的楼面活荷载标准值取值的修正系数为

$$l_1=0.848+0.095\ln m_{T'} \tag{8-92}$$

式（8-91）表明，如果 $T'<T$，则办公楼楼面活荷载的标准值取值比拟建结构的小。对既有办公楼的结构构件，可按上述方法得到的均值与标准差分析其可靠性，得到的可靠度在作用效应取值和保证率方面保持了与拟建结构相同的水平。

同样，可以分析在 T' 内的住宅楼楼面活荷载的均值、标准差及标准值等，其标准值取值的修正系数为

$$l_2=0.842+0.098\ln m_{T'} \tag{8-93}$$

由以上分析得知，当 $m_{T'}<5$ 时，修正系数 l_1 或 l_2 均小于 1.0，即既有结构所采用的标准值应比设计的拟建结构的标准值要低；反之，当 $m_{T'}>5$ 时，修正系数 l_1 或 l_2 均大于 1.0。此时说明，在临时性活荷载的出现次数多于设计拟建结构的次数时，应提高其活荷载的标准值；当 T 与 M 不变时，设计使用期 N 越大，修正系数越小。另外，对于具体结构构件的可靠性分析而言，其任意时点持久性活荷载分布及其参数，也可根据该结构在使用历史上的监测或实测数据统计分析。

类似地，可分析既有结构或构件上的风荷载及雪荷载等统计参数。

8.4 既有工程结构构件的可靠性评估

8.4.1 既有构件可靠度分析的基本方法

1. 基本方法

既有结构的可靠度计算方法，基本原理类似于拟建结构的，但有其本身的特殊性。这种特殊性主要表现在变量的随机时变性方面，其可靠度计算比拟建设计结构涉及的因素更多。对于既有结构或构件，考虑到抗力与荷载效应的时变性，组成极限状态方程的抗力 $R(t)$ 随时间变化，且一般地，在当前时刻 τ_0' 有 $R(t)$ 的实测值；既有结构或构件的荷载效应 $S(t)$，由于目标基准期不同于拟建结构，$S(t)$ 也并不能完全采用拟建结构分析的结果。

设既有结构构件的永久荷载 G 的作用效应为 S_G，可变荷载效应为 $S_Q(t)$，则在未来

继续服役期［τ_0'，$\tau_0'+T'$］内的该既有构件失效概率可表示为

$$\begin{aligned}P_{\mathrm{f}}(T')&=P\{R(t_i)-S_G-S_Q(t_i)<0,\quad t_i\in[\tau_0',\tau_0'+T']\}\\&=P\{\min[R(t_i)-S_G-S_Q(t_i)]<0,\quad t_i\in[\tau_0',\tau_0'+T']\}\end{aligned}\tag{8-94}$$

式中，$R(t_i)$ 为既有构件在 t_i时刻的抗力，$S_Q(t_i)$ 为 t_i时刻的可变荷载效应。

仍然将既有构件在继续服役目标基准期 T'等分成n 个时段，时段长为$\tau=T'/n$，可变荷载效应随机过程 $S_Q(t)$ 和抗力随机过程$R(t)$ 离散为n个随机变量$S_Q(t_i)$ 和$R(t_i)$。其中，$R(t_i)$ 可以取第 i 个时段τ 内抗力的平均值或取为$t_i=(i-0.5)\tau$ 的抗力值；$S_Q(t_i)$ 为τ内的荷载效应最大值。

由此，式（8-94）改写为

$$\begin{aligned}P_{\mathrm{f}}(T')&=P\{\min[R(t_i)-S_G-S_Q(t_i)]<0\}\\&=P\{\bigcup_{i=1}^{n}[R(t_i)-S_G-S_Q(t_i)]<0,\quad t_i\in[\tau'_0,\tau'_0+T']\}\end{aligned}\tag{8-95}$$

式（8-95）相当于等时段τ的$m_{T'}$个串联系统的可靠度计算问题。由于$R(t_i)$（$i=1$，2，…，$m_{T'}$）是相关的，上式计算比较困难。若设$S_Q(t_i)$ 相互独立，此时式（8-95）可变为

$$\begin{aligned}P_{\mathrm{f}}(T')&=1-P\{\bigcap_{i=1}^{n}[R(t_i)-S_G-S_Q(t_i)]\geqslant 0\}=1-P\{\bigcap_{i=1}^{n}[S_Q(t_i)\leqslant R(t_i)-S_G]\}\\&=1-P\{\bigcap_{i=1}^{n}S_Q(t_i)\leqslant r_i-g\,|\,R(t_1)=r_1,R(t_2)=r_2,\cdots,R(t_n)=r_n,S_G=CG\}\\&\quad\times P\{R(t_1)=r_1,R(t_2)=r_2,\cdots,R(t_n)=r_n,S_G=CG\}\\&=1-\underbrace{\int_0^{+\infty}\int_0^{+\infty}\cdots\int_0^{+\infty}}_{n+1\text{重积分}}\prod_{i=1}^{n}F_{S_{Q_\tau}}(r_i-G)f_{R_1,\cdots,R_n}(r_1,\cdots,r_n)f_{S_G}(G)\mathrm{d}r_1\mathrm{d}r_2\cdots,\mathrm{d}r_n\mathrm{d}G\end{aligned}\tag{8-96}$$

式中，$F_{S_{Q_\tau}}(\cdot)$ 是 $S_Q(t_i)$ 的概率密度函数；$f_{S_G}(G)$ 是 S_G的概率密度函数；$f_{R_1,\cdots,R_n}(r_1\cdots,r_n)$ 是$R(t_1)$，…，$R(t_n)$ 的联合概率密度函数；C 为永久作用效应系数。

式（8-96）仍然是一个高维积分问题，且尚需知$R(t_1)$，…，$R(t_n)$ 的联合分布概率密度函数。

2. 按串联系统计算的近似算法

按式（8-94），既有构件相当于串联系统，据其近似计算方法，既有构件失效概率为

$$P_{\mathrm{f}}(T')=1-P_{\mathrm{S}}\{Z(T'>0\}=1-P_{\mathrm{S}}\{\bigcap_{i=1}^{n}[Z(\tau)>0]\}\approx 1-\Phi_n(\boldsymbol{\beta},\boldsymbol{\rho})\tag{8-97}$$

其相应的可靠度为

$$P_{\mathrm{S}}(T')\approx\Phi_n(\boldsymbol{\beta},\boldsymbol{\rho})\tag{8-98}$$

其中

$$\boldsymbol{\beta}=[\beta(t_1),\beta(t_2),\cdots,\beta(t_n)]^{\mathrm{T}}\tag{8-99a}$$

$$\beta(t_i)=\Phi^{-1}[P_{\mathrm{S}}\{R(t_i)-S_G-S_Q(t_i)>0\}]\tag{8-99b}$$

$$\boldsymbol{\rho}=[\rho\{Z_i,Z_j\}]_{n\times m}(i=1,2,\cdots,n;j=1,2,\cdots,n)\tag{8-99c}$$

式中，$\boldsymbol{\beta}$是由各等时段的可靠指标形成的向量；$\boldsymbol{\rho}$是各等时段功能函数之间的相关系数矩阵；$\Phi_n(\cdot,\cdot)$ 是n维标准正态分布函数；$\Phi^{-1}(\cdot,\cdot)$ 是 $\Phi(\cdot,\cdot)$ 的反函数。

因此，将在 T'内的各时段的串联系统失效概率计算，近似转化为n维标准正态分布

函数的计算。若各等时段内的各个可变与偶然荷载效应相互独立，永久荷载效应 S_G 完全相关，$S_Q(t_i)$ 和 $R(t_i)$ 相互独立，按抗力独立增量过程，可求得 $\rho[Z_i, Z_j]$（$i=1, 2, \cdots, n$；$j=1, 2, \cdots, n$）。至此，若能对多维标准正态分布函数进行计算，则可计算既有结构构件的可靠度。τ 取值较小，则 n 较大时，$\Phi(\cdot, \cdot)$ 计算还是比较困难。但 τ 若取较大，则近似程度必然较差。由上述分析可知，若按独立增量过程分析 $\rho[R(t_i), R(t_j)]$，其相关系数相差不大。

为进一步简化计算，引入平均相关系数 $\bar{\bar{\rho}}$ 以简化计算

$$\bar{\bar{\rho}} = \frac{1}{n(n-1)} \sum_{i,j=1, i \neq j}^{n} \rho[Z_i, Z_j] \tag{8-100}$$

则式（8-98）改写为

$$P_S(T') \approx \int_{-\infty}^{+\infty} \varphi(t) \prod_{i=1}^{n} \left\{ \Phi\left[\frac{\beta(t_i) - \sqrt{\bar{\bar{\rho}}}t}{\sqrt{1-\bar{\bar{\rho}}}}\right] \right\} dt \tag{8-101}$$

式中，$\varphi(\cdot)$ 为标准正态分布的密度函数。

式（8-101）计算的既有结构构件的可靠度是偏于安全的，且相对简单实用。

3. 按串联系统计算的变量变换法

将式（8-96）用一个新变量变换后形成新的功能函数，即可转化为拟建结构构件的计算问题。下面分析既有建筑结构构件的可靠性分析的变量变换法。

式（8-96）中，$F_{S_{Q_\tau}}(\cdot)$ 是某时段 τ 内 S_{Q_i} 的任意时点概率分布函数，在 T' 内 S_{Q_i} 在每一时段 τ 内均出现时，T' 内的 n 个时段中 S_{Q_i} 的最大值为 $S_{Q_{T'}}$，其概率密度函数为 $f_{S_{Q_{T'}}}(q_{T'})$，概率分布函数为 $F_{S_{Q_{T'}}}(q_{T'})$。则式（8-96）可改写为

$$\begin{aligned}
P_f(T') &= 1 - \int_0^{+\infty}\int_0^{+\infty}\cdots\int_0^{+\infty} f_{S_{Q_{T'}}}(q_{T'}) f_{R_1, R_2, \cdots, R_n}(r_1, r_2, \cdots, r_n) \\
&\quad \left(S_{Q_{T'}} < F^{-1}_{S_{Q_{T'}}}\left\{\prod_{i=1}^{n}[F_{S_{Q_{T'}}}(R_i - S_G)]^{\frac{1}{n}}\right\}\right) \times f_{S_G}(G) dq_{T'} dr_1 dr_2 \cdots dr_n dG \\
&= 1 - P\left\{S_{Q_{T'}} - F^{-1}_{S_{Q_{T'}}}\left[\prod_{i=1}^{n}[F_{S_{Q_{T'}}}(R_i - S_G)]^{1/n}\right] < 0\right\} \\
&= P\left\{F^{-1}_{S_{Q_{T'}}}\left[\prod_{i=1}^{n}[F_{S_{Q_{T'}}}(R_i - S_G)]^{1/n}\right] - S_{Q_{T'}} < 0\right\} \\
&= P\{g(R_1, R_2, \cdots, R_n, S_{Q_{T'}}, S_G) < 0\}
\end{aligned} \tag{8-102}$$

式中，$F^{-1}_{S_{Q_{T'}}}(\cdot)$ 是 $F_{S_{Q_{T'}}}(\cdot)$ 的反函数。

此时，既有结构构件的功能函数为

$$g(R_1, R_2, \cdots, R_n, S_{Q_{T'}}, S_G) = F^{-1}_{S_{Q_{T'}}}\left\{\prod_{i=1}^{n}[F_{S_{Q_{T'}}}(R_i - S_G)]^{1/n}\right\} - S_{Q_{T'}} \tag{8-103}$$

式（8-103）是在可变荷载效应 S_{Q_i} 相互独立的条件下得到的，且认为在 T' 内的 n 段（时段长为 τ）可变作用 Q_i 均出现，即出现次数为 n。对于既有结构构件，此时的 T' 是继续服役基准期。

式（8-103）将公式（8-96）的高维积分问题转换为拟建结构构件的可靠度分析，可用一次二阶矩法等。建筑结构构件的最大可变荷载效应 $S_{Q_{T'}}$ 一般认为服从极值Ⅰ型分布，则令

$$S_Q = F^{-1}_{S_{Q_{T'}}}\left\{\prod_{i=1}^{n}[F_{S_{Q_{T'}}}(R_i - S_G)]^{1/n}\right\} \tag{8-104}$$

有

$$F_{S_{Q_{T'}}}(Q) = \prod_{i=1}^{n}[F_{S_{Q_{T'}}}(R_i - S_G)]^{1/n} = \prod_{i=1}^{n}\{\exp[-\exp[-\alpha_{T'}(R_i - S_G - k_{T'})]]\}^{1/n}$$

$$= \exp\left\{-\frac{1}{n}\sum_{i=1}^{n}\exp[-\alpha_{T'}(R_i - S_G - k_{T'})]\right\} \tag{8-105}$$

从而有

$$F_{S_{Q_{T'}}}(S_Q) = \exp\{-\exp[-\alpha_{T'}(S_Q - k_{T'})]\} \tag{8-106}$$

比较式（8-105）与式（8-106），有

$$S_Q = -\frac{1}{\alpha_{T'}}\ln\left[\frac{1}{n}\sum_{i=1}^{n}\exp(-\alpha_{T'}R_i)\right] - S_G \tag{8-107}$$

将式（8-107）代入式（8-103），则功能函数为

$$g(R_1, R_2, \cdots, R_n, S_{Q_{T'}}, S_G) = -\frac{1}{\alpha_{T'}}\ln\left[\frac{1}{n}\sum_{i=1}^{n}\exp(-\alpha_{T'}R_i)\right] - S_G - S_{Q_{T'}} \tag{8-108}$$

式（8-108）即为 $S_{Q_{T'}}$ 服从极值Ⅰ型分布，S_{Q_i} 为相互独立时的既有结构构件可靠性分析的功能函数。其中，R_1，$R_2 \cdots$，R_n是彼此相关的，其均值与方差等按上述既有结构构件抗力的计算方法分析，在抗力 R_i的分布函数不变的假定条件下得到式（8-108）的具体形式，再用JC法计算。

若令 $R_i = R_0\phi_i(t)$，即任意时刻的抗力随机性依赖于 R_0 的随机性（R_0 为 $t=0$ 时刻的抗力），$\phi_i(t)$ 为确定性函数，则 R_1，$R_2 \cdots$，R_n之间完全相关，则抗力表达式中只有 R_0。另外，式（8-108）中的可变荷载组合效应 $S_{Q_{T'}}$ 可能存在若干个相关的可变荷载效应，则荷载效应组合应考虑其相关性的影响。考虑可变荷载效应相关的构件可靠度计算问题比较复杂，也可利用上述的变量变换方法，具体过程可参考其他文献。

由于 T' 内的可变作用的等时段分段数与既有结构构件的设计基准期 T 及设计使用期 N 和继续服役使用期 M 等有关，故既有结构构件的可靠度与上述时间变量有关。具体计算的结论表明，上述两种方法计算的既有构件可靠度比较接近。

【例题 8-2】 某梁的间距 4.2m，已使用 20 年，其抗力经检测后的均值和方差函数分别为 $E[R(t)] = 60\exp\{-5.183\times10^{-5}t^2\} - 6.50$，$D[R(t)] = 60\exp\{-5.183\times10^{-5}t^2\} - 6.50$。其中，抗力均值和方差的单位分别为 kN・m 和（kN・m）^{2}，$t \geqslant 20a$。若该梁承受恒载 G 的效应 S_G均值 $\mu_{S_G} = 31.13$kN・m，均方差 $\sigma_{S_G} = 2.179$kN・m，为正态分布；承受的持久性活荷载效应的均值为 $\mu_{L_i} = 2.117$kN・m，均方差为 $\sigma_{L_i} = 0.680$kN・m；承受的临时性活荷载效应的均值为 $\mu_{L_r} = 1.966$kN・m，均方差为 $\sigma_{L_r} = 1.058$kN・m，活荷载均服从极值Ⅰ型分布。设时刻 t_i的抗力服从对数正态分布，用上述两种方法分别计算继续服役基准期 T'年内的可靠指标。

【解】 根据作用组合原则，楼面活荷载组合中，以持久性活荷载的任意时点分布与临时活荷载在 T'年内最大值组合的均值较大，计算中取该组合。

（1）按串联系统计算的近似算法

$T' = 30$ 年内的楼面活荷载出现的次数为 3（取 $\tau = 10$ 年计算）；利用上述的抗力独立

增量过程假设，求出参数 $E[R(t_i)]$、$\sigma[R(t_i)]$、$\rho[R(t_i),R(t_j)]$ 和 $\rho[Z_i,Z_j]$。在按 $t_i=(i-0.5)\tau$，并假定两个可变荷载效应之间相互独立，利用抗力独立增量过程的假设，可计算抗力的相关系数，见表 8-2。

既有梁在各时段间的抗力相关系数 $\rho[R(t_i),R(t_j)]$ 及 $\rho[Z_i,Z_j]$ **表 8-2**

(t_i,t_j)	(t_1,t_2)	(t_2,t_3)	(t_1,t_3)
$\rho[R(t_i),R(t_j)]$	0.966	0.956	0.923
$\rho[Z_i,Z_j]$	0.841	0.911	0.783

根据 JC 法，按 $\beta(t_i)=\Phi^{-1}[P_S\{R(t_i)-S_G-S_Q(t_i)>0\}]$ $(i=1,2,3)$ 计算出 $\beta(t_i)$ 分别为 $\beta(t_1)=4.173$，$\beta(t_2)=2.933$，$\beta(t_3)=1.906$。用式（8-100）计算 $i=3$ 时的平均相关系数为 $\bar{\rho}=0.845$；用积分公式（8-101）计算该既有梁可靠指标（及相应的失效概率），见表 8-3。

既有梁的可靠指标 **表 8-3**

T'	10	20	30
①近似计算法	4.173	2.933	1.906
②变量变换法	4.173	2.610	1.610

（2）按串联系统计算的变量变换法

当 $T'=10$ 年时，同上述计算，$\beta(t_1)=\beta_{10}=4.173$。

当 $T'=20$ 年时，取 $n=2$（即取 $\tau=10$ 年）计算，按持久性活荷载的任意时点分布与临时活荷载在 20 年内的最大值组合得 $S_{Q_{T'}}$，其服从极值Ⅰ型分布，均值 $\mu_{S_{Q_{T'}}}=4.655$，标准差 $\sigma_{S_{Q_{T'}}}=1.258$（单位均为 kN·m）；分布参数为 $\alpha_{T'}=0.9809$，$k_{T'}=4.0889$。则式（8-108）的功能函数为

$$g(R_1,R_2,S_{Q_{T'}},S_G)=-1.0195\ln\left[\frac{1}{2}\sum_{i=1}^{2}\exp(-0.9809R_i)\right]-S_G-S_{Q_{T'}}$$

由于 R_1 与 R_2 是相关的（根据计算，相关系数为 0.966），故上述功能函数是非正态分布（除 S_G 外）与相关变量（R_1 与 R_2 相关）的非线性函数，按 JC 法求解的验算点值为 $R_1^*=44.605$，$R_2^*=36.993$，$S_{G^*}=33.392$，$S_{Q_{T'}}^*=4.317$（单位均为 kN·m）；$\beta(t_2)=\beta_{20}=2.610$。

当 $T'=30$ 年时，此时 $\mu_{S_{Q_{T'}}}=4.989$，$\sigma_{S_{Q_{T'}}}=1.258$（单位均为 kN·m），极值Ⅰ型分布参数 $\alpha_{T'}=0.9809$，$k_{T'}=4.4228$。式（8-108）形式的功能函数为

$$g(R_1,R_2,R_3,S_{Q_{T'}},S_G)=-1.0195\ln\left[\frac{1}{3}\sum_{i=1}^{3}\exp(-0.9809R_i)\right]-S_G-S_{Q_{T'}}$$

按 JC 法求解的验算点为 $R_1^*=57.780$，$R_2^*=39.500$，$R_3^*=34.500$，$S_G=32.020$，$S_{Q_{T'}}^*=3.500$（单位均为 kN·m）；$\beta(t_3)=\beta_{30}=1.610$。

表 8-3 的两种算法的结果较为相近，随着 T' 的增大，可靠指标迅速降低。

8.4.2 验证荷载条件下的既有结构可靠度

1. 验证荷载条件下既有结构的静态可靠度

上述分析了在验证荷载（确定值 R_P 或随机变量 Q^*）条件下的既有结构抗力的估计。无论是考虑确定性 R_P 或随机性 Q^* 对抗力的影响，都将提高既有结构或构件的计算可靠度，这一点业已被理论证明。但考虑随机性的验证荷载 Q^* 对既有结构或构件可靠性影响的研究不多，而且一般未考虑到抗力的时变性。未考虑抗力的时变性，当前时刻 τ_0' 之前在结构已存在且未破坏的情况下，将 τ_0' 之前经历的荷载作为验证荷载，这种情况是"未考虑结构的损伤、老化，如腐蚀和疲劳等"。

假定在随机荷载 Q 作用下既有结构已存活 L（年），在 Q 继续作用下再使用 t 年的可靠度为

$$\mathrm{Re}l(t\,|\,L)=\frac{\int_{-\infty}^{+\infty}F_Q^t(r)F_Q^L(r)f'_R(r)\mathrm{d}r}{\int_{-\infty}^{+\infty}F_Q^L(r)f'_R(r)\mathrm{d}r} \tag{8-109}$$

式（8-109）因为未考虑 R 的时变性，即验证荷载作用之前 R 的概率密度函数 $f'_R(r)$ 在 L 与 t 内是相同的，故而得出的结论是"旧结构的可靠性比新结构的可靠性高"，因为在同样的 t 时，使用式（8-109）计算的可靠度随着 L 的增大而增大，但显然这是不符合实际情况的。

2. 验证荷载条件下既有结构的动态可靠性

若考虑抗力 R 的时变性，则上述"旧有结构比新结构的可靠性高"的结论是不成立的，因为随着 t 与 L 的增加，抗力 R 必然下降。确定性 R_P 条件下的既有结构可靠性研究较多，下面讨论的是考虑随机性验证荷载，并考虑既有结构的抗力时变性条件下的动态可靠度计算方法。

设既有结构的永久作用效应为 S_G，可变荷载效应为 $S_Q(t)$，结构抗力随机过程为 $R(t)$。结构已使用 N 年，再服役 M 年内的结构可靠性问题可用验证荷载下的条件概率求得。将 N 年和 M 年分成等时段，时段数分别为 n 和 m，即 $\tau_n=N/n$、$\tau_m=M/m$。$S_Q(t)$ 与 $R(t)$ 离散为 n 和 m 个随机变量 $S_Q(t_i)$ 和 $R(t_i)$。其中，τ_n 与 τ_m 可以相同或不同。

考虑到在当前时刻 τ_0' 之前，既有结构并未失效，则有

$$Z(t)=R(t)-S_G-S_{Q_N}(t)>0 \quad (0<t\leqslant\tau_0') \tag{8-110}$$

将 $S_G+S_{Q_N}(t)$ 作为验证荷载效应，再考虑到 $R(t)$ 的相关性，当前时刻 τ_0' 处的抗力统计数字特征按上述随机性验证荷载作用下抗力数字特征计算，即从 $i=1$ 开始（即第一段）推求。若 S_G、$S_{Q_N}(t)$ 与 $R(t)$ 相互独立，则第 $i+1$ 段（$i\leqslant n+1$）抗力 R 的后验密度函数为

$$f_{R,i+1}^*(x)=\frac{F_{S_G}(x)f_{R,i}^*(x)F_{S_{Q,i+1}}(x)}{\int_{-\infty}^{+\infty}f_{R,i}^*(x)F_{S_G}(x)F_{S_{Q,i+1}}(x)\mathrm{d}x} \quad (i=0,1,2,\cdots,n-1) \tag{8-111}$$

式中，$f_{R,i}^*(x)$ 为第 i 段求得的抗力 R 后验密度函数，$i=0$ 时则为已知设计时的 R 密度函数；$F_{S_G}(x)$ 为 S_G 的分布函数；$F_{S_{Q,i+1}}(x)$ 为第 $i+1$ 段的可变荷载组合效应的分布函数。

第 $i+1$ 段的抗力 R 后验分布函数为

$$F_{R,i+1}^{*}(x)=\frac{\int_{-\infty}^{x}F_{S_G}(u)f_{R,i}^{*}(u)F_{S_{Q,i+1}}(u)\mathrm{d}u}{\int_{-\infty}^{+\infty}f_{R,i}^{*}(x)F_{S_G}(x)F_{S_{Q,i+1}}(x)\mathrm{d}x} \tag{8-112}$$

其均值和方差分别为

$$\mu_{R,i+1}^{*}=\int_{-\infty}^{+\infty}xf_{R,i+1}^{*}(x)\mathrm{d}x=\frac{\int_{-\infty}^{+\infty}xF_{S_G}(x)f_{R,i}^{*}(x)F_{S_{Q,i+1}}(x)\mathrm{d}x}{\int_{-\infty}^{+\infty}f_{R,i}^{*}(x)F_{S_G}(x)F_{S_{Q,i+1}}(x)\mathrm{d}x} \tag{8-113}$$

$$\begin{aligned}D_{R,i+1}^{*}&=\int_{-\infty}^{+\infty}(x-\mu_{R,i+1}^{*})^2f_{R,i+1}^{*}(x)\mathrm{d}x\\&=\frac{\int_{-\infty}^{+\infty}(x-\mu_{R,i+1}^{*})^2F_{S_G}(x)f_{R,i}^{*}(x)F_{S_{Q,i+1}}(x)\mathrm{d}x}{\int_{-\infty}^{+\infty}f_{R,i}^{*}(x)F_{S_G}(x)F_{S_{Q,i+1}}(x)\mathrm{d}x}\end{aligned} \tag{8-114}$$

求出的$R(t)$在τ_0'处（分段推求）的均值与方差，即为在验证荷载效应$S_G+S_{Q_N}(t)$作用后的$R(t)$的后验分布数字特征，也即为对既有结构的设计抗力修正值。若已知抗力随机过程离散后的随机变量分布形式，则可计算后续服役期M年内的可靠度。

【例题 8-3】 条件同例题 8-2。如果该梁设计的抗力均值和方差函数为$E[R(t)]=60\exp\{-5.183\times10^{-5}t^2\}$（kN·m），$D[R(t)]=200\exp\{1.138\times10^{-4}t^2\}$（kN·m）^{2}。已使用$N$年（$N$=10，20，…，50）。当前时刻$\tau_0'$处的抗力未检测，由上述方法验证求得，包括荷载参数及分布的其他参数同例题 8-2。此梁在建成初期（$t=0$）抗力均值 60kN·m、方差 200（kN·m）^{2}。求继续服役M年的可靠指标。

【解】 利用式（8-111）～（8-114）数值积分得使用N年后抗力$R(t)$在各时刻数字特征。考虑使用N年后所受到的验证荷载（包括恒载、持久性和临时性活载），在同一时刻抗力的均方差比设计值小（方差则小更多），均值也比设计值小。抗力的概率密度曲线中较低部分的抗力被验证荷载“过滤”，从而提高了结构构件的计算可靠度。

（1）按设计抗力并考虑其衰减的梁动态可靠性

首先计算设计抗力及设计功能函数的相关系数，按上述的独立增量过程计算的设计抗力相关系数$\rho[R(t),R(t+\Delta t)]=\exp\{-5.689\times10^{-5}(2t+\Delta t)\Delta t\}$；再由式（8-100）计算设计构件功能函数的平均相关系数$\rho[Z_i, Z_j]$；以 JC 法按$\beta(t_i)=\Phi^{-1}[P_S\{R(t_i)-S_G-S_Q(t)>0\}]$计算$\beta(t_i)$，利用上述串联系统计算的近似算法，求得后续服役期内动态可靠指标，即图 8-5 的$N=0$曲线。

（2）已使用$N=20$年后的梁动态可靠性

若该梁已使用 20 年，则继续服役期内的抗力考虑已使用期的验证荷载验证后，计算得到其抗力的均值和方差分别为（$t\geqslant20$）

$$E[R(t)]=60\exp\{-5.183\times10^{-5}t^2\}-4.423$$

$$D[R(t)]=200\exp\{1.138\times10^{-4}t^2\}-106.422$$

用式（8-111）～式（8-114）数值积分得到的使用$N=20$年的值作为依据修改设计抗力的均值与方差函数，可分别得到在未来 30 年内各时段抗力的均值和方差。$R(t)$的相关性按独立增量过程分析，同样可求得未来 30 年功能函数的相关系数。用 JC 法按$\beta(t_i)$计算$\beta(t_i)$，再利用串联系统计算的近似算法求得后续服役期 30 年内该既有梁的动态可靠指标，即图 8-5 的 $N=20$ 曲线。

(3) 已使用 $N=30$ 年后的梁动态可靠性

若已使用 30 年，类似地得到抗力均值与方差函数（$t\geqslant 30$）和 $R(t)$ 的相关系数；相同的方法计算得到 $\beta(t_i)$ 和后续服役期 20 年内梁的动态可靠指标，即图 8-5 的 $N=30$ 曲线。

从图 8-5 可知，考虑了验证荷载之后的既有梁的可靠指标得以提高，而且 $N=20$ 年和 $N=30$ 年两根曲线，随着继续使用基准期的延长趋近一致，但 $N=30$ 年时比 $N=20$ 年可靠指标提高的比例更大。图 8-5 中，A 线为不考虑抗力随时间变化，即当 $\mu_R=60.0\text{kN}\cdot\text{m}$、$\sigma_R=\sqrt{200.0}\text{kN}\cdot\text{m}$ 时的 β，其活荷载采用持久性活荷载的任意时点分布与临时活荷载在设计基准期内最大值分布的组合。A 线的 β 值变化很小，其随时间下降仅是由于荷载效应随设计基准期延长而增加，与抗力下降无关。

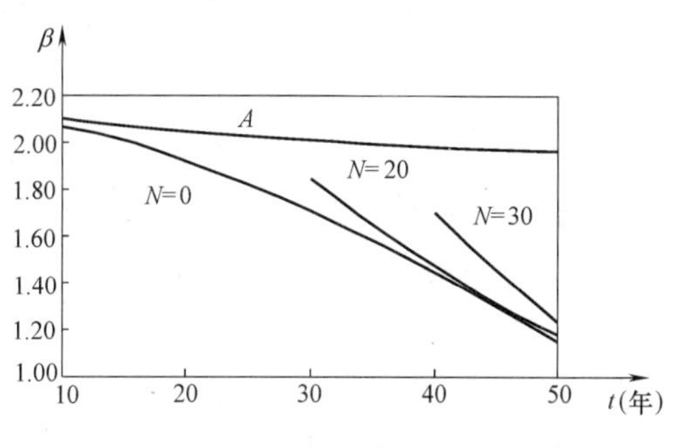

图 8-5　既有梁的动态可靠指标

以上的结构动态可靠度分析方法中，$R(t)$ 为随机过程，且可考虑当前时刻 τ_0' 的抗力实测值对后续服役期抗力的影响。如果视 $R(t)$ 为随机变量，用衰减函数 $\varphi(t)$ 来描述 t 时刻（$t>\tau_0'$）的抗力，且验证荷载效应为确定值 x_P，则问题变得十分简单。

8.5　既有工程结构体系可靠性

上述的既有结构可靠性分析方法，只限于结构构件或结构只有一种破坏（失效）模式的计算。通常，一个结构由许多简单构件组成，且具有多种破坏（失效）模式，因此应以系统的观点分析结构可靠度，也即进行结构体系的可靠性分析。由于既有结构或构件存在多个验证模式和多失效模式，既有结构体系的可靠度计算必须考虑这些验证模式之间的相关性。在考虑其经历验证荷载及抗力的时变性时，既有结构体系的可靠性计算更复杂。如果利用验证荷载的直接验证信息，但不考虑到抗力退化的影响，推求的既有结构体系在后续服役期可靠度的误差较大。为此，下面讨论考虑验证荷载和抗力时变性，并考虑失效模式与验证模式的相关性的既有结构体系可靠度计算方法（点值估计方法）。

8.5.1　既有结构失效模式和验证模式及相关性

1. 单一失效模式与验证模式及相关性

(1) 失效模式与验证模式

设既有结构在未来 $[\tau_0', \tau_0'+T']$ 期内的功能函数为 $Z=g(X_1, X_2, \cdots, X_i, \cdots, X_n)$，其中 X_i 为与既有结构抗力和荷载效应等有关的基本随机变量，X_i 与 X_j（$i, j=1, 2, \cdots, n$）之间不一定统计独立，记其相关系数为 ρ_{ij}。若结构在 τ_0'（当前时刻）之前承受过验证荷载而未失效，而验证荷载下既有结构的极限方程为

$$\widetilde{Z}=\widetilde{g}(\widetilde{X}_1,\widetilde{X}_2,\cdots,\widetilde{X}_i,\cdots,\widetilde{X}_n)=0 \tag{8-115}$$

此时说明 $\widetilde{Z}>0$。同样地，记 $\widetilde{X}_i$ 与 $\widetilde{X}_j$（i，$j=1$，2，…，n）之间的相关系数为 $\tilde{\rho}_{ij}$。称 $Z\leqslant 0$ 为结构的失效模式，而 $\widetilde{Z}\leqslant 0$ 为结构的验证模式。（在此，约定 $\widetilde{Z}$ 中的上标为"验证"之意。）

以 $E_{T'}$ 表示该结构在未经验证荷载试验之前的失效事件（$Z\leqslant 0$，在 $[\tau_0', \tau_0'+T']$ 内）；E_D 表示结构经验证模式（$\widetilde{Z}\leqslant 0$，在 $[0, \tau_0']$ 内）后未失效的事件。那么，经验证荷载试验后结构的失效事件为 $E=E_{T'}E_D$（在 $[\tau_0', \tau_0'+T']$ 内），即在 $[0, \tau_0']$ 内经验证荷载试验之后，结构在未来 $[\tau_0', \tau_0'+T']$ 内的失效事件是试验后生存事件与试验前失效事件的交，结构在未来 $[\tau_0', \tau_0'+T']$ 内的失效概率则为

$$P_{\mathrm{f}}=P(E_{T'}\cap E_D) \tag{8-116}$$

式（8-116）相当于

$$P_{\mathrm{f}}=P[Z\leqslant 0\cap \widetilde{Z}\leqslant 0] \tag{8-117}$$

式（8-117）即为结构失效模式和验证模式与结构体系失效事件之间的关系，如图 8-6 所示。

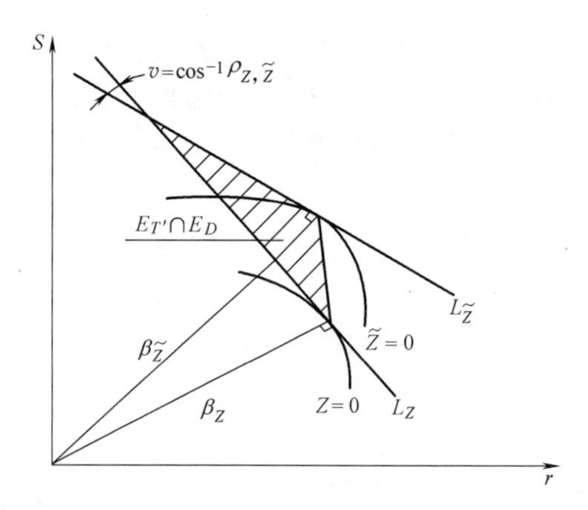

图 8-6　失效（验证）模式与体系失效事件之关系

（图中的 L_Z 和 $L_{\widetilde{Z}}$ 为功能函数 Z 及 $\widetilde{Z}$ 的线性化函数）

由式（8-117），有

$$P_{\mathrm{f}}=P[Z\leqslant 0\cap\widetilde{Z}\leqslant 0]=P(Z\leqslant 0\,|\,\widetilde{Z}\leqslant 0)P(\widetilde{Z}\leqslant 0) \tag{8-118}$$

根据条件概率公式，有

$$P(Z\leqslant 0\,|\,\widetilde{Z}\leqslant 0)=\Phi\left[\frac{-(\beta_Z-\rho_{Z,\widetilde{Z}}A)}{\sqrt{1+\rho_{Z,\widetilde{Z}}^2B}}\right] \tag{8-119}$$

式（8-119）中

$$A=\frac{\varphi(-\beta_{\widetilde{Z}})}{\Phi(-\beta_{\widetilde{Z}})} \tag{8-120}$$

$$B=A(\beta_{\widetilde{Z}}-A) \tag{8-121}$$

式中，$\varphi(\cdot)$ 与 $\Phi(\cdot)$ 分别为标准正态分布的概率密度函数和分布函数；β_Z 为未计及验证荷载试验时的可靠指标（结构在后续继续服役 $[\tau_0', \tau_0'+T']$ 内）；$\beta_{\widetilde{Z}}$ 则为验证荷载模

式的结构在［0，τ_0'］内的可靠指标，可以由 JC 法或其他方法求得；$\rho_{Z,\tilde{Z}}$为 Z 与 $\tilde{Z}$ 的线性相关系数

$$\rho_{Z,\tilde{Z}}=\frac{\mathrm{Cov}(Z,\tilde{Z})}{\sqrt{D(Z)D(\tilde{Z})}} \tag{8-122}$$

式中，$\mathrm{Cov}(Z,\tilde{Z})$ 为 Z 与 $\tilde{Z}$ 之间的协方差；$D(Z)$ 与 $D(\tilde{Z})$ 为 Z 与 $\tilde{Z}$ 的方差。

若既有结构的验证模式为 $\tilde{Z}=R-q\leqslant 0$ 的简单形式，其中 q 为验证荷载效应，R 为抗力；失效模式为 $Z=R-S\leqslant 0$，其中 R 与 S 分别为抗力与荷载效应。若 R 与 S 均为正态分布，在验证模式 $\tilde{Z}=R-q\leqslant 0$ 与失效模式 $Z=R-S\leqslant 0$ 下，结构的失效概率为

$$P_{\mathrm{f}}=(P_{T'}+P_D)\left(1-\frac{\nu}{\pi}\right) \tag{8-123}$$

式中，

$$P_{T'}=\Phi(-\beta_Z)\Phi\left(-\frac{\beta_Z-\rho_{Z,\tilde{Z}}\beta_{\tilde{Z}}}{\sqrt{1-\rho_{Z,\tilde{Z}}^2}}\right) \tag{8-124a}$$

$$P_D=\Phi(-\beta_{\tilde{Z}})\Phi\left(-\frac{\beta_{\tilde{Z}}-\rho_{Z,\tilde{Z}}\beta_Z}{\sqrt{1-\rho_{Z,\tilde{Z}}^2}}\right) \tag{8-124b}$$

$$\nu=\cos^{-1}\rho_{Z,\tilde{Z}} \tag{8-124c}$$

式中的 β_Z和$\beta_{\tilde{Z}}$含义同上；$\rho_{Z,\tilde{Z}}$计算式同式（8-122）；ν 如图 8-6 所示。

以式（8-123）计算的误差较大，尤其是当可靠指标较小（失效概率较大）时；当 Z 与 $\tilde{Z}$ 正相关性较强时，其值可能低于 Ditlevsen 的下界。式（8-118）比式（8-123）的近似性好，可用于既有结构体系可靠度的近似计算。

若既有结构只是单一失效模式和验证模式，按上述方法可计算结构（实际上应为构件）在已作用验证荷载试验之后（在［0，τ_0'］）、在未来［τ_0'，$\tau_0'+T'$］内的可靠度。值得注意的是，上述推导未限定 Z 与 $\tilde{Z}$ 中的变量数目，变量数目在 Z 与 $\tilde{Z}$ 中可以相等或不等，而变量应是在各自的时间范围内取相应值（即 Z 中的变量在［τ_0'，$\tau_0'+T'$］内，$\tilde{Z}$ 中的变量在［0，τ_0'］内）。

（2）相关性分析

若验证模式与失效模式的功能函数是基本随机变量的线性函数，分别记为

$$Z=C_0+\sum_{i=1}^{n}C_iX_i \quad (i=1,2,\cdots,n) \tag{8-125}$$

$$\tilde{Z}=\tilde{C}_0+\sum_{j=1}^{n}\tilde{C}_j\tilde{X}_j \quad (j=1,2,\cdots,n) \tag{8-126}$$

则式（8-122）改写为

$$\rho_{Z,\tilde{Z}}=\frac{\sum_{i=1}^{n}\sum_{j=1}^{n}\rho_{X_i,\tilde{X}_j}C_i\tilde{C}_j\sigma_{X_i}\sigma_{\tilde{X}_j}}{\sigma_Z\sigma_{\tilde{Z}}} \tag{8-127}$$

其中

$$\sigma_Z = \left[\sum_{i=1}^{n}\sum_{k=1}^{n}\rho_{X_iX_k}C_i\sigma_{X_i}\sigma_{X_k}\right]^{\frac{1}{2}} \tag{8-128a}$$

$$\sigma_{\tilde{Z}} = \left[\sum_{j=1}^{n}\sum_{l=1}^{n}\rho_{\tilde{X}_j\tilde{X}_l}\tilde{C}_j\sigma_{\tilde{X}_j}\sigma_{\tilde{X}_l}\right]^{\frac{1}{2}} \tag{8-128b}$$

式中，ρ_{X_i,X_k}与$\rho_{\tilde{X}_j,\tilde{X}_l}$分别为$Z$与$\tilde{Z}$中基本随机变量之间的相关系数；$\sigma_{X_i}$与$\sigma_{\tilde{X}_j}$为随机变量$X_i$和$\tilde{X}_j$的标准差。

若验证模式与失效模式的功能函数为基本随机变量的非线性函数，则$\rho_{Z,\tilde{Z}}$的计算很困难，仅可进行近似计算。此时，可将两个极限状态在各自的验算点处线性化以求$\rho_{Z,\tilde{Z}}$

$$\rho_{Z,\tilde{Z}} = \frac{\sum_{i=1}^{n}\sum_{j=1}^{n}\rho_{X_i,\tilde{X}_j}\dfrac{\partial g}{\partial X_i}\dfrac{\partial \tilde{g}}{\partial \tilde{X}_j}\sigma_{X_i}\sigma_{\tilde{X}_j}}{\sigma_Z\sigma_{\tilde{Z}}} \tag{8-129}$$

其中，

$$\sigma_Z = \left[\sum_{i=1}^{n}\sum_{k=1}^{n}\rho_{X_iX_k}\frac{\partial g}{\partial X_i}\frac{\partial g}{\partial X_k}\sigma_{X_i}\sigma_{X_k}\right]^{\frac{1}{2}} \tag{8-130a}$$

$$\sigma_{\tilde{Z}} = \left[\sum_{j=1}^{n}\sum_{l=1}^{n}\rho_{\tilde{X}_j\tilde{X}_l}\frac{\partial \tilde{g}}{\partial \tilde{X}_j}\frac{\partial \tilde{g}}{\partial \tilde{X}_l}\sigma_{\tilde{X}_j}\sigma_{\tilde{X}_l}\right]^{\frac{1}{2}} \tag{8-130b}$$

式中，$\dfrac{\partial g}{\partial X_i}$、$\dfrac{\partial g}{\partial X_k}$和$\dfrac{\partial \tilde{g}}{\partial \tilde{X}_j}$、$\dfrac{\partial \tilde{g}}{\partial \tilde{X}_l}$分别为在验算点$X^*=\{X_1^*，X_2^*，\cdots，X_n^*\}$和$\tilde{X}^*=\{\tilde{X}_1^*，\tilde{X}_2^*，\cdots，\tilde{X}_n^*\}$处的取值。

当基本随机变量均服从正态分布，且相互独立，则$\rho_{Z,\tilde{Z}}$可由灵敏系数表示为

$$\rho_{Z,\tilde{Z}} = \sum_{i=1}^{n}\alpha_i\tilde{\alpha}_i \tag{8-131}$$

式中，α_i与$\tilde{\alpha}_i$（$i=1，2，\cdots，n$）分别为失效模式与验证模式的极限状态方程中相应于X_i和$\tilde{X}_i$的灵敏系数。

2. 多失效模式与验证模式及相关性

由于结构体系一般存在多个失效模式，相应地也会出现多种验证模式。若既有结构的使用功能在$[0，\tau_0']$与$[\tau_0'，\tau_0'+T']$两时段内没有太大变化时，失效模式数与验证模式个数可能相同。下面讨论多失效模式与多种验证模式时的相关性。

（1）多失效模式及其相关性分析

在$[\tau_0'，\tau_0'+T']$内，设结构的所有m个失效模式为向量$\boldsymbol{z}$

$$\boldsymbol{z}=[z_1,z_2,\cdots,z_m]^{\mathrm{T}} \tag{8-132}$$

式中，$z_i=z_i(x_1，x_2，\cdots，x_n)$，$i=1，2，\cdots，m$；$x_j(j=1，2，\cdots，n)$为基本随机变量。

类似于上述方法，在考虑验证荷载之前，$[\tau_0'，\tau_0'+T']$内的各失效模式之间的相关系数为

$$\rho_{z_i,z_j}=\frac{\mathrm{Cov}(z_i,z_j)}{\sqrt{D(z_i)\cdot D(z_j)}} \tag{8-133}$$

式中，$\mathrm{Cov}(z_i, z_j)$ 为 z_i 与 z_j 之间的协方差，$D(z_i)$ 和 $D(z_j)$ 分别为 z_i 与 z_j 的方差。

若 m 个失效模式的功能函数为基本随机变量的线性函数，类似于式（8-127），有

$$\rho_{z_i,z_j}=\frac{\sum_{i=1}^{n}\sum_{j=1}^{n}\rho_{x_i,x_j}C_iC_j\sigma_{x_i}\sigma_{x_j}}{\sigma_{z_i}\sigma_{z_j}} \tag{8-134}$$

如果功能函数为基本随机变量的非线性函数，也可在验算点处线性化取近似值，则 ρ_{z_i,z_j} 的计算公式类似于式（8-129）～式（8-130b）。

设任意两个失效模式之间的相关系数为 ρ_{ij}，则多个失效模式之间组成的相关矩阵可表示为

$$\boldsymbol{\rho}=\begin{bmatrix}1 & \rho_{12} & \cdots & \rho_{1m}\\ \rho_{21} & 1 & \cdots & \rho_{2m}\\ & & \cdots & \\ \rho_{m1} & \rho_{m2} & \cdots & 1\end{bmatrix} \tag{8-135}$$

而 $\boldsymbol{\rho}$ 为 $m\times m$ 的实对称矩阵，有 $\rho_{ij}=\rho_{ji}$（i，$j=1$，2，…，m）。

各失效模式的可靠指标分别为 β_i（$i=1$，2，…，m）组成一个向量 $\boldsymbol{\beta}$

$$\boldsymbol{\beta}=[\beta_1,\beta_2,\cdots,\beta_m]^{\mathrm{T}} \tag{8-136}$$

式（8-136）是未经验证荷载试验，既有结构有 m 个失效模式时各失效模式下的可靠指标向量。若不考虑验证荷载试验，则由式（8-135）和式（8-136）等，再利用现有的结构体系可靠度近似公式可计算结构体系的失效概率。

（2）多验证模式及相关性分析

若结构在某一验证荷载 $\tilde{x}_l=[\tilde{x}_1, \tilde{x}_2, \cdots, \tilde{x}_n]$（$l=1$，2，…，$n$）作用下（在 $[0, \tau_0']$ 内）未失效，结构的验证模式为 $\tilde{z}_l=\tilde{g}_l(\tilde{x}_1, \tilde{x}_2, \cdots, \tilde{x}_n)$，那么，验证模式向量记为

$$\tilde{\boldsymbol{z}}=[\tilde{z}_1,\tilde{z}_2,\cdots,\tilde{z}_m]^{\mathrm{T}} \tag{8-137}$$

类似于上述讨论，同样可得任意两个验证模式之间的相关系数 $\tilde{\rho}_{\tilde{z}_i,\tilde{z}_j}$ 为

$$\tilde{\rho}_{\tilde{z}_i,\tilde{z}_j}=\frac{\mathrm{Cov}(\tilde{z}_i,\tilde{z}_j)}{\sqrt{D(\tilde{z}_i)\cdot D(\tilde{z}_j)}} \tag{8-138}$$

写成矩阵形式，得所有验证模式的相关系数矩阵 $\tilde{\boldsymbol{\rho}}$ 为

$$\tilde{\boldsymbol{\rho}}=\begin{bmatrix}1 & \tilde{\rho}_{12} & \cdots & \tilde{\rho}_{1m}\\ \tilde{\rho}_{21} & 1 & \cdots & \tilde{\rho}_{2m}\\ & & \cdots & \\ \tilde{\rho}_{m1} & \tilde{\rho}_{m2} & \cdots & 1\end{bmatrix} \tag{8-139}$$

而 $\tilde{\boldsymbol{\rho}}$ 也为 $m\times m$ 的实对称矩阵，有 $\tilde{\rho}_{ij}=\tilde{\rho}_{ji}$（$i$，$j=1$，2，…，$m$）；$\tilde{\rho}_{\tilde{z}_i,\tilde{z}_j}$ 可由式（8-138）求得。

同样，可得各验证模式的可靠指标 $\tilde{\beta}_i$（$i=1$，2，…，m）

$$\tilde{\boldsymbol{\beta}}=[\tilde{\beta}_1,\tilde{\beta}_2,\cdots,\tilde{\beta}_m]^{\mathrm{T}} \tag{8-140}$$

（3）验证模式与失效模式之间的相关性分析

对于验证模式 $\tilde{z}_j$ 与失效模式 z_i，类似于式（8-122），同样有线性相关系数 $\rho_{z_i,\tilde{z}_j}$ 为

$$\rho_{z_i,\tilde{z}_j}=\frac{\mathrm{Cov}(z_i,\tilde{z}_j)}{\sqrt{D(z_i)\cdot D(\tilde{z}_j)}} \tag{8-141}$$

式中，$\mathrm{Cov}(z_i, \tilde{z}_j)$ 是第 j 个验证模式 $\tilde{z}_j$ 与第 i 个失效模式 z_i 的协方差；$D(\tilde{z}_j)$ 与 $D(z_i)$ 分别是第 j 个验证模式 $\tilde{z}_j$ 与第 i 个失效模式 z_i 的方差。

从而形成 m 个验证模式与 m 个失效模式的相关系数矩阵 $\boldsymbol{\rho}_{z,\tilde{z}}$

$$\boldsymbol{\rho}_{z,\tilde{z}}=\begin{bmatrix}\rho_{z_1,\tilde{z}_1} & \rho_{z_1,\tilde{z}_2} & \cdots & \rho_{z_1,\tilde{z}_m}\\ \rho_{z_2,\tilde{z}_1} & \rho_{z_2,\tilde{z}_2} & \cdots & \rho_{z_2,\tilde{z}_m}\\ & & \cdots & \\ \rho_{z_m,\tilde{z}_1} & \rho_{z_m,\tilde{z}_2} & \cdots & \rho_{z_m,\tilde{z}_m}\end{bmatrix} \tag{8-142}$$

式（8-142）中的各元素 $\rho_{z_i,\tilde{z}_j}$，由式（8-141）根据上节所述求得，从而形成了所有的 m 个验证模式与 m 个失效模式之间的线性相关系数矩阵。

8.5.2 考虑验证模式的既有结构体系失效概率的点估计方法

1. 考虑验证模式的理论公式

由上述分析可知，由式（8-118）和式（8-119）求出第 i 个失效模式 z_i 在第 j 个验证模式 $\tilde{z}_j$ 验证下的失效概率为：

$$\begin{aligned}P_{z_i,\tilde{z}_j}&=P[z_i\leqslant 0\cap \tilde{z}_j\leqslant 0]=P(z_i\leqslant 0\mid \tilde{z}_j\leqslant 0)P(\tilde{z}_j\leqslant 0)\\ &=\Phi\left[-\frac{\beta_{z_i}-\rho_{z_i,\tilde{z}_j}A_j}{\sqrt{1+\rho^2_{z_i,\tilde{z}_j}B_j}}\right]P(\tilde{z}_j<0)\end{aligned} \tag{8-143}$$

其中

$$A_j=\frac{\varphi(-\beta_{\tilde{Z}_j})}{\Phi(-\beta_{\tilde{Z}_j})} \tag{8-144a}$$

$$B_j=A(\beta_{\tilde{Z}_j}-A_j) \tag{8-144b}$$

从而形成失效概率矩阵 $\boldsymbol{P}_{\tilde{z},z}$

$$\boldsymbol{P}_{z,\tilde{z}}=\begin{bmatrix}P_{z_1,\tilde{z}_1} & P_{z_1,\tilde{z}_2} & \cdots & P_{z_1,\tilde{z}_m}\\ P_{z_2,\tilde{z}_1} & P_{z_2,\tilde{z}_2} & \cdots & P_{z_2,\tilde{z}_m}\\ & & \cdots & \\ P_{z_m,\tilde{z}_1} & P_{z_m,\tilde{z}_2} & \cdots & P_{z_m,\tilde{z}_m}\end{bmatrix} \tag{8-145}$$

既有结构体系在全部失效模式下经全部验证荷载试验后的失效概率 P_{f}，可表示为

$$P_{\mathrm{f}}=P\{\bigcup_{i=1}^{m}P[\bigcup_{j=1}^{m}(z_i\leqslant 0\cap \tilde{z}_j\leqslant 0)]\} \tag{8-146}$$

既有结构体系的全部验证模式与失效模式及作用的随机过程如图 8-7 所示。

记第 i 个失效模式 z_i 在第 j 个验证模式 $\tilde{z}_j$ 验证模式下的失效事件为 $E_{i,j}$，$P(E_{i,j})$ 即为式（8-143）计算的结果。因此，式（8-146）中的 $P[\bigcup_{j=1}^{m}(z_i\leqslant 0\cap\tilde{z}_j\leqslant 0)]$ 表示第 i 个失

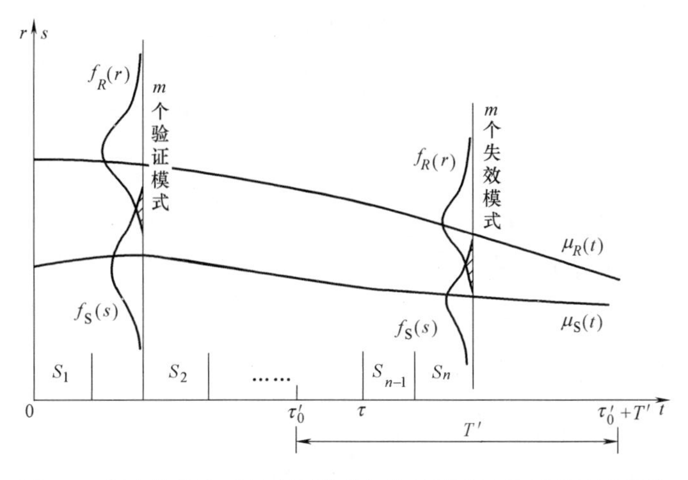

图 8-7 既有结构体系的验证模式与失效模式及作用的随机过程

效模式在全部 m 个验证模式下的失效事件 E_i 的概率 $P(E_i)$，则式（8-146）改写为

$$P_{\mathrm{f}} = P\{\bigcup_{i=1}^{m} P(E_i)\} \tag{8-147}$$

上式的 $P(E_i)$ 为

$$\begin{aligned} P(E_i) &= P\{\bigcup_{k=1}^{m} P(E_{i,k})\} = 1 - P(\overline{E}_{i,1})P[(\bigcap_{k=2}^{m} \overline{E}_{i,k}) \mid \overline{E}_i] \\ &= 1 - P(\overline{E}_{i,1})P(\overline{E}_{i,2} \mid \overline{E}_{i,1})\cdots P(\overline{E}_{i,m} \mid \overline{E}_{i,1}, \overline{E}_{i,2}, \cdots, \overline{E}_{i,m-1}) \end{aligned} \tag{8-148}$$

上式（8-148）是在 m 个验证模式条件下，第 i 个失效模式 z_i 的失效事件 E_i 的概率 $P(E_i)$ 的计算公式。$\overline{E}_i$ 是 E_i 的逆事件，即第 i 个失效模式在全部验证模式下的安全事件；$\overline{E}_{i,k}$ 是 $E_{i,k}$ 的逆事件，即第 i 个失效模式在第 k 个验证模式下的安全事件。由于 E_i（$i=1$，2，…，m）是相容的，故既有结构体系的失效概率为

$$\begin{aligned} P_{\mathrm{f}} &= P\{\bigcup_{i=1}^{m} P(E_i)\} = 1 - P(\overline{E}_1)P[(\bigcap_{i=2}^{m} \overline{E}_i) \mid \overline{E}_1] \\ &= 1 - P(\overline{E}_1)P(\overline{E}_2 \mid \overline{E}_1)\cdots P(\overline{E}_m \mid \overline{E}_1, \overline{E}_2, \cdots, \overline{E}_{m-1}) \end{aligned} \tag{8-149}$$

因此，在 m 个失效模式与 m 个验证模式下的既有结构体系失效概率，实际上是两个层次（每个层次的事件相容）的条件概率，即求解两个层次的条件概率的乘积。一般来说，直接求式（8-149）较为困难。

2. 条件概率计算

（1）一般公式

对于由 m 个验证模式验证后的失效事件 E_i，其概率 $P(E_i)$ 为

$$E_i = E_{i,1} \cup E_{i,2} \cup \cdots \cup E_{i,m} \tag{8-150}$$

则由第 2 章的条件概率和加法公式可知

$$\begin{aligned} P(E_i) &= P(\bigcup_{j=1}^{m} E_{i,j}) \\ &= \sum_{j=1}^{m} P(E_{i,j}) - \sum_{1 \leqslant j < k \leqslant m} P(E_{i,j}E_{i,k}) + \sum_{1 \leqslant j < k < g \leqslant m} P(E_{i,j}E_{i,k}E_{i,g}) \\ &\quad - \cdots + (-1)^{m-1} P(\bigcap_{j=1}^{m} E_{i,j}) \end{aligned} \tag{8-151}$$

因此，$P(E_i)$ 的计算在于求各事件交的概率。

式（8-151）中，$P(E_{i,j}E_{i,k})$ 及 $P(E_{i,j})$ 等均可按式（8-118）和式（8-143）等形式求得，可获得各个失效模式经验证荷载验证后的失效概率 $P(E_i)$（$i=1,2,\cdots,m$），从而组成一个向量 $\widetilde{\boldsymbol{P}}$

$$\widetilde{\boldsymbol{P}}=[P(E_1),P(E_2),\cdots,P(E_m)]^{\mathrm{T}} \tag{8-152}$$

若任一失效模式发生失效事件 E_i，则导致结构体系的失效事件 E 发生，则有

$$E=\bigcup_{i=1}^{m}E_i \tag{8-153}$$

再利用概率的一般加法公式，有

$$\begin{aligned}P(E) &= P(\bigcup_{i=1}^{m}E_i)\\ &=\sum_{i=1}^{m}P(E_i)-\sum_{1\leqslant i<j\leqslant m}P(E_iE_j)+\sum_{1\leqslant i<j<k\leqslant m}P(E_iE_jE_k)\\ &\quad-\cdots+(-1)^{m-1}P(\bigcap_{i=1}^{m}E_i)\end{aligned} \tag{8-154}$$

式（8-154）中的 $P(E_iE_j)$（$1\leqslant i<j\leqslant m$）等，仍可按公式（8-118）和式（8-143）求得。故公式（8-154）是表示既有结构有 m 个失效模式，经 m 个验证模式验证后的其结构体系的失效概率计算公式。注意到公式（8-154）中的失效模式 $z_i(i=1,2,\cdots,m)$ 的时间段是 $[\tau_0',\tau_0'+T']$，而验证模式 $\tilde{z}_j(j=1,2,\cdots,m)$ 是在时段 $[0,\tau_0']$ 上的。因此，公式（8-154）既反映了验证荷载作用，又反映了既有结构体系作用效应的计算特点。另外，在上述各公式中，可以考虑基本变量之间的相关性以及其时变性，利用验算点法等计算，从而计算出考虑抗力退化时的 $P(E_{i,j})$，形成了既有结构体系的可靠度计算公式。

（2）简单情况下的条件概率计算

若既有结构的验证模式为 $\widetilde{Z}=R-q\leqslant 0(t\in[0,\tau_0'])$，失效模式为 $Z=R-S\leqslant 0(t\in[\tau_0',\tau_0'+T'])$。若 R 与 S 均为正态分布，并利用式（8-123)，有第 i 个失效模式经所有的 m 个验证模式验证后的失效事件 E_i 的失效概率 $P(E_i)$ 为

$$\begin{aligned}P(E_i) &= P(E_{i,1})-P(E_{i,1,2})+P(E_{i,3})-[P(E_{i,1,3})+P(E_{i,2,3})]\\ &\quad+P(E_{i,1,2,3})+\cdots+P(E_{i,m})-\sum_{j=1}^{m-1}P(E_{i,j,m})+\max[\sum_{J,k\in 1,m-1}^{m-2}P(E_{i,m,j,k})]\end{aligned} \tag{8-155}$$

式（8-155）中的 $P(E_{i,j,k})$ 按公式（8-123）求得；而

$$P(E_{i,m,j,k})=P(E_{i,j,m})-P(E_{i,c,j,k}) \tag{8-156}$$

$$P(E_{i,c,j,k})=[P(A_{i,j})+P(B_{i,k})]\frac{\nu_{A,B}}{\pi} \tag{8-157}$$

上述公式中，$P(A_{i,j})=P(E_{i,j})$，$P(B_{i,k})=P(E_{i,k})$，均可按式（8-123）求出，其 $\nu_{A,B}$ 为

$$\nu_{A,B}=\cos^{-1}\rho_{A,B} \tag{8-158}$$

式中，$\rho_{A,B}$ 即为模式 $E_{i,j}$ 与模式 $E_{i,k}$ 之间的相关系数。

通过上述计算，可获得各失效模式经所有验证荷载验证后的失效概率 $P(E_i)$（$i=1$，

2，…，m），组成一个向量 $\widetilde{\boldsymbol{P}}$，$\widetilde{\boldsymbol{P}}$ 的形式与式（8-152）相同，即 $\widetilde{\boldsymbol{P}}=[P(E_1),P(E_2),\cdots,P(E_m)]^{\mathrm{T}}$。

再根据式（8-153）和式（8-154）可得所有的 m 个失效模式下结构失效概率 P_{f} 为

$$P_{\mathrm{f}}=P(E)=P(E_1)-P(E_{12})+P(E_3)-[P(E_{13})+P(E_{23})]$$
$$+P(E_{123})+\cdots+P(E_m)-\sum_{i=1}^{m-1}P(E_{im})+\max[\sum_{i,j\in 1,m-1}^{m-2}P_{mij}] \tag{8-159}$$

式中，

$$P(E_{ij})=[P(E_i)+P(E_j)]\left(1-\frac{\nu_{E_i,E_j}}{\pi}\right) \tag{8-160}$$

式（8-160）中，ν_{E_i,E_j} 为

$$\nu_{E_i,E_j}=\cos^{-1}\rho_{E_i,E_j} \tag{8-161}$$

式（8-161）中的 ρ_{E_i,E_j} 即是事件 E_i 与 E_j 之间的相关系数，即第 i 个失效模式经所有的 m 个验证模式验证后的失效事件 E_i 与第 j 个失效模式经 m 个验证模式验证后的失效事件 E_j 之间的相关系数。

3. 既有结构体系失效概率的点估计方法

按上述分析，由式（8-146）和式（8-147）等求解既有结构体系在 m 个验证模式后（时段为 $[0,\ \tau_0']$ 内），有 m 个失效模式（时段在 $[\tau_0',\ \tau_0'+T']$ 内）的体系失效概率的问题，是求解两个层次的条件概率之乘积。按上节的条件概率法的公式可以计算出失效概率 $P_{\mathrm{f}}=P(E)$，也可按下面的方法近似计算。下面在现有结构体系可靠度分析方法基础上，讨论的既有结构体系失效概率的近似计算问题，分两个层次计算式（8-151）和式（8-154）的体系失效概率。

（1）失效概率 $P(E_i)$ 的计算

$P(E_i)$ 为第 i 个失效模式 $z_i\leqslant 0$ 在所有验证模式 $\tilde{z}_j\leqslant 0$（$j=1,\ 2,\ \cdots,\ m$）条件下的失效概率。调整式（8-145）第 i 行中的 $P_{z_i,\tilde{z}_j}$（$j=1,\ 2,\ \cdots,\ m$）的排序，使得 $P_{z_i,\tilde{z}_1}\geqslant P_{z_i,\tilde{z}_2}\geqslant\cdots\geqslant P_{z_i,\tilde{z}_m}$。对于 $\overline{E}_{i,j}$ 和 $\overline{E}_{i,k}$（$j>k$）（即第 i 个失效模式时的第 j 个和第 k 个验证模式下的安全事件），由条件概率的定义，有安全事件 $\overline{E}_{i,j}$ 和 $\overline{E}_{i,k}$ 的概率 $P(\overline{E}_{i,j})$ 与 $P(\overline{E}_{i,k})$ 分别为

$$P(\overline{E}_{i,j})=P(z_i>0\,|\,\tilde{z}_j>0)=\Phi(\beta_{i,j})=1-P_{fi,j} \tag{8-162a}$$
$$P(\overline{E}_{i,k})=P(z_i>0\,|\,\tilde{z}_k>0)=\Phi(\beta_{i,k})=1-P_{fi,k} \tag{8-162b}$$

$$P(\overline{E}_{i,j}\,|\,\overline{E}_{i,k})=\frac{P(\overline{E}_{i,j}\cap\overline{E}_{i,k})}{P(\overline{E}_{i,k})} \tag{8-163}$$

式中的 $P(\overline{E}_{i,j})$ 与 $P(\overline{E}_{i,k})$ 均可由式（8-119）和式（8-123）求得，即 $P(\overline{E}_{i,j})=1-P_{z_i,\tilde{z}_j}$，$P(\overline{E}_{i,k})=1-P_{z_i,\tilde{z}_k}$ [$j,\ k=1,\ 2,\ \cdots,\ m$（$j>k$）]；而 $P_{z_i,\tilde{z}_j}$ 和 $P_{z_i,\tilde{z}_k}$ 为式(8-145)的第 i 行中的值 $P_{z_i,\tilde{z}_j}$ 和 $P_{z_i,\tilde{z}_k}$。可靠指标 $\beta_{i,j}$ 与 $\beta_{i,k}$ 为事件 $E_{i,j}$ 和 $E_{i,k}$ 对应的可靠指标。

而 $P(\overline{E}_{i,j}\cap\overline{E}_{i,k})$ 的界限为

$$P(\overline{E}_{i,j})P(\overline{E}_{i,k})\leqslant P(\overline{E}_{i,j}\cap\overline{E}_{i,k})\leqslant P(\overline{E}_{i,k}) \tag{8-164}$$

即有

$$[1-P(E_{i,j})][1-P(E_{i,k})]\leqslant P(\overline{E}_{i,j}\cap\overline{E}_{i,k})\leqslant 1-P(E_{i,k}) \tag{8-165}$$

式（8-165）说明，左端对应于 $\rho_{E_{i,j},E_{i,k}}=0$ 的情形，右端对应于 $\rho_{E_{i,j},E_{i,k}}=1$ 的情形。而 P（$\overline{E}_{i,j}\cap\overline{E}_{i,k}$）只是 $P(\overline{E}_{i,j})$ 和 $P(\overline{E}_{i,k})$ 及 $\rho_{E_{i,j},E_{i,k}}$ 之函数，可以近似为

$$P(\overline{E}_{i,j}\cap\overline{E}_{i,k})=[1-P(E_{i,k})]\{1-P_{f\mathrm{i},\mathrm{j}}(1-K^{\frac{\beta_{i,k}}{2}})\} \tag{8-166}$$

式（8-166）中，

$$K=\frac{2}{\pi}[1+(\rho_{ij,ik}-\rho_{ij,ik}^{2})(0.75-\rho_{ij,ik})\exp(3\rho_{ij,ik})]\tan^{-1}\left(\frac{1}{\sqrt{1-\rho_{ij,ik}^{2}}}-1\right) \tag{8-167}$$

其中，$\rho_{ij,ik}$ 为失效事件 $E_{i,j}$ 和 $E_{i,k}$ 之间的相关系数。

联合式（8-163）与式（8-166），有

$$P(\overline{E}_{i,j}\,|\,\overline{E}_{i,k})=1-P_{f\mathrm{i},\mathrm{j}}(1-K^{\frac{\beta_{i,k}}{2}}) \tag{8-168}$$

对于一般的情况，有以下近似关系公式

$$P(\overline{E}_{i,j}\,|\,\overline{E}_{i,1}\overline{E}_{i,2}\cdots\overline{E}_{i,j-1})=1-P_{f\mathrm{i},\mathrm{j}}\prod_{k=1}^{j-1}(1-K_{i,jk}^{\frac{\beta_{i,k}}{2}}) \tag{8-169}$$

式中的 $j=2$，3，…，m，而 $K_{i,jk}$ 为

$$K_{i,jk}=\frac{2}{\pi}[1+(\rho_{ij,ik}-\rho_{ij,ik}^{2})\left(\frac{3}{4+\rho_{ij,ik}\ln(k)}-\rho_{ij,ik}\right)\exp(3\rho_{ij,ik})]\tan^{-1}\left(\frac{1}{\sqrt{1-\rho_{ij,ik}^{2}}}-1\right) \tag{8-170}$$

联合式（8-148）和式（8-169），则可得第 i 个失效模式 $z_i\leqslant 0$，在所有 m 个验证模式 $\tilde{z}_j\leqslant 0$（$j=1$，2，…，m）条件下的既有结构体系失效概率 $P(E_i)$ 的近似表达式

$$P(E_i)=1-\prod_{j=1}^{m}(1-P'_{\mathrm{f}i,j}) \tag{8-171}$$

式（8-171）中，

$$P'_{\mathrm{f}i,1}=P_{\mathrm{f}i,1} \tag{8-172a}$$

$$P'_{\mathrm{f}i,j}=P_{\mathrm{f}i,j}\prod_{k=1}^{j-1}(1-K_{i,jk}^{\frac{\beta_{i,k}}{2}}) \tag{8-172b}$$

（2）既有结构体系的失效概率 P（E）

任何一个失效模式 $z_i\leqslant 0$ 在 m 个验证模式验证后的失效概率 $P(E_i)$ 求出后，可以依照上节的方法，求 m 个失效模式的结构体系失效概率 $P(E)$，即求解式（8-147）。同上节的步骤，此时

$$P(\overline{E}_i)=P(z_i>0)=\Phi(\beta_i)=1-P_{\mathrm{f}i} \tag{8-173a}$$

$$P(\overline{E}_j)=P(z_j>0)=\Phi(\beta_j)=1-P_{\mathrm{f}j} \tag{8-173b}$$

式中，β_i 和 β_j 是 E_i 与 E_j 事件对应的可靠指标。

式（8-166）改写为

$$P(\overline{E}_i\cap\overline{E}_j)=[1-P(E_i)]\{1-P_{\mathrm{f}i}(1-K^{\frac{\beta_j}{2}})\} \tag{8-174}$$

式（8-167）变为

$$K=\frac{2}{\pi}[1+(\rho_{ij}-\rho_{ij}^{2})(0.75-\rho_{ij})\exp(3\rho_{ij})]\tan^{-1}\left(\frac{1}{\sqrt{1-\rho_{ij}^{2}}}-1\right) \tag{8-175}$$

式中，ρ_{ij} 为失效事件 E_i 和 E_j 之间的相关系数。

同样有

$$P(\overline{E}_i|\overline{E}_j)=1-P_{\mathrm{f}i}(1-K^{\frac{\beta_j}{2}}) \tag{8-176}$$

也有一般情况下的计算公式为

$$P(\overline{E}_i|\overline{E}_1\overline{E}_2\cdots\overline{E}_{i-1})=1-P_{\mathrm{f}i}\prod_{j=1}^{i-1}(1-K_{ij}^{\frac{\beta_j}{2}}) \tag{8-177}$$

$$K_{ij}=\frac{2}{\pi}\left[1+(\rho_{ij}-\rho_{ij}^2)\left(\frac{3}{4+\rho_{ij}\ln(j)}-\rho_{ij}\right)\exp(3\rho_{ij})\right]\tan^{-1}\left(\frac{1}{\sqrt{1-\rho_{ij}^2}}-1\right) \tag{8-178}$$

因此，可得既有结构体系的失效概率 $P(E)$ 为

$$P(E)=1-\prod_{i=1}^{m}(1-P'_{\mathrm{f}i}) \tag{8-179}$$

其中，

$$P'_{\mathrm{f}1}=P_{\mathrm{f}1}=P(E_1) \tag{8-180}$$

$$P'_{\mathrm{f}j}=P_{\mathrm{f}i}\prod_{j=1}^{i-1}(1-K_{ij}^{\frac{\beta_j}{2}}) \tag{8-181}$$

综合以上的分析，对于在时段内［0，τ'_0］受到过 m 个验证模式验证的既有结构，其在时段［τ'_0，τ'_0+T'］内的体系失效概率，是两个层次的条件可靠度问题。其中，第一个层次是每一个失效模式在 m 个验证模式下的失效概率计算，另一层次是（经 m 个验证模式后）m 个失效模式的失效概率计算。这一分析思路，可计算多个失效模式在多种验证模式下的既有结构体系可靠度，其中可考虑抗力时变性、基本随机变量之间相关性等。上述分析中，$P(E)$ 计算与时间变量 τ'_0 和 T' 有关；如果不考虑验证荷载的验证影响，则计算过程类似，从而形成了既有结构体系可靠度的一般计算公式和方法，即考虑抗力与作用时变性和基本随机变量之间相关性的体系可靠度的方法；如再不考虑时变性，则为拟建结构体系的可靠度计算。计算的结果表明，随着 ρ_{z_i,z_j} 的减小，既有结构体系的失效概率增大；考虑既有结构使用过程中的直接验证荷载信息，计算得到的既有结构体系可靠度得以提高。

参 考 文 献

[1] 中华人民共和国住房和城乡建设部，中华人民共和国国家质量监督检验检疫总局. 工程结构可靠性设计统一标准：GB 50153—2008[S]. 北京：中国建筑工业出版社，2008.

[2] Lawless J F. 寿命数据中的统计模型与方法[M]. 茆诗松，濮晓龙，刘忠译，葛广平，译. 北京：中国统计出版社，1998.

[3] 庄楚强，何春雄. 应用数理统计基础[M]. 广州：华南理工大学出版社，2006.

[4] 魏宗舒等. 概率论与数理统计教程(第二版)[M]. 北京：高等教育出版社，2008.

[5] 史志华，白生翔. 我国工程结构可靠度设计的里程碑——纪念国家标准《建筑结构设计统一标准》颁发 30 周年[J]. 计算力学学报，2014，31(增刊)：1-8.

[6] 中华人民共和国建设部，国家质量监督检验检疫总局. 建筑结构可靠度设计统一标准：GB 50068—2001[S]. 北京：中国建筑工业出版社，2001.

[7] 王光远，张鹏，陈艳艳，等. 工程结构及系统的模糊可靠性分析[M]. 南京：东南大学出版社，2001.

[8] 刘西拉. 重大土木与水利工程安全性及耐久性的基础研究[J]. 土木工程学报，2001，34(6)：1-7.

[9] 陈肇元. 土建结构工程的安全性与耐久性[M]. 北京：中国建筑工业出版社，2003.

[10] 李桂青，李秋胜. 工程结构时变可靠性理论及其应用[M]. 北京：科学出版社，2001.

[11] 王有志，王广洋，任峰，等. 桥梁的可靠性评价与加固[M]. 北京：中国水利水电出版社，2002.

[12] 贺国芳. 可靠性数据的收集与分析[M]. 北京：国防工业出版社，1995.

[13] 赵国藩. 工程结构可靠性理论与应用[M]. 大连：大连理工大学出版社，1996.

[14] 邵文蛟. 不完整结构的可靠性分析[M]. 北京：国防工业出版社，1997.

[15] 安伟光. 结构系统可靠性和基于可靠性的优化设计[M]. 北京：国防工业出版社，1997.

[16] 刘宁. 可靠度随机有限元法及其工程应用[M]. 北京：中国水利水电出版社，2001.

[17] 赵国藩，金伟良，贡金鑫. 结构可靠度理论[M]. 北京：中国建筑工业出版社，2000.

[18] 金伟良，赵羽习. 混凝土结构耐久性[M]. 北京：科学出版社，2002.

[19] 龚晓南. 工程安全与耐久性(第九届中国土木工程学会年会论文集)[M]. 北京：中国水利水电出版社，2000.

[20] 何水清，王善. 结构可靠性分析与设计[M]. 北京：国防工业出版社，1993.

[21] 张新培. 建筑结构可靠度分析与设计[M]. 北京：科学出版社，2001.

[22] 曹双寅，邱洪兴，王恒华. 结构可靠性鉴定与加固技术[M]. 北京：中国水利水电出版社，2002.

[23] 贾超. 结构风险分析及风险决策的概率方法[M]. 北京：中国水利水电出版社，2007.

[24] 张俊芝. 服役工程结构可靠性理论及其应用[M]. 北京：中国水利水电出版社，2007.

[25] 贡金鑫，魏魏巍. 工程结构可靠性设计原理[M]. 北京：机械工业出版社，2010.

[26] 高延红，张俊芝. 堤防工程风险评价理论及应用[M]. 北京：中国水利水电出版社，2011.

[27] 余建星. 工程结构可靠性原理及其优化设计[M]. 北京：中国建筑工业出版社，2013.

[28] 牛泽林. 基于结构可靠性理论的黄土隧道结构设计及工程应用研究[M]. 成都：西南交通大学出版社，2017.

[29] 中华人民共和国交通运输部. 重力式码头设计与施工规范：JTS 167-2—2009[S]. 北京：人民交通出版社，2009.

[30] 中华人民共和国住房与城乡建设部，中华人民共和国国家质量监督检验检疫总局. 混凝土结构耐

久性设计规范：GB/T 50476—2008[S]. 北京：中国建筑工业版社，2008.
[31] 中华人民共和国住房与城乡建设部，中华人民共和国国家质量监督检验检疫总局. 建筑结构荷载规范：GB 50009—2012[S]. 北京：中国建筑工业出版社，2012.
[32] 中华人民共和国国家质量监督检验检疫总局，中国国家标准化管理委员会. 中国地震动参数区划图：GB 18306—2015[S]. 北京：中国标准出版社，2015.
[33] 中华人民共和国国家质量监督检验检疫总局，中国国家标准化管理委员会. 中国地震烈度表：GB/T 17742—2008[S]. 北京：中国标准出版社，2008.
[34] 中华人民共和国住房和城乡建设部，中华人民共和国国家质量监督检验检疫总局. 建筑抗震设计规范：GB 50011—2010(2016 年版)[S]. 北京：中国建筑工业出版社，2016.
[35] 中华人民共和国住房与城乡建设部，中华人民共和国国家质量监督检验检疫总局. 堤防工程设计规范：GB 50286—2013[S]. 北京：中国计划出版社，2013.
[36] 中华人民共和国建设部，国家质量监督检验检疫总局. 建筑结构设计统一标准：GBJ 68—84[S]. 北京：中国建筑工业出版社，1984.
[37] 中华人民共和国住房和城乡建设部. 港口工程结构可靠性设计统一标准：GB 50158—2010[S]. 北京：中国计划出版社，2010.
[38] 中华人民共和国住房和城乡建设部. 水利水电工程结构可靠性设计统一标准：GB 50199—2013[S]. 北京：中国计划出版社，2013.
[39] 中华人民共和国建设部，国家质量监督检验检疫总局. 公路工程结构可靠度设计统一标准：GB/T 50283—1999[S]. 北京：中国计划出版社，1999.
[40] 中华人民共和国建设部，国家技术监督局. 铁路工程结构可靠度设计统一标准：GB 50216—94[S]. 北京：人民交通出版社，1999.
[41] 中国铁路总公司. 铁路工程结构可靠性设计统一标准：Q/CR 9007—2014(试行)[S]. 北京：中国铁道出版社，2014.
[42] 贡金鑫，赵国藩. 国外结构可靠性理论的应用与发展[J]. 土木工程学报，2005，38(2)：1-7，21.
[43] Mori Y，Ellingwool B R. Maintaining reliability of concrete structures. I：Role of inspection/repair[J]. Journal of Structural Engineering-ASCE，1994，120(3)：824-845.
[44] Mori Y，Ellingwool B R. Maintaining reliability of concrete structures. II：Optimum inspection repair[J]. Journal of Structural Engineering-ASCE，1994，120(3)：846-862.
[45] Enright，M P，Frangopol，D M. Service-life prediction of deteriorating concrete bridges[J]. Journal of Structural Engineering-ASCE，1998，124(3)：309-317.
[46] Dey A，Mahadevan S. Reliability estimation with time-variant loads and resistances[J]. Journal of Structural Engineering-ASCE，2000，126(5)：612-620.
[47] Stewart M G，Rosowsky D V. Time-dependent reliability of deteriorating reinforced concrete bridge decks[J]. Structural Safety，1998，20(1)：91-109.
[48] Mori Y，Ellingwool B R. Time-dependent system reliability analysis by adaptive importance sampling[J]. Structural Safety，1993，12(1)：59-73.
[49] Chen K C，Yuan J. Fuzzy-Bayesian approach to reliability of existing structures[J]. Journal of Structural Engineering-ASCE，1993，119(11)：3276-3290.
[50] 中华人民共和国住房与城乡建设部，中华人民共和国国家质量监督检验检疫总局. 混凝土结构设计规范：GB 50010—2010(2015 年版)[S]. 北京：中国建筑工业出版社，2015.
[51] 中华人民共和国住房与城乡建设部，中华人民共和国国家质量监督检验检疫总局. 砌体结构设计规范：GB 50003—2012[S]. 北京：中国建筑工业出版社，2011.

[52] 中华人民共和国水利部. 水工混凝土结构设计规范：SL 191—2008[S]. 北京：中国水利水电出版社，2008.
[53] 中华人民共和国住房与城乡建设部，中华人民共和国国家质量监督检验检疫总局. 普通混凝土拌合物性能试验方法标准：GB/T 50080—2016[S]. 北京：中国建筑工业出版社，2016.
[54] 中华人民共和国住房与城乡建设部. 无粘结预应力混凝土结构技术规程：JGJ 92—2016[S]. 北京：中国建筑工业出版社，2016.
[55] 中华人民共和国国家能源局. 水工混凝土结构设计规范：DL/T 5057—2009[S]. 北京：中国电力出版社，2009.
[56] 中华人民共和国交通运输部. 公路钢筋混凝土及预应力混凝土桥涵设计规范：JTG 3362—2018[S]. 北京：人民交通出版社，2018.
[57] 中华人民共和国住房与城乡建设部，中华人民共和国国家质量监督检验检疫总局. 砌体结构设计规范：GB 50003—2011[S]. 北京：中国建筑工业出版社，2011.
[58] 中华人民共和国交通运输部. 港口工程混凝土结构设计规范：JTJ 267—98[S]. 北京：人民交通出版社，1998.
[59] 中华人民共和国交通运输部. 混凝土和钢筋混凝土设计规范：JTJ 220—87[S]. 北京：人民交通出版社，1987.
[60] 中华人民共和国水利电力部. 水工钢筋混凝土结构设计规范：SDJ 20—78[S]. 北京：水利电力出版社，1979.
[61] 中华人民共和国交通运输部. 公路桥涵设计通用规范：JTG D60—2015[S]. 北京：人民交通出版社股份有限公司，2015.
[62] 中华人民共和国交通运输部. 港口工程桩基规范：JTS 167-4—2012[S]. 北京：人民交通出版社，2012.
[63] 中华人民共和国交通部. 公路钢筋混凝土及预应力钢筋混凝土桥涵设计规范：JTJ 023—1985[S]. 北京：人民交通出版社，1985.
[64] 林立相，徐汉斌. 边坡稳定性分析的可靠度计算方法[J]. 山地学报，1999，17(3)：235-239.
[65] 李明顺，胡德炘，史志华. 我国建筑结构可靠性设计标准的技术合理性与依据[A]. 工程科技论坛“土建结构工程的安全性与耐久性”[C]. 北京：清华大学，2001.
[66] 胡聿贤，陈汉尧. 地震危险性估计中不确定性的概率分析[J]. 地震工程与工程振动，1991，11(4)：1-9.
[67] 解伟. 水工结构设计可靠性研究[D]. 南京：河海大学，1997.
[68] 管昌生. 随机时变结构可靠度理论及其应用[D]. 武汉：武汉工业大学，1997.
[69] 张爱林，赵国藩，王光远. 多种情况下的工程结构可靠度[J]. 大连理工大学学报，1996，36(6)：771-775.
[70] 刘玉彬. 在役结构的动态模糊随机可靠度评估与维修决策[D]. 哈尔滨：哈尔滨建筑大学，1995.
[71] 赵挺生，陈慧仪. 现有结构可靠度的验证荷载分析[J]. 建筑结构，1996，3：47-50.
[72] 张俊芝，苏小卒. 无粘结预应力混凝土梁极限承载力计算模式不确定性研究[J]. 建筑结构，2004，34(10)：58-59，55.
[73] Ghosh S. K. Significant changes in the 2002 ACI Code[J]. PCI Journal，2001，46(3)：68-74.
[74] Val D V，Melchers R E. Reliability of deteriorating RC slab bridges[J]. Journal of Structural Engineering-ACES，1997，123(12)：1638-1644.
[75] Clifton，J R. Predicting the service life of concrete[J]. ACI Materials Journal，1993，90(6)：611-617.
[76] 张爱林. 基于功能可靠度的结构全寿命设计理论研究综述[J]. 北京工业大学学报，2000，26(3)：

55-58.
[77] 姚继涛，赵国藩，浦聿修. 结构抗力的独立增量过程概率模型[A]. 第九届中国土木工程学会年会论文集"工程安全与耐久性"[C]. 北京：中国水利水电出版社，2000.
[78] Hong H P. Assessment of reliability of aging reinforced concrete structures[J]. Journal of Structural Engineering -ASCE，2000，126(12)：1458-1465.
[79] Stewart M G. Time-dependent reliability of existing RC structures[J]. Journal of Structural Engineering-ASCE，1997，123(7)：896-902.
[80] 姚继涛. 服役结构可靠性分析方法[D]. 大连：大连理工大学，1996.
[81] Faber M H，Val D V，Stewart M G. Proof load testing for bridge assessment and upgrading[J]. Engineering Structures，2000，22(12)：1677-1689.
[82] Liu Y F，Lu D G，Fan X P. Reliability updating and prediction of bridge structures based on proof loads and monitored data[J]. Construction and Building Materials，2014，66：795-804.
[83] Enright M P，Frangopol D M. Condition prediction of deteriorating concrete bridges using updating [J]. Journal of Structural Engineering-ASCE，1999，125(10)：1118-1125.
[84] Enright M P，Frangopol D M. Maintenance planning for deteriorating concrete bridges[J]. Journal of Structural Engineering-ASCE，1999，125(12)：1407-1414.
[85] Popela P，marek P，Gustar M. Condition prediction of deteriorating concrete bridges using Bayesian updating[J]. Journal of Structural Engineering-ASCE，2001，127(5)：594-594.
[86] Enright M P，Frangopol D M. Service-life prediction of deteriorating concrete bridges[J]. Journal of Structural Engineering-ASCE，1998，124(3)：309-317.
[87] 王永维. 民用建筑可靠性鉴定时的荷载标准值取值研究[J]. 四川建筑科学研究，1995，21(1)：12-21.
[88] 欧进萍，刘学东. 现役结构安全度评估的环境荷载标准研究[J]. 工业建筑，1995，25(8)：11-16，35.
[89] 张俊芝，李桂青，陈平. 验证荷载条件下的在役结构动态可靠度[J]. 武汉工业大学学报，2000，22(6)：75-77.
[90] 张俊芝，高兑现，李桂青. 服役建筑结构可靠性评估的可变荷载取值研究[J]. 工业建筑，2000，30(12)：58-61.
[91] Jiao G Y，Moan T. Methods of reliability model updating through additional events[J]. Structural Safety，1990，9(2)：139-153.
[92] 张俊芝，孙东亚，苏小卒. 现有水工结构系统的安全等级计算方法研究[J]. 水利学报，2000，8：108-113.
[93] Morinaga S. Prediction of service lives of reinforced concrete buildings based on the corrosion rate of reinforcing steel[C]. Durability of Building Materials and Components，Proceeding of the Fifth International Conference，1990，UK.
[94] Yao J T P. Safety and reliability of existing structures[M]. London：Pitman Publishing Limited，1985.
[95] 章劲松. 基于可靠度的公路桥梁结构极限状态设计计算原则及应用[D]. 合肥：合肥工业大学，2007.
[96] 姚继涛，罗张飞，程凯凯，等. 既有结构可靠性评定的设计值法[J]. 西安建筑科技大学学报(自然科学版)，2016，48(1)：18-23.
[97] 冯云芬，贡金鑫. 建筑结构基于可靠指标的设计方法[J]. 工业建筑，2011，41(7)：1-8.
[98] 李杰. 论第三代结构设计理论[J]. 同济大学学报(自然科学版)，2017，45(5)：617-624，632.
[99] 姚继涛，谷慧，侯进胜. 工业建筑楼面活荷载概率模型及楼板可靠度分析[J]. 应用力学学报，

2018，35(6)：1234-1240.
[100] 钟小平，金伟良．钢筋混凝土结构基于耐久性的可靠度设计方法[J]．土木工程学报，2016，49(5)：31-39.
[101] 中华人民共和国住房和城乡建设部．建筑结构可靠性设计统一标准：GB 50068—2018[S]．北京：中国建筑工业出版社，2018.
[102] 吴柯娴，金伟良，夏晋．荷载分项系数调整对砌体结构设计的影响[J]．浙江大学学报(工学版)，2018，52(10)：1901-1910.
[103] 中华人民共和国住房和城乡建设部．民用建筑可靠性鉴定标准：GB 50292—2015[S]．北京：中国建筑工业出版社，2016.